新时期小城镇规划建设管理指南丛书

小城镇给水厂设计与运行管理指南

徐梅芳　主编

天津大学出版社

TIANJIN UNIVERSITY PRESS

图书在版编目(CIP)数据

小城镇给水厂设计与运行管理指南/徐梅芳主编.
—天津:天津大学出版社,2014.9
(新时期小城镇规划建设管理指南丛书)
ISBN 978 - 7 - 5618 - 5184 - 5

Ⅰ.①小… Ⅱ.①徐… Ⅲ.①小城镇-水厂-设计-
中国-指南 ②小城镇-水厂-运行-管理-中国-指南
Ⅳ.①TU991.35 - 62

中国版本图书馆 CIP 数据核字(2014)第 212523 号

出版发行	天津大学出版社	
出 版 人	杨欢	
地　　址	天津市卫津路 92 号天津大学内(邮编:300072)	
电　　话	发行部:022 - 27403647	
网　　址	publish. tju. edu. cn	
印　　刷	北京紫瑞利印刷有限公司	
经　　销	全国各地新华书店	
开　　本	140mm×203mm	
印　　张	13	
字　　数	326 千	
版　　次	2015 年 1 月第 1 版	
印　　次	2015 年 1 月第 1 次	
定　　价	35.00 元	

《小城镇给水厂设计与运行管理指南》
编委会

主　编：徐梅芳

副主编：张微笑

编　委：张　娜　　孟秋菊　　梁金钊　　刘伟娜

　　　　胡爱玲　　张蓬蓬　　吴　薇　　相夏楠

　　　　桓发义　　聂广军　　李　丹

内 容 提 要

　　本书根据《国家新型城镇化规划（2014—2020年）》及中央城镇化工作会议精神，针对我国小城镇的特点及发展，以工程应用为目的，注重理论与实际相结合，系统阐述了小城镇给水厂勘察设计方法、内容及设计要求。全书主要内容包括小城镇水资源及用水量、小城镇给水系统、小城镇给水厂总体布局与设计、小城镇给水厂水处理工艺设计与运行管理、小城镇给水厂泵站设计与运行管理、水厂生产一体化与自动化设施运行维护管理、给水管网的日常养护与技术管理、给水厂试运行及安全管理、小城镇给水厂水质管理、小城镇给水厂经济分析与管理等。

　　本书内容丰富、涉及面广，而且集系统性、先进性、实用性于一体，既可供从事小城镇规划、建设、管理的相关技术人员以及建制镇与乡镇领导干部学习工作时参考使用，也可作为高等院校相关专业师生的学习参考资料。

前 言

  城镇是国民经济的主要载体，城镇化道路是决定我国经济社会能否健康、持续、稳定发展的一项重要内容。发展小城镇是推进我国城镇化建设的重要途径，是带动农村经济和社会发展的一大战略，对于从根本上解决我国长期存在的一些深层次矛盾和问题，促进经济社会全面发展，将产生长远而又深刻的积极影响。

  我国现在已进入全面建成小康社会的决定性阶段，正处于经济转型升级、加快推进社会主义现代化的重要时期，也处于城镇化深入发展的关键时期，必须深刻认识城镇化对经济社会发展的重大意义，牢牢把握城镇化蕴含的巨大机遇，准确研判城镇化发展的新趋势、新特点，妥善应对城镇化面临的风险挑战。

  改革开放以来，伴随着工业化进程加速，我国城镇化经历了一个起点低、速度快的发展过程。1978—2013 年，城镇常住人口从1.7 亿人增加到 7.3 亿人，城镇化率从 17.9％提升到 53.7％，年均提高 1.02 个百分点；城市数量从 193 个增加到 658 个，建制镇数量从 2 173 个增加到 20 113 个。京津冀、长江三角洲、珠江三角洲三大城市群，以 2.8％的国土面积集聚了 18％的人口，创造了 36％的国内生产总值，成为带动我国经济快速增长和参与国际经济合作与竞争的主要平台。城市水、电、路、气、信息网络等基础设施显著改善，教育、医疗、文化体育、社会保障等公共服务水平明显提高，人均住宅、公园绿地面积大幅增加。城镇化的快速推进，吸纳了大量农村劳动力转移就业，提高了城乡生产要素配置效率，推动了国民经济持续快速发展，带来了社会结构深刻变革，促进了城乡居民生活水平全面提升，取得的成就举世瞩目。

根据世界城镇化发展普遍规律，我国仍处于城镇化率 30%～70% 的快速发展区间，但延续过去传统粗放的城镇化模式，会带来产业升级缓慢、资源环境恶化、社会矛盾增多等诸多风险，可能落入"中等收入陷阱"，进而影响现代化进程。随着内外部环境和条件的深刻变化，城镇化必须进入以提升质量为主的转型发展新阶段。另外，由于我国城镇化是在人口多、资源相对短缺、生态环境比较脆弱、城乡区域发展不平衡的背景下推进的，这决定了我国必须从社会主义初级阶段这个最大实际出发，遵循城镇化发展规律，走中国特色新型城镇化道路。

面对小城镇规划建设工作所面临的新形势，如何使城镇化水平和质量稳步提升、城镇化格局更加优化、城市发展模式更加科学合理、城镇化体制机制更加完善，已成为当前小城镇建设过程中所面临的重要课题。为此，我们特组织相关专家学者以《国家新型城镇化规划（2014—2020 年）》、《中共中央关于全面深化改革若干重大问题的决定》、中央城镇化工作会议精神、《中华人民共和国国民经济和社会发展第十二个五年规划纲要》和《全国主体功能区规划》为主要依据，编写了"新时期小城镇规划建设管理指南丛书"。本套丛书的编写紧紧围绕全面提高城镇化质量，加快转变城镇化发展方式，以人的城镇化为核心，有序推进农业转移人口市民化，努力体现小城镇建设"以人为本，公平共享""四化同步，统筹城乡""优化布局，集约高效""生态文明，绿色低碳""文化传承，彰显特色""市场主导，政府引导""统筹规划，分类指导"等原则，促进经济转型升级和社会和谐进步。本套丛书从小城镇建设政策法规、发展与规划、基础设施规划、住区规划与住宅设计、街道与广场设计、水资源利用与保护、园林景观设计、实用施工技术、生态建设与环境保护设计、建筑节能设计、给水厂设计与运行管理、污水处理厂设计与运行管理等方面对小城镇规划建设管理进行了全面系统的论述，内容丰富，资料翔实，集理论与实践于一体，具有很强的实用价值。

本套丛书涉及专业面较广，限于编者学识，书中难免存在纰漏及不当之处，敬请相关专家及广大读者指正，以便修订时完善。

编者

目 录

第一章　小城镇水资源及用水量

小城镇水资源应包括符合各种用水的水源水质标准的淡水(地表水和地下水)、海水及经过处理后符合各种用水水质要求的再生水等。

小城镇水资源和用水量之间应保持平衡,以确保城市可持续发展。

第一节　小城镇水资源

一、水资源的定义与特性

水资源可以理解为人类长期生存、生活和生产活动中所需要的各种水,既包括数量和质量含义,又包括其使用价值和经济价值。水资源的定义具有广义和狭义之分。

狭义上的水资源是指人类在一定的经济技术条件下能够直接使用的淡水。

广义上的水资源是指在一定的经济技术条件下能够直接或间接使用的各种水和水中物质,即在社会生活和生产中具有使用价值和经济价值的水都可称为水资源。

水是自然界的重要组成物质,是环境中最活跃的要素。它不停地运动着,积极参与自然环境中一系列物理的、化学的和生物的作用过程,在改造自然的同时,也不断地改造自身的物理、化学与生物学特性,由此表现出水作为自然资源所独有的性质特征。

1. 水资源的循环性与可再生性

水资源是在循环中形成的一种动态资源,具有循环性和可再生性。水循环系统是一个庞大的天然水资源系统,处在不断开采、补给和消耗、恢复的循环之中,可以不断地供给人类利用和满足生态平衡的需要。

2. 储量的有限性

尽管水资源具有可再生性,但实际上全球淡水资源的储量是十分有限的。全球的淡水资源仅占全球总水量的 2.5%,大部分储存在极地冰帽和冰川中,真正能够被人类直接利用的淡水资源仅占全球总水量的 0.8%。可见,水循环过程是无限的,水资源的储量是有限的。

3. 时空分布的不均匀性

水资源在自然界中具有一定的时间和空间分布。时空分布的不均匀性是水资源的又一特性。全球水资源的分布表现为极不均匀性,如大洋洲的径流模数为 51.0 L/(s·km²),澳大利亚仅为 1.3 L/(s·km²),亚洲为 10.5 L/(s·km²)。最高的和最低的相差数倍或数十倍。

我国水资源在区域分布上同样存在不均匀性,具体表现为:东南多,西北少;沿海多,内陆少;山区多,平原少。在同一地区中,不同时间分布差异性很大,一般夏多冬少。

4. 利用的多样性和综合性

水资源是被人类在生产和生活活动中广泛利用的资源,具有利用的综合性和多功能性,水资源不仅广泛应用于农业、工业和生活,还用于发电、水运、水产、旅游和环境改造等。在各种不同的用途中,消耗性用水与非消耗性或消耗很小的用水并存。

5. 利、害的两重性

水资源与其他固体矿产资源相比,最大区别是:水资源具有既可造福于人类,又可危害人类生存的两重性。

水资源质量适宜,且时空分布均匀,将为区域经济发展、自然环境的良性循环和人类社会进步做出巨大贡献。水资源开发利用不当,又可制约国民经济发展,破坏人类的生存环境。因此,一定要强调水资源的合理利用,有序开发,以达到兴利除害的目的。

二、水资源的形成

1. 地表水资源的形成

地表水为河流、冰川、湖泊、沼泽等水体的总称。多年平均条件下,水资源量的收支项主要为降水、蒸发和径流。平衡条件下,收支在数量上是相等的。对一定地域的地表水资源而言,其丰富程度主要是由降水量的多少决定的,所能利用的是河流径流量。

(1)降水。降水作为水资源的收入项,决定着不同区域和时间条件下地表水资源的丰富程度和空间分布状态,制约着水资源的可利用程度与数量。

(2)河流径流。流域上的降水,除去损失以后,经由地面和地下途径汇入河网,形成流域出口断面的水流,称为河流径流,简称径流。径流随时间的变化过程,称为径流过程。

径流按其空间的存在位置,可分为地表径流和地下径流。地表径流是指降水除消耗外的水量沿地表运动的水流。若按其形成水源的条件,还可再分为降雨径流、雪融水径流以及冰融水径流等。地下径流是指降水后下渗到地表以下的一部分水量在地下运动的水流。水流中夹带的泥沙则称为固体径流。

河流径流的水情和年内分配主要取决于补给来源。我国河流的补给主要包括雨水补给、地下水补给和积雪、冰川融水补给三种。总体上,我国大部分地区的河流主要靠雨水补给,受年降水量时空分布的影响,以及地质条件的综合影响,年净流量的区域分布既有地域性变化又有局部的变化,从全国范围来看,年净流量分布的总体趋势是由东南向西北递减。

(3)蒸发。蒸发主要包括水面蒸发和陆面蒸发。

水面蒸发主要反映当地的大气蒸发能力,与当地降水量的大小关系不大,主要影响因素是气温、湿度、日照、辐射、风速等。因此在地域分布上,一般冷湿地区水面蒸发量小,干燥、气温高的地区水面蒸发量大;高山区水面蒸发量小,平原区水面蒸发量大。

陆面蒸发量主要是指某一地区或流域内河流、湖泊、塘坝、沼泽等水体蒸发、土壤蒸发以及植物蒸腾量的总和,即陆地实际蒸发量。根据水量平衡原理,对于一个闭合流域,陆面蒸发量等于流域平均降水深减去流域平均径流深,因此陆面蒸发量受蒸发能力和降水条件两大因素的制约。湿润而又高湿地区陆面蒸发量一般较大;干旱地区,由于总降水量有限,没有足够的水分可供蒸发,陆面蒸发量较小。因此,前者的陆面蒸发量和水面蒸发量比较接近,而后者相差甚远。全国陆面蒸发量呈现由东南向西北递减的分布趋势。

2. 地下水资源的形成

地下水以组成地壳的各种岩石为其含水介质,分布于不同的岩层和地质构造中。地下水通过其补给、径流、排泄过程参与自然界的水循环,并与大气圈及水圈发生水交换,构成地下水循环过程。总体上,地下水的赋存与循环是自然界水资源分布与循环的一个局部。

储存在地表以下空隙(孔隙、裂隙、溶隙)中的水称之为地下水。地下水形成的基本条件是岩石的空隙性,空隙中的水存在于具有储水与给水功能的含水层中。

(1)岩石的空隙性。组成地壳的岩石,无论是松散的沉积物,还是坚硬的基岩,都存在数量及大小不等、形状各异的空隙,如图1-1所示。空隙的多少、大小、形状、连通情况与分布规律,对地下水的分布与运动具有重要影响。

   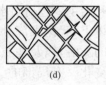

(a)   (b)   (c)   (d)

图1-1 岩石中的各种空隙
(a)分选及浑圆度良好的砾石;(b)砾石中的填充砂粒
(c)石灰石中受溶蚀而扩大的裂隙;(d)块状结晶岩石中的裂隙

按空隙特性可将其分为:松散岩石中的孔隙、坚硬岩石中的裂隙和可溶岩中的溶隙三大类。定量描述孔隙、裂隙和溶隙大小的是孔隙度、裂隙度和溶隙度。

自然界岩石中空隙的发育状况和空间分布状态十分复杂。松散岩石空隙固然以孔隙为主,但某些黏土干缩后可产生裂隙,对地下水的储存与运动的作用,超过其原有的孔隙。固结程度不高的沉积岩,往往既有孔隙,又有裂隙。而对于可溶岩,由于溶蚀不均一,有的部分发育成溶洞,而有的部分则为溶隙,有些则可保留原生的孔隙和裂隙。

岩石中的空隙,必须以一定方式连接起来构成空隙网络,才能成为地下水有效的储容空间和运移通道。自然界中,松散岩石、坚硬岩石和可溶岩中的空隙网络具有不同的特点。松散岩石中的孔隙分布于颗粒之间,连通良好,分布均匀,在不同方向上,孔隙通道的大小和多少均很接近。赋存于其中的地下水分布与流动均比较均匀。

可溶岩石的溶隙是一部分原有裂隙与原生孔缝溶蚀扩大而成的,空隙大小悬殊,分布也有不均匀。因此,赋存于可溶岩石中的地下水分布与流动极不均匀。

坚硬岩石的裂隙是宽窄不等、长度有限的线状裂隙,往往具有一定的方向性。只有当不同方向的裂隙相互穿插、相互切割、相互连通时,才在某一范围内构成彼此连通的裂隙网络。裂隙的连通性远比孔隙差。因此,储存在裂隙基岩中的地下水相互联系较差,分布和流动往往是不均匀的。

(2)岩石中水的存在形式。岩石空隙中水的主要形式为结合水(吸着水、薄膜水)、重力水、毛细水,见表1-1。

表1-1　岩石中水的存在形式

序号	存在形式	具体内容
1	结合水	松散岩石颗粒表面和坚硬岩石空隙壁面,因分子引力及静电引力作用而具表面能而吸附水分子,在颗粒表面形成很薄的水膜。当表面能大于水分子自身重力时,岩石空隙中的这部分水就不能在自身重力影响下运动,称其为结合水。 岩石中结合水的含量,主要取决于其表面积的大小。岩石颗粒越细,其颗粒表面总面积越大,结合水含量也越多;颗粒粗时,则相反。 结合水主要存在于松散岩石中,它影响松散岩石的水理性质(空隙大小和数量不同的岩石与水相互作用,所表现出的容纳、保持、给水和透水性质)和物理力学性质,使岩石的给水能力减弱,但也赋予松散岩石一定的抗剪强度

续表

序号	存在形式	具体内容
2	重力水	当薄膜水厚度不断增大,固体表面引力不断减弱,以至于不能支持水的重量时,液态水就会在重力作用下向下自由运动,在空隙中形成重力水。 　　重力水能传递静水压力,有冲刷、侵蚀和溶解能力。靠近固体表面的重力水,受表面引力的影响,水分子排列整齐,流动时呈层流状态;当远离固体表面只受重力作用时,这部分重力水在流速较大时易转为紊流运动
3	毛细水	地下水面以上岩石细小空隙中具有毛细管现象,形成一定上升高度的毛细水带。毛细水不受固体表面静电引力的作用,而受表面张力和重力的作用,称半自由水。当两力作用达到平衡时,便保持一定高度滞留在毛细管孔隙或小裂隙中,在地下水面以上形成毛细水带。由地下水面支撑的毛细水带,称支持毛细水。其毛细管水面可以随着地下水面的升降和补给、蒸发作用而发生变化,但其毛细管上升高度却是不变的,它只能进行垂直运动,可以传递静水压力

　　岩石中水的存在形式除表中的三种外,在空隙中还存在气态水和固态水。

　　(3)含水层与隔水层。含水层是指能够透过并给出相当数量水的岩层,隔水层是指不具透水和给水能力的岩层。含水层与隔水层是地下水形成和储存的重要和基本条件。二者的划分是相对的,并不存在截然的界限或绝对的定量指标,它们是相比较而存在的。在实践中应根据研究区的水文地质条件与供水要求,辩证、科学地划分含水层与隔水层。

　　根据空隙类型、埋藏条件和渗透性质空间变化,将含水层划分成各种类型,见表1-2。

　　(4)地下水的分类。地下水存在于各种自然条件下,其聚集、运动的过程各不相同,因而在埋藏条件、分布规律、水动力特征、物理性质、化学成分、动态变化等方面都具有不同特点。对地下水进行合理的分类是实现地下水资源合理开发的重要内容,地下水的分类见表1-3。

表 1-2 含水层类型

划分依据	含水层类型	特 征
空隙类型	孔隙含水层 裂缝含水层 岩溶含水层	地下水储存在松散孔隙介质中 介质为坚硬岩石，储水场所为各种成因的裂隙 介质为可溶岩层，储水空间为溶液
埋藏条件	潜水含水层 承压含水层	含水层上面不存在隔水层，直接与包气带相接 含水层上面存在稳定隔水层，含水层中的水具承压性
渗透性能 空间变化	均质含水层 非均质含水层	含水层中各个部位及不同方向上渗透性相同 含水层的渗透性能随空间位置和方向的不同而变化

表 1-3 地下水分类

按埋藏条件	定 义	按含水层空隙性质		
		孔隙水	裂隙水	岩溶水
上层滞水	包气带中局部隔水层之上具有自由水面的重力水	季节性存在于局部隔水层上的重力水	出露于地表的裂隙岩层中季节性存在的重力水	裸露岩溶化岩层中季节性存在的重力水
潜水	饱水带中第一个具有自由表面的含水层中的水	上部无连续完整隔水层存在的各种松散岩层中的水	基岩上部裂隙中的水	裸露岩溶化岩层中的水
承压水	充满于上下两个稳定隔水层之间的含水层中的重力水	松散岩层组成的向斜、单斜和山前平原自流斜地中的地下水	构造盆地及向斜、单斜岩层中的裂隙承压水，断层破碎带深部的局部承压水	向斜及单斜岩溶岩层中的承压水

三、我国水资源面临的主要问题

1. 水资源分布极不均衡

我国幅员辽阔，地形复杂，受季风影响强烈，降水分布极不均衡。

总体来看,北方水源不足,南方水源有余。全国大部分地区一年之中,有明显的雨季和旱季;年际之间,降水量差异甚大。即使在水源充足的南方,也常发生干旱缺水,而缺水的北方,又常发生特大洪涝灾害,这种水土资源组合不平衡的情况加剧了水资源的供需矛盾。

2. 降水量时空变化大

通常,我国降水的特点是集中在很短的雨季,全年有 60%～70% 的雨量都集中于夏秋的三四个月内,而且又往往集中于几次连续性的大雨、暴雨。河川径流主要由降雨形成。这种水量时空上的巨大变化和差异,不仅使水的供需矛盾更加尖锐,而且由于枯水期河川径流自净能力下降,加重了水资源污染程度。

3. 水土流失严重,生态环境恶化

我国的水土流失趋势没有得到有效遏制,目前,水土流失面积大约为 356 万 km^2,占国土面积的 37%,每年流失的土壤总量达 50 亿 t。严重的水土流失,不仅导致土地退化、生态恶化,而且造成河道、湖泊泥沙淤积,加剧了江河下游地区的洪涝灾害。

4. 水资源污染严重

水资源的污染包括自然污染和人为污染两种。自然污染是由于地质溶解的作用,降水对大气的淋洗、对地面的冲刷造成水土流失,挟带各种污染物流入水体而形成。其中,随着农药、化肥用量的不断增加,农业尾水给水体带来的污染也不容忽视。人为污染也是最主要的一种污染,即生活污水和工业废水对水体的污染。水资源的污染进一步加剧了我国水资源紧缺和水体污染的恶性循环。

随着小城镇中畜牧业和水产养殖业的兴起和发展,小城镇的水环境污染状况也日益严重,水资源污染状况与该小城镇所在流域情况大体相当。

5. 地下水过量开采,环境地质问题加剧

地下水具有水质好、温差小、提取较容易、费用低等特点,人们因此用水需求增加,常常会超量开采,以致抽取量远远大于其自然补给。地下水的过量开采,使地面沉降和地面塌陷等环境地质问题加剧,我

国境内的很多地区都发生了不同程度的地面塌陷问题,给人民的生命财产和生产生活造成了极大破坏和损失。此外,泉水流量衰减或断流、海水入侵等问题也很突出。

6. 水资源短缺

近年来全国河流、湖泊地表水和地下水污染在总体上呈加剧之势,小城镇的水源污染也日益严重,小城镇面临严重的水资源短缺状况。目前90%以上城镇水域受到污染,约50%重点城镇集中饮水水源不符合取水标准。

小城镇一般是乡镇企业的聚集地,由于缺乏必要的污水收集和处理设施,乡镇工业和居民生活造成小城镇本身的环境污染日益严重,而且成为区域性的污染源。日趋严重的水污染不仅降低了水体的使用功能,甚至造成不少小城镇供水水源的报废,形成"水质型"缺水,进一步加剧了水资源短缺的矛盾,包括靠地下水供给的北方城镇和个别沿海城镇。由于缺水量大,许多小城镇超量开采地下水,全国56个区域性的地下水降落漏斗,总面积达$8.7 \times 10^4 \ km^2$,导致海水入侵,地下水水质恶化,还导致许多城镇出现地面沉降。水污染造成缺水对小城镇的发展带来了严重的负面影响,而且还严重地威胁到城乡居民的饮水安全和人民群众的健康。

尤其值得注意的是,近年来一些水资源相对富裕地区的小城镇开始出现水质型缺水,富水地区水质型缺水问题的出现向人们敲响了水污染防治的警钟。

虽然小城镇污水排放量与大城市相比不大,但我国小城镇数量很多,占全国污水排放量的55.6%,而且小城镇布局分散,每个小城镇的生活污水影响到城镇和当地的自然环境,因此必须对小城镇进行水污染控制才可能实现可持续发展的目标。

四、水资源的保护

水资源保护是指为防止因水资源不恰当利用造成的水源污染和破坏,而采取的法律、行政、经济、技术、教育等措施的总和。

1. 水资源保护的目的与任务

水资源保护的目的是保证水资源的可持续利用。通过积极开发水资源，实行全面节水，合理与科学地利用水资源，实现水资源的有效保护。随着城镇化的发展，人口的增长速度和工业生产规模不断扩大，给许多城市水资源和水环境保护带来很大压力。农业生产的发展要求灌溉水量增加，对农业节水和农业污染控制与治理提出更高的要求。实现水资源的有序开发利用、保持水环境的良好状态是水资源保护管理的重要内容和首要任务。具体为：

（1）改革水资源管理体制并加强其能力建设，切实落实与实施水资源的统一管理，有效合理分配。

（2）提高水污染控制和污水资源化的水平，保护与水资源有关的生态系统；实现水资源的可持续利用，消除次生的环境问题，保障生活、工业和农业生产的安全供水，建立安全供水的保障体系。

（3）强化气候变化对水资源的影响及其相关的战略性研究。

（4）研究与开发与水资源污染控制与修复有关的现代理论、技术体系。

（5）强化水环境监测，完善水资源管理体制与法律法规，加大执法力度，实现依法治水和管水。

2. 水资源保护规划

水资源保护规划是在调查、分析河流、湖泊、水库等污染源分布、排放等内容的基础上，与水文状况和水资源开发利用情况相联系，利用水量水质规模，探索水质变化规律，评价水质现状和趋势，预测各规划水平年的水质情况，划定水体功能分区范围及水质标准，按照功能要求制定环境目标，计算水环境容量和与之相应的污染消减量，并分配到有关河段、地区、城镇，对污染物排放实行总量控制，提出符合流域或区域经济社会发展的综合防治措施。

（1）指导思想。水资源保护规划的指导思想是：与水资源综合利用规划相协调，面向 21 世纪，贯彻经济社会可持续发展的战略思想，体现和反映经济社会发展对水资源保护的新要求，为宏观决策和水资源统一管理提供科学依据。具体内容包括：

1)应以可持续发展战略作为指导思想,贯彻国家有关经济建设、社会发展与水资源合理开发利用、水资源保护及水污染防治协调、发展的方针。

2)应贯彻"防治结合、预防为主"的方针。对于已经受污染的水资源,应尽快着手整治;对于尚未受污染或污染尚不严重的水体,则应加强保护措施。

3)应特别重视水资源的合理开发与利用,要把节水、污水回用及开发跨流(区)域输水工程结合起来,作为长期的重大战略措施。

4)规划中确定的水功能区,要兼顾近期和中长期的要求,并根据经济社会支撑能力,对水资源保护措施做出相应的分阶段优化规划方案与实施计划。

5)制定规划既要研究、总结、吸收国外水资源保护的基本经验和先进技术,又要突出考虑本地的实际情况和条件,以便确定技术上行之有效、经济上适宜的规划方案与对策措施。

6)对于工业废水污染,应强调源头控制,推行清洁生产,实施废物减量化和生产全过程控制,达到污水减排的目的。

7)高度重视农村水资源的保护,特别是与重要饮用水源地有关的农村污染源。对化肥农药、畜禽排泄物、乡镇企业废水及村镇生活污水等应采取行之有效措施进行控制、处理及利用,实现农村生态的良性循环。

(2)基本原则。水资源保护规划的基本原则见表 1-4。

表 1-4　水资源保护规划的基本原则

序号	原　则	内　容
1	可持续发展原则	水资源保护规划应与流域水资源开发利用规划及社会经济发展规划相协调,并根据规划水体的环境承受能力,合理地开发和利用水资源,以保护当代和后代赖以生存的水环境,维持水资源的永续利用,促进经济社会的可持续发展

序号	原　则	内　容
2	全面规划、统筹兼顾、突出重点的原则	水资源保护规划是将水系内干流、支流、湖泊、水库以及地下水作为一个大系统，充分考虑河流上下游、左右岸，省（区）际、市际，湖泊、水库的不同水域，以及远、近期经济社会发展对水资源保护规划的要求进行全面规划。坚持水资源开发利用与保护并重的原则，统筹兼顾流域、区域水资源综合开发利用和经济社会发展规划。对于城镇集中饮用水水源地保护等重点问题，在规划中应体现优先保护的原则
3	水质与水量统一规划、水资源与生态保护相结合的原则	水质与水量是水资源的两个主要属性。水资源保护规划的水质保护与水量密切相关。将水质与水量统一考虑，是水资源的开发利用与保护辩证统一关系的体现。 在水资源保护规划中应从水污染的季节性变化、地域分布的差异、设计流量的确定、最小生态环境需水量、入河污染物总量控制指标等方面反映水质和水量的规划成果。还应考虑涵养水源，防止水资源枯竭、生态环境恶化等方面的因素
4	地表水与地下水统一规划原则	应注意地表水与地下水相统一，为水资源的全面统一管理提供决策依据
5	突出水资源保护监督管理原则	水资源保护监督管理是水资源保护工作的重要方面，规划方案应实用可行，操作性强，行之有效，侧重水资源保护监督管理，以利于水资源保护规划的实施

第二节　小城镇用水量计算

一、小城镇用水类型

根据小城镇用水的目的可将小城镇用水分为生活用水、生产用水和市政消防用水三大类。为满足城镇和工业企业的各类用水需要，城镇供水系统需要具备充足的水源，完善的取水、处理和输配水管网设施。

1. 生活用水

生活用水包括居民生活用水、公共设施用水和工业企业生活用水。

(1)居民生活用水。指居民家庭生活中饮用、洗涤、烹调、清洁卫生等用水。

(2)公共设施用水。主要指机关、学校、宾馆、车站等公共建筑与场所的用水供应。

(3)工业企业生活用水。是指工业企业内部职工的生活用水及淋浴用水等。

生活用水的水质必须达到《生活饮用水卫生标准》(GB 5749—2006)规定的要求,水压满足供水点压力要求。

2. 生产用水

生产用水是指工业企业生产过程中为满足生产工艺和产品质量要求的用水。在城镇给水中,工业用水占很大比例。

3. 消防用水

消防用水只是在发生火警时才由给水管网供给。消防用水对水质没有特殊的要求。

一般城镇给水皆采用低压制消防系统,即发生火警时,由消防车自管网中取水加压进行灭火。

二、小城镇用水量计算

1. 综合生活用水

综合生活用水包括居民生活用水和公共建筑用水。

综合生活用水量定额受城市的大小、地理位置、水资源状况、气候条件、经济发达程度、公共设施水平及居民经济收入、居住状况、生活水平、生活习惯等影响。通常给水排水设施完善、居民生活水平相对较高的城市,生活用水量定额也较高。根据《室外给水设计规范》(GB 50013—2006)的规定,设计时应结合当地用水现状与城市总体发展规划及给水工程总体规划资料确定居民生活用水定额和综合生活用水定额。

城镇最高日综合生活用水量（包括公共设施生活用水量）按下式计算：

$$Q_1 = \sum \frac{q_{1i} N_{1i} f_{1i}}{1\ 000}$$

式中　Q_1——城镇最高日综合生活用水量，m^3/d；

　　　q_{1i}——城镇各用水分区的最高日综合生活用水量定额，$L/(人 \cdot d)$；

　　　N_{1i}——设计年限内城镇各用水分区的计划用水人口数，人；

　　　f_{1i}——城镇各用水分区的自来水普及率，%。

2. 工业企业生产用水和工作人员生活用水

工业生产用水一般是指工业企业在生产过程中用于冷却、空调、制造、加工、净化和洗涤方面的用水。

工业用水定额一般以万元产值用水量表示。不同类型的工业万元产值用水量不同。由于生产性质、工艺过程、生产设备、管理水平等不同，工业生产用水量的变化很大。有时即使生产同一类产品，不同工厂、不同阶段的生产用水量相差也很大。一般情况下，生产用水量定额由企业工艺部门提供。在资料缺乏时，可参考同类型企业用水指标。计算工业企业生产用水量时，应按当地水源条件、工业发展情况、工业生产水平，估计将来可能达到的重复利用率。

工业企业内工作人员生活用水量和淋浴用水量标准可按《工业企业设计卫生标准》（GBZ 1—2010）确定。

（1）车间卫生特征 1 级、2 级的车间应设浴室；3 级的车间宜在车间附近或厂区设置集中浴室；4 级的车间可在厂区或居住区设置集中浴室。浴室可由更衣间、洗浴间和管理间组成。

（2）浴室内一般按 4～6 个淋浴器设一具盥洗器。淋浴器的数量，可根据设计计算人数按表 1-5 计算。

表 1-5　每个淋浴器设计使用人数（上限值）

车间卫生特征	1 级	2 级	3 级	4 级
人数	3	6	9	12

注：需每天洗浴的炎热地区，每个淋浴器使用人数可适当减少。

（3）女浴室和卫生特征 1 级、2 级的车间浴室不得设浴池。

（4）体力劳动强度Ⅲ级或Ⅳ级者可设部分浴池，浴池面积一般可按 1 个淋浴器相当于 2 m² 面积进行换算，但浴池面积不宜＜5 m²。

城镇工业企业生产用水量按下式计算：

$$Q_2 = \sum q_{2i}N_{2i}(1-f_{2i})$$

式中　Q_2——城镇工业企业用水量，m³/d；

　　　q_{2i}——城镇各工业企业最高日生产用水定额，m³/万元、(km²·d)m³/产量单位或 m³/(生产设备单位·d)；

　　　N_{2i}——城镇各工业企业产值，万元/d，或产量，产品单位/d，或生产设备数量；

　　　f_{2i}——城镇各工业企业用水重复利用率，%。

工业企业职工生活用水与淋浴用水量按下式计算：

$$Q_3 = \sum \frac{q_{3ai}N_{3ai}+q_{3bi}N_{3bi}}{1\,000}$$

式中　Q_3——各工业企业职工生活用水与淋浴用水量，m³/d；

　　　q_{3ai}——各工业企业车间职工生活用水量定额，L/(人·班)；

　　　N_{3ai}——各工业企业车间最高日职工生活用水总人数，人；

　　　q_{3bi}——各工业企业车间职工淋浴用水量定额，L/(人·班)；

　　　N_{3bi}——各工业企业车间最高日职工淋浴用水总人数，人。

3. 市政用水量

市政用水主要指浇洒道路和绿化用水，即对城镇道路进行保养、清洗、降温和消尘等用水和市政绿地所用的水。浇洒道路和绿化用水量根据路面种类、绿化面积、气候和土壤等条件确定。浇洒道路用水量标准一般为 2.0～3.0 L/(m²·d) 路面。绿化用水量标准为 1.0～3.0 L/(m²·d)。

浇洒道路和绿化用水量按下式计算：

$$Q_4 = \sum \frac{q_{4a}N_{4a}f_4+q_{4b}N_{4b}}{1\,000}$$

式中　Q_4——城镇浇洒道路和绿化用水量，m³/d；

　　　q_{4a}——城镇浇洒道路用水量定额，L/(m²·次)；

N_{4a}——城镇最高日浇洒道路面积，m^2；

　f_4——城镇最高日浇洒道路次数；

q_{4b}——城镇绿化用水量定额，$L/(m^2 \cdot d)$；

N_{4b}——城镇最高日绿化用水面积，m^2。

4. 消防用水

消防用水只在火灾时使用，消防用水量、水压和火灾延续时间等，应按照现行的《建筑设计防火规范》(GB 50016—2006)和《高层民用建筑设计防火规范》[GB 50045—1995(2005年版)]等执行。

消防用水量按下式计算：

$$Q_5 = q_6 f_6$$

式中　Q_5——城镇消防用水量，L/s；

　q_6——城镇消防水量定额，L/s；

　f_6——同时火灾次数。

5. 城镇配水管网的漏损水量

城镇配水管网的漏损水量一般可按综合生活用水（包括居民生活用水和公共建筑用水）、工业企业用水和浇洒道路和绿地用水水量之和的 $10\% \sim 12\%$ 计算。当单位管长供水量小或供水压力高时可适当增加。

计算公式如下：

$$Q_6 = (10\% \sim 12\%)(Q_1 + Q_2 + Q_3 + Q_4)$$

6. 未预见用水

城镇未预见用水主要指给水系统中对难于预测的各项因素而准备的水。未预见水量应根据水量预测中考虑难以预见因素的程度确定，一般可按综合生活用水（包括居民生活用水和公共建筑用水）、工业企业用水、浇洒道路和绿地用水和管网漏损水水量之和的 $8\% \sim 12\%$ 计算。

计算公式如下：

$$Q_7 = (8\% \sim 12\%)(Q_1 + Q_2 + Q_3 + Q_4 + Q_6)$$

7. 城镇最高日设计用水量

城镇用水量按最高日用水量计算，应包括设计年限内给水系统所供应的全部用水,但不包括工业企业自备水源所供应的水量。设计用水量通常按分项累计法计算。由于城市消防用水量是偶然发生的,可不计入城镇设计总用水量中,仅作为设计校核使用。

$$Q_d = Q_1 + Q_2 + Q_3 + Q_4 + Q_6 + Q_7$$

式中　　Q_d——城镇最高日设计用水量,m^3/d。

第三节　小城镇水资源供需平衡分析

一、水资源供需平衡分析的目的

水资源供需平衡分析,是指在一定范围内(行政、经济区域或流域)不同时期的可供水量和需水量的供求关系分析。

水资源平衡分析的目的是以国民经济和社会发展计划与国土整治规划为依据,在江河湖库流域综合规划和水资源评价的基础上,按供需原理和综合平衡原则来测算今后不同时期的可供水量和用水量,制订水资源长期供求计划和水资源开源节流的总体规划,以实现或满足一个地区可持续发展对淡水资源的需求。具体包括:

(1)通过可供水量和需水量的分析,弄清楚水资源总量的供需现状和存在的问题;

(2)通过不同时期不同部门的供需平衡分析,预测未来,了解水资源余缺的时空分布;

(3)针对水资源供需矛盾,要采取对供需双方严格管理来实现供需平衡,要从过去以需定供转变为在加强需水管理、提高用水效率和效益基础上的保证供水。

二、水资源供需平衡分析的原则

水资源供需平衡分析涉及社会、经济、环境生态等方面,不管是从可供水量还是需水量方面分析,牵涉面广且关系复杂。因此,供需平衡应遵循以下原则。

1. 近期和远期相结合

水资源供需关系,不仅与自然条件密切相关,而且受人类活动的影响,即和社会经济发展阶段有关。同是一个地区,在经济不发达阶段,水资源往往供大于求,随着经济的不断发展,特别是城市的经济发展,水资源的供需矛盾逐渐突出,则需要做好水资源合理配置和节约保护。水资源供需平衡分析一般分为现状、中期和远期几个阶段,既把现阶段的供需情况弄清楚,又要充分分析未来的供需变化,把近期和远期结合起来。

2. 流域和区域相结合

水资源具有按流域分布的规律,然而用水部门有明显的地区分布特点,经济或行政区域和河流流域往往是不一致的,因此,在进行水资源供需平衡分析时,要认真考虑这些因素,划好分区,把小区和大区、区域和流域结合起来。在进行具体的水资源供需分析时,要和水资源评价合理衔接。在牵涉到上、下游分水和跨地区跨流域调水时,更要注意大、小区域的结合。

3. 综合利用和保护相结合

水资源是具有多种用途的资源,其开发利用应做到综合考虑,尽量做到一水多用,并提高用水效率和效益。水资源又是一种易污染的流动资源,在供需分析中,对有条件的地方供水系统应多种水源联合调度,用水系统考虑各部门交叉或重复使用,排水系统注意各用水部门的排水特点和排污、排洪要求。更值得注意的是,在发挥最大经济效益而开发利用水资源的同时,应十分重视水资源的保护。

三、水资源供需平衡分析的方法

水资源供需平衡分析必须根据一定的雨情、水情来进行分析计算,常用的水资源供需平衡分析方法有两种:一种为典型年法,另一种为水资源系统动态模拟法。

(一)典型年法

典型年法是依据雨情、水情具有代表性的几个不同年份进行分析计算,而不必逐年计算,也称为代表年法。其优点是可以克服资料不全(如系列资料难以取得)及计算工作量太大等问题。

首先,根据需要来选择不同频率的若干典型年。我国规范规定:特别丰水年频率 $P=5\%$,丰水年频率 $P=25\%$,平水年频率 $P=50\%$,一般枯水年 $P=75\%$,特别枯水年 $P=90\%$(或 95%)。在进行区域水资源供需平衡分析时,北方干旱和半干旱地区一般要对 $P=50\%$ 和 $P=75\%$ 两种代表年的水供需进行分析,而在南方湿润地区,一般要对 $P=50\%$、$P=75\%$ 和 $P=90\%$(或 95%)三种代表年的水供需进行分析。

实际上,选哪几种代表年,则要根据水供需的目的来确定,而不必拘泥于上述的情况,如北方干旱缺水地区,若想通过水供需分析来寻求特枯年份的水供求对策措施,则必须对 $P=90\%$(或 95%)代表年进行水供需分析。

1. 计算分区和计算时段

水资源供需分析,就某一区域来说,其可供水量和需水量在地区上和时间上分布都是不均匀的。如果不考虑这些差别,在大尺度的时间和空间内进行平均计算,往往使供需矛盾不能充分暴露出来,则其计算成果不能反映实际的状况,这样的供需分析不能起到指导作用。所以,必须对分区和计算时段进行合理的确定。

(1)区域划分。分区进行水资源供需分析研究,便于弄清水资源供需平衡要素在各地区之间的差异,以便对不同地区的特点采取不同的措施和对策。另外,将大区域划分成若干个小区后,可以使计算分析得到相应的简化,便于研究工作的开展。在分区时一般应考虑以下的原则:

1)尽量按流域、水系划分,对地下水开采区应尽量按同一水文地质单元划分,这样便于算清水账。

2)尽量照顾行政区划的完整性。这样便于资料的收集和统计,另外,按行政区划更有利于水资源的开发利用和保护的决策和管理。

3)尽量不打乱供水、用水、排水系统。

分区的方法应逐级划分,即把要研究的区域划分若干个一级区,每一个一级区又划分为若干个二级区,依此类推,最后一级区称为计算单元。

分区面积的大小应根据需要和实际的情况而定。分区过大,往往会掩盖供需矛盾,而分区过小,又会增加计算工作量。因此,在实际的工作中,在供需矛盾比较突出的地方,或工农业发达的地方,分区宜小,对于不同的地貌单元(如山区和平原)或不同类型的行政单元(如城镇和农村)宜划为不同的计算区。对于重要的水利枢纽所控制的范围,应专门划出进行研究。

(2)计算时段的划分。区域水资源计算时段可分别采用年、季、月、旬和日,选取的时段长度要适宜,划得太大往往会掩盖供需之间的矛盾,缺水期往往是处在时间很短的几个时段里,因此只有把计算时段划分得合适,才能把供需矛盾揭露出来。但划分时段也并非越小越好,时段分得太小,许多资料无法取得,而且会增加计算分析的工作量。

实际工作中划分计算时段一般以能客观反映计算地区的水资源供需为准则。对精度要求不高的,计算时段也可采用以年为单位。即使是以旬或月为计算时段的分析,最后计算成果也应汇总成以年为单位的供需平衡分析。

2. 频率典型年的确定

不同频率系指水文资料统计分析中的不同频率。例如前面提到的 $P=50\%$、$P=75\%$、$P=90\%$ 或 95%,以代表不同的来水情况。

(1)典型年来水量的选择。典型年的来水需要用统计方法推求。具体步骤如下:

1)根据各分区的具体情况来选择控制站,以控制站的实际来水系列进行频率计算,选择符合某一设计频率的实际典型年份。

2)求出该典型年的来水总量。可以选择年天然径流系列或年降雨量系列进行频率分析计算。

(2)典型年来水量的分布。常采用的一种方法是按实际典型年的来水量进行分配,但地区内降雨、径流的时空分布受所选择典型年的支配,具有一定的偶然性,故为了克服这种偶然性,通常选用频率相近的若干个实际年份进行分析计算,并从中选出对供需平衡偏于不利的情况对来水进行分配。

3. 水平年的确定

水资源供需分析是要弄清研究区域现状和未来的几个阶段的水资源供需状况,这几个阶段的水资源供需状况与区域的国民经济和社会发展有密切关系,并应与该区域的可持续发展的总目标相协调。

一般情况下,需要研究分析四个发展阶段的供需情况,即所谓的四个水平年的情况,分别为:

(1)现状水平年(又称基准年,系指现状情况以该年为标准);

(2)近期水平年(基准年以后 5 年或 10 年);

(3)远景水平年(基准年以后 15 年或 20 年);

(4)远景设想水平年(基准年以后 30~50 年)。

一个地区的水资源供需平衡分析究竟取几个水平年,应根据有关规定或当地具体条件以及供需分析的目的而定,一般可取前三个水平年即现状、近期、远景 3 个水平年进行分析。对于重要的区域多有远景水平年,而资料条件差的一般地区,也有只取 2 个水平年的。当资料条件允许而又需要时,也应进行远景设想水平年的供需分析的工作,如长江、黄河等七大流域,为配合国家中长期的社会经济可持续发展规划,原则上都要进行四种阶段的供需分析。

4. 可供水量的分析计算

供水系统:一个地区的可供水量来自该区的供水系统。供水系统从工程分类,包括蓄水工程、引水工程、提水工程和调水工程。按水源分类可分为地表水工程、地下水工程和污水再生回用工程类型;按用户分类可分为城市供水、农村供水和混合供水系统。

可供水量:可供水量是指不同水平年、不同保证率或不同频率条件下通过工程设施可提供的符合一定标准的水量,包括区域内的地表水、地下水、外流域的调水,污水处理回用和海水利用等。它有别于工程实际的供水量,也有别于工程最大的供水能力,不同水平年意味着计算可供水量时,要考虑现状、近期和远景的几种发展水平的情况,是一种假设的来水条件。不同保证率或不同频率条件表示计算可供水量时,要考虑丰、平、枯几种不同的来水情况,保证率是指工程供水的保证程度(或破坏程度),可以通过系列调算法进行计算求得。频率一般表示来水的情况,在计算可供水量时,既表示要按来水系列选择代表年,也表示应用代表年法来计算可供水量。

可供水量不同于天然水资源量,也不等于可利用水资源量,一般情况下,可供水量小于天然水资源量,也小于可利用水资源量。

对于可供水量,要分类、分工程、分区逐项逐时段计算,最后还要汇总成全区域的总供水量,如图 1-2 所示。

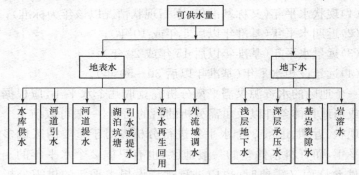

图 1-2　可供水量计算项目汇总示意图

在水资源供需平衡分析时,对重要水源的可供水量计算,如大、中型水库,河、湖引水,跨流域调水,平原区和山区集中开采水源地的地下水,则要做专门分析,写出专题报告,作为总报告的附件。

5. 供水保证率的计算

在供水规划中,按照供水对象的不同,应规定不同的供水保证率,例如居民生活供水保证率 $p=95\%$ 以上,工业用水 $p=90\%$ 或 95%,农业用水 $p=50\%$ 或 75% 等。供水保证率是指多年供水过程中,供水得到保证的年数占总年数的百分数,常用下式计算:

$$p=\frac{m}{n+1}\times100\%$$

式中　　p——供水保证率;

　　m——保证正常供水的年数[通常按用户性质,能满足其需水量的 90%～98%(即满足程度)视作正常供水];

　　n——供水总年数[供水总年数通常指统计分析中的样本容量(总数),如所取降雨系列的总年数或系列法供需分析的总年数]。

　　另外,根据供水保证率的概念,又可以得出以下两种确定供水保证率的方法。

　　(1)上述的在今后多年供水过程中有保证年数占总供水年数的百分数。今后多年是一个计算系列,在这个系列中,不管哪一个年份,只要有足够的保证年数,就可以达到所需保证率。

　　(2)规定某一个年份(例如 2000 年这个水平年),这一年的来水可以是各种各样的,现在把某系列各年的来水都放到 2000 年这一水平年去进行供需分析,计算其供水有保证的年数占系列总年数的百分数,即为 2000 年这一水平年的供水遇到所用系列的来水时的供水保证率。

　　根据上述供水保证率的概念和计算方法,水资源供需平衡分析中典型年法的供水保证率可以这样来理解和计算:

　　对于 $P=50\%$ 的年份,$P=50\%$ 的来水就是指年来水总量大于或等于那一年($P=50\%$)的年数占统计样本总年数的 50%。既然来水总量等于那一年($P=50\%$)的能保证,则大于那一年($P=50\%$)的一般也应该能保证,所以,在典型年法中,若 $P=50\%$ 供需能平衡,则其供水保证率为 $P=50\%$。

　　对于 $P=95\%$ 的年份,供需分析得出不平衡,还缺水,说明其供水保证率不足 95%。但是这样的结论太笼统,并不说明各用水部门供需的矛盾,实际上对生活、工业、农业供水应区别对待,有时生活工业部门仍可保证供水(只要供水系统有保证),而所缺水主要应由农业等部门来承担。

　　因此,应具体分析区域内哪些用水部门真正缺水及其缺水程度和影响程度,然后做出科学的分析评价及提出解决的具体措施。

6. 需水量的分析计算

需水量分析是供需平衡的主要内容之一。需水量可分为河道内用水和河道外用水两大类。河道内用水包括水力发电、航运、放木、冲淤、环境、旅游等。河道内用水一般并不耗水,但要求有一定的流量、水量和水位,其需水量应按一水多用原则进行组合计算。河道外用水包括城市用水和农业用水。城市用水又分工业用水、生活用水和环境用水。

有关需水量计算的项目如图 1-3 所示,具体项目的计算方法参照本章第二节及有关其他部门需水量的确定方法进行。

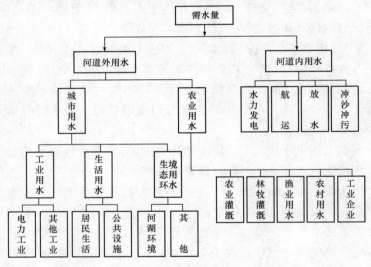

图 1-3　需水量计算项目汇总

7. 供需平衡分析和成果综合

一个区域水资源的供需分析的内容是相当丰富和复杂的,从分析的范围考虑,可划分为计算单元的供需分析、整个区域的供需分析。计算单元(可视为一小的区域)是供需分析的基础,属于区域或流域内的一个面积最小的小区。区域往往是指如县、市、省等行政区域或是如京津唐地区、华北平原地区等经济区。区域又可根据情况再分为若干个亚区,如京津唐地区再分为北京、天津、唐山、秦皇岛、廊坊等五个亚区。流域则属某水系的集水范围。这两种范围是互相交叉的,如一个较小的行政区,一般只是某流域的一部分,而大的区域则可能分属几个流域,至于大江大河的全流域必然包括多个省市。区域或流域的供需分析应包括若干个计算单元的供需分析的综合。

(1)计算单元的供需分析。计算单元的供需分析应包括下述几方面的内容。

1)调查统计现阶段年份计算单元内各水源的实际供水量和各部门的实际用水量。

2)进行水量平衡校核。利用该年份计算单元的入、出境水文站的径流资料,地下水位观测资料,以及降水量等资料,进行水量平衡校核,分析验证现状年份各项指标和参数的合理性。

3)对现状的实际供、用水情况和不同频率来水情况下的供需平衡状况进行分析。

计算单元之间往往存在着水力关系,对于有水力联系的计算单元进行供需分析时,应按照自上而下、先支流后干流的原则,逐个单元逐个单元地进行,上单元的弃水退水或供水应传递到下单元参加供需计算,并根据具体情况进行分析。

(2)整个区域的水资源供需分析。整个区域的水资源供需分析是在计算单元供需分析的基础上进行的,应该汇总和协调所有计算单元供需分析的成果,能够全面地反映出整个区域的水资源供需分析关系和供需平衡矛盾的状况,以及该范围内供水的规模及其相应的水资源利用程度和效果。汇总和协调各计算单元供需分析的方法有典型年法和同频率法两种。

1)典型年法。先根据全区域的雨情和水情情况,选定代表年,然后根据该代表年的来水情况,自上而下,先支流后干流逐个计算各个单元的供需情况,最后将各个单元的供需成果进行汇总,即得整个区域的水资源供需情况。

2)同频率法。其一般的步骤是,根据实际情况先把整个区域划分为若干个流域,每个流域根据各自的雨情、水情情况选择各自的代表年。然后采用典型年法相同的方法,逐个进行计算单元水供需分析并将同一流域的计算单元水供需分析成果相加,最后,再把各流域同频率的计算成果汇总即得到整个区域的水资源供需分析的成果。

(二)水资源系统的动态模拟分析

水资源系统的动态模拟分析是系列法的一种,指仅依据雨情、水情的历史系列资料进行逐年的供需平衡分析计算。

与典型年法相比,水资源供需平衡动态模拟分析的特点见表 1-6。

表 1-6　水资源供需平衡动态模拟分析的特点

序号	特点	说　　明
1	是对较长时间系列里一个区域内水资源供需平衡分析	该方法不是对某一个别的典型年进行分析,而是在较长的时间系列里对一个地区的水资源供需的动态变化进行逐个时段模拟和预测,因此可以综合考虑水资源系统中各因素随时间变化及随机性而引起的供需的动态变化,例如,当最小计算时段选择为天,则既能反映水均衡在年际的变化,又能反映出在年内的动态变化
2	能够反映出地域空间上的水供需的不平衡性	该方法不仅可以对整个区域的水资源进行动态模拟分析,由于采用不同子区和不同水源(地表水与地下水、本地水资源和外域水资源等)之间的联合调度,能考虑它们之间的相互联系和转化,因此该方法除能够反映出时间上的动态变化,也能够反映出地域空间上的水供需的不平衡性
3	仿真性好	该方法采用系统分析方法中的模拟方法,仿真性好,能直观形象地模拟复杂的水资源供需关系和管理运行方面的功能,可以按不同调度及优化的方案进行多情景模拟,并可以对不同的供水方案的社会经济和生态环境效益进行评价分析,便于了解不同时间不同地区的供需状况以及采取对策措施所产生的效果,使得水资源在整个系统中得到合理的利用,这是典型年法不可比的

1. 水资源系统供需平衡的动态模拟分析的内容

水资源系统供需平衡的动态模拟分析的主要内容包括以下几个

方面。

（1）基本资料的调查收集和分析。基本资料是模拟分析的基础，决定了成果的合理性和精度，故要求基本资料准确、完整和系列化。基本资料包括来水系列、区域内的水资源量和质、各部门用水（如城市生活用水、工业用水、农业用水等）、水资源工程资料、有关基本参数资料（如地下含水层水文地质资料、渠系渗漏、水库蒸发等）以及相关的国民经济指标的资料等。

（2）水资源系统管理调度。包括水量管理调度（如地表水库群的水调度、地表水和地下水的联合调度、水资源的配置调度等）、水量水质的控制调度等。

（3）水资源系统的管理规划。通过建立水资源系统模拟来分析现状和不同水平年的各个用水部门（城市生活、工业和农业等）的供需情况（供水保证率和可能出现的缺水状况）；解决水资源供需矛盾的各种工程和非工程措施并进行定量分析，非工程措施包括调整产业布局及从节约用水提高用水效率等来适应当地的水资源状况。工程经济、社会和环境效益的分析和评价等。

2. 模拟模型的建立、检验和运行

水资源系统比较复杂，要考虑水量和水质、地表水和地下水的联合调度、地表水库的联合调度、本地区和外区水资源的合理调度、各个用水部门的合理配水、污水处理及其再利用等诸多因素。因此，要将这样庞大而又复杂的非线性关系和约束条件在模型中得到较好的模拟运行。

水资源系统的模拟与分析，一般需要经过模型建立、调参与检验、运行方案的设计等几个步骤。

（1）模型的建立。建模就是要把实际问题概化成一个物理模型，要按照一定的规则建立数学方程来描述有关变量间的定量关系，是水资源系统模拟的前提。这一步骤包括有关变量的选择，以及确定有关变量间的数学关系。模型只是真实事件的一个近似的表达，并不是完全真实，因此，模型应尽可能简单，所选择的变量应最能反映其特征。

（2）模型的调参和检验。水资源供需平衡分析的动态模拟就是在制定各种运行方案下重现现阶段水资源供需状况和预演今后一段时期水资源供需状况。但是,按设计方案正式运行模型之前,必须对模型中有关的参数进行确定以及对模型进行检验来判定该模型的可行性和正确性。

(3)模型运行方案的设计。在模拟分析方法中,决策者希望最终获得两个方面的效果:一方面是模拟结果能尽量接近最优解;另一方面是能得到不同方案的有关信息,如高、低指标方案,不同开源节流方案的计算结果,等等。所以,就要进行不同运行方案或不同情景的设计。

在进行不同的方案设计时,应考虑以下几个方面。

1)模型中所采用的水文系列,既可用一次历史系列,也可用历史资料循环系列。

2)开源工程的不同方案和开发次序。例如,是扩大地下水源还是地面水源;是开发本区水资源还是调区外水资源;不同阶段水源工程的规模等,都要根据专题研究报告进行运行方案设计。

3)不同用水部门的配水或不同小区配水方案的选择。

4)不同节流方案、不同经济发展速度和用水指标的选择。

在方案设计中要根据需要和可能、主观和客观等条件,排除一些明显不合理的方案,选择一些合理可行的方案进行运行计算。

3. 水资源系统的动态模拟分析成果的综合

水资源供需平衡动态模拟的计算结果应该加以分析整理,即称作成果综合。主要包括如下两个方面。

(1)现状供需分析。现状年的供需分析,和典型年法一样,都是用实际供水资料和用水资料进行平衡计算的,可用列表表示。由于模拟输出的信息较多,对现状供需状况可做较详细的分析,例如各分区的情况,年内各时段的情况,以及各部门用水情况等,以便能在不同的时间和地域上对供需矛盾做出更详尽的分析。

(2)不同发展时期的供需分析。动态模拟分析计算的结果所对应的时间长度和采用的水文系列长度是一致的。对于发展计划则需要较为详尽的资料。对于宏观决策者不一定需要逐年的详细资料。所以,应根据模拟计算结果,把水资源供需平衡整理成能满足不同需要的成果。

　　结合现状分析,按现有的供水设施和本地水资源,进行一次今后不同时期的供需模拟计算,通常叫第一次供需平衡分析。通过这次平衡,可以暴露矛盾,发现问题,便于进一步深入分析。经过第一次平衡以后,可制定不同方案或不同情景,进行第二次供需平衡。对不同的方案,一般都要分析如下几方面的内容:

　　1)若干个阶段(水平年)的可供水量和需水量的平衡情况;

　　2)长时间系列逐年的水资源供需平衡情况;

　　3)开源、节流措施的方案规划和定量分析;

　　4)各部门的用水保证率及其他评价指标等。

第二章 小城镇给水系统

小城镇给水系统是从水源取水,按照设计用水量、水源水质和用户对水质的要求,选择合理的净水工艺对原水进行净化,在满足用户对水压要求的前提下通过配水管网将水送至用户的工程。

第一节 小城镇给水系统组成与分类

一、小城镇给水系统组成

小城镇给水系统主要由取水工程、净水工程和输配水工程三部分组成。

1. 取水工程

取水工程一般指自水源提取原水的工程设施,根据用水对象对水质、水量、水压的要求,结合当地水资源状况,经济合理地从天然水体用一定构筑物取水输送至水厂或用户。

取水工程一般包括取水构筑物和取水泵房。

(1)取水构筑物。取水构筑物包括地下取水构筑物和地表取水构筑物。地下取水构筑物按照含水层的厚度、含水条件和埋藏深度可选用管井、大口井、辐射井、复合井、渗渠及相应的取水泵或取水泵站;地表取水构筑物按照地表水水源种类、水位变幅、径流条件和河床特征等可选用固定式(岸边式、河床式)取水构筑物、活动式(浮船式、缆车式)取水构筑物、斗槽式取水构筑物;山区河流可以选用低坝式取水构筑物或底栏栅式取水构筑物;在缺水型饮水困难的地区还有雨水集取构筑物。

(2)取水泵房。在地面水水源中,取水泵房一般有吸水井、泵房及闸阀井三部分组成,其作用是从水源中吸进所需处理的水量,经泵站输送到水处理工艺流程进行净化处理。首先,取水泵房的布置应在节约用地原则的基础上确定各尺寸间距和长度,选取吸水管路及其辅助设备及配件;其次,在土建结构方面应考虑河岸的稳定性,在泵房的抗浮、抗裂、抗颠覆、放滑坡等方面均应有周详的计算;再次,在施工过程中,应争取在河道枯水位时施工,并要有比较周全的施工组织计划;最后,在取水泵房运行管理方面必须很好地使用通风、采光、起重、排水、水锤防护等设施。

2. 净水工程

净水工程是把取来的原水经过适当的净化和消毒处理,使水质满足用户要求。

净水工程包括净水构筑物及消毒设备。

(1)净水构筑物。净水构筑物是对取来的原水进行净化处理,达到城镇用水对水质要求的构筑物和设备。一般以地下水为水源的净水构筑物比较简单或不需要净水构筑物。以地表水为水源的净水构筑物,主要去除天然水中的悬浮物、胶体和溶解物等杂质及致病微生物。

(2)消毒设备。主要包括组合或压力净水设备、压力过滤器、二氧化氯发生器等。

3. 输配水工程

输配水工程的作用是把净化处理后的水以一定的压力,通过管道系统输送到各用水点。

输配水工程一般包括泵房、调节构筑物和输配水管道。

二、小城镇给水系统分类

我国小城镇数量多,分布广,气候特征、地形地貌有很大差异,水源种类多,水源水质变化较大,由于经济发展水平不同,对城镇给水的要求也不一样,因此,城镇给水系统类型众多。按照水源的种类不同,小城镇给水系统主要分为以地表水为水源的给水系统和以地下水为水源的给水系统。

1. 以地表水为水源的给水系统

地表水主要包括江河水、湖泊水及水库水、海水等，以地表水为水源的给水系统的优点是：结构简单，施工方便，投资少，净化使用方便，便于维修管理。适用于居住分散、无固定水源或取水困难而又有一定降雨量的小城镇。以地表水为水源的给水系统包括以下几种。

（1）以河水或湖水为水源的给水系统。地表水经取水构筑物、一泵站提升到净水厂，经净化后由二泵站经输配水管网送至用户。

（2）以雨水为水源的小型分散系统。降雨产生的径流，流入地表集水管（渠），经沉淀池、过滤池（过滤层）进入贮水窖，再由微型水泵或手压泵取水供用户使用。在缺水或苦咸水地区可选择此系统。

2. 以地下水为水源的给水系统

地下水包括潜水、承压水、泉水等，以地下水为水源的给水系统包括以下四类。

（1）山区以泉水为水源的小城镇给水系统。在山区有泉水出露处，选择水量充足、稳定的泉水出口处建泉室，再利用地形修建高位水池，最后通过管道依靠重力将泉水引至用户。取泉水为饮用水，水质一般无须处理，但要求泉水位置应远离污染源或进行必要的防护。

（2）单井取水的给水系统。当含水层厚度在 $5\sim20m$，含水层埋深小于 12m 时，可建大口井或辐射井作为城镇给水系统的水源。该系统一般采用离心泵从井中吸水，送入气压罐（或水塔）对供水水压进行调节。

（3）井群取水的给水系统。由管井群取地下水送往集水池，加氯消毒，再由泵站从集水池取水加压通过输水管送往用水区，由配水管网送至用户。此供水工程简单，投资也较省，适用于地下水水源充足的地区。但需对水源地进行详尽的水文地质勘察。

（4）渗渠为水源的给水系统。在含水层中铺设水平管渠用于集取地下水，并汇集于集水井中，水泵再从集水井中取水供给用户。该种供水工程适于修建在有弱透水层地区和山区河流的中、下游，河床砂卵石透水性强，地下水位浅且有一定流量的地方。

第二节　小城镇给水要求

一、城镇给水水源

结合国家质量技术监督总局和原建设部联合发布的《城市给水工程规划规范》(GB 50282—1998)的相关规定,城镇给水水源应满足下列要求。

1. 水源选择要求

(1)选择城市给水水源应以水资源勘察或分析研究报告和区域、流域水资源规划及城市供水水源开发利用规划为依据,并应满足各规划区城市用水量和水质等方面的要求。

(2)选用地表水为城市给水水源时,城市给水水源的枯水流量保证率应根据城市、性质和规模确定,可采用 $90\% \sim 97\%$。建制镇给水水源的枯水流量保证率应符合现行国家标准《镇规划标准》(GB 50188—2007)的有关规定。当水源的枯水流量不能满足上述要求时,应采取多水源调节或调蓄等措施。

(3)选用地表水为城市给水水源时,城市生活饮用水给水水源的卫生标准应符合《生活饮用水卫生标准》(GB 5749—2006)以及《生活饮用水水源水质标准》(CJ 3020—1993)的规定。当城市水源不符合上述各类标准,且限于条件必须加以利用时,应采取预处理或深度处理等有效措施。

(4)符合《生活饮用水卫生标准》(GB 5749—2006)的地下水宜优先作为城市居民生活饮用水水源。开采地下水应以水文地质勘察报告为依据,其取水量应小于允许开采量。

(5)低于生活饮用水水源水质要求的水源,可作为水质要求低的其他用水的水源。

(6)水资源不足的城市宜将城市污水再生处理后用作工业用水、生活杂用水及河湖环境用水、农业灌溉用水等,其水质应符合相应标准的规定。

(7)缺乏淡水资源的沿海或海岛城市宜将海水直接或经处理后作为城市水源,其水质应符合相应标准的规定。

2. 水源地要求

(1)水源地应设在水量、水质有保证和易于实施水源环境保护的地段。

(2)选用地表水为水源时,水源地应位于水体功能区划规定的取水段或水质符合相应标准的河段。饮用水水源地应位于城镇和工业区的上游。饮用水水源地一级保护区应符合现行国家标准《地表水环境质量标准》(GB 3838—2002)中规定的Ⅱ类标准,见表 2-1。

表 2-1　地表水环境质量标准基本项目标准限值　　　　单位:mg/L

序号	基本要求	Ⅰ类	Ⅱ类	Ⅲ类	Ⅳ类	Ⅴ类
1	水温(℃)	人为造成的环境水温变化应限制在:周平均最大温升<1 ℃,周平均最大温降<2 ℃				
2	pH 值	6~9				
3	溶解氧　≥	饱和率90%(或7.5)	6	5	3	2
4	高锰酸盐指数 ≤	2	4	6	10	15
5	化学需氧量(COD) ≤	15	15	20	30	40
6	五日生化需氧量(BOD5)≤	3	3	4	6	10
7	氨氮(NH₃-N) ≤	0.015	0.5	1.0	1.5	2.0
8	总磷(以 P 计) ≤	0.02(湖、库 0.01)	0.1(湖、库 0.025)	0.2(湖、库 0.05)	0.3(湖、库 0.1)	0.4(湖、库 0.2)
9	总氮(湖、库,以 N 计) ≤	0.2	0.5	1.0	1.5	2.0
10	铜 ≤	0.01	1.0	1.0	1.0	1.0
11	锌 ≤	0.05	1.0	1.0	2.0	2.0
12	氟化物(以 F⁻计) ≤	1.0	1.0	1.0	1.5	1.5

续表

序号	基本要求		Ⅰ类	Ⅱ类	Ⅲ类	Ⅳ类	Ⅴ类
13	硒	≤	0.01	0.01	0.01	0.02	0.02
14	砷	≤	0.05	0.05	0.05	0.1	0.1
15	汞	≤	0.000 05	0.000 05	0.000 1	0.001	0.001
16	镉	≤	0.001	0.005	0.005	0.005	0.01
17	铬(六价)	≤	0.01	0.05	0.05	0.05	0.1
18	铅	≤	0.01	0.01	0.05	0.05	0.1
19	氰化物	≤	0.005	0.05	0.2	0.2	0.2
20	挥发酚	≤	0.002	0.002	0.005	0.01	0.1
21	石油类	≤	0.05	0.05	0.05	0.5	1.0
22	阴离子表面活性剂	≤	0.2	0.2	0.3	0.3	0.3
23	硫化物	≤	0.05	0.1	0.2	0.5	1.0
24	粪大肠菌群(个/L)	≤	200	2 000	10 000	20 000	40 000

（3）选用地下水水源时，水源地应设在不易受污染的富水地段。

（4）水源为高浊度江河时，水源地应选在浊度相对较低的河段或有条件设置避砂峰调蓄设施的河段，并应符合《高浊度水给水设计规范》(CJJ 40—2011)的规定。

（5）当水源为感潮江河时，水源地应选在氯离子含量符合有关标准规定的河段或有条件设置避感潮调蓄设施的河段。

（6）水源为湖泊或水库时，水源地应选在藻类含量较低、水位较深和水域开阔的位置，并应符合《含藻水给水处理设计规范》(CJJ 32—2011)的规定。

（7）水源地的用地应根据给水规模和水源特性、取水方式、调节设施大小等因素确定，并应同时提出水源卫生防护要求和措施。

二、给水范围与规模

（1）城市给水工程规划范围应和城市总体规划范围一致。

（2）当城市给水水源地在城市规划区以外时，水源地和输水管线应纳入城市给水工程规划范围。当输水管线途经的城镇需由同一水源供水时,应进行统一规划。

(3)给水规模应根据城市给水工程统一供给的城市最高日用水量确定。

(4)城市中用水量大且水质要求低于《生活饮用水卫生标准》(GB 5749—2006)的工业和公共设施,应根据城市供水现状、发展趋势、水资源状况等因素进行综合研究,确定由城市给水工程统一供水或自备水源供水。

三、给水水质和水压

1. 原水中的杂质

原水是指从水源取得而未经过处理的水。无论是取自地下水源还是地表水源的原水,都不同程度地含有各种各样的杂质。这些杂质按尺寸大小可分成悬浮物、胶体和溶解物三大类。

(1)悬浮物。悬浮物尺寸较大,易于在水中下沉或上浮。悬浮物在水中下沉或上浮取决于其密度,易于下沉的一般是密度较大的大颗粒泥沙及矿物质废渣等,能够上浮的一般是体积较大而密度较小的某些有机物。悬浮物可以通过沉淀或气浮的方法得以去除。

(2)胶体。胶体颗粒尺寸小,在水中具有稳定性,可以长期保持分散悬浮的特性。水中所存在的胶体通常有黏土、细菌、病毒、腐殖质、蛋白质、有机高分子物质等。

悬浮物和胶体是使水产生浑浊现象的根源。有机物会造成水的色、臭、味。随生活污水排入水体的病菌、病毒及致病原生动物会通过水传播疾病。悬浮物和胶体是生活饮用水处理的去除对象。粒径大于 4.0 mm 的泥沙较易去除,通常在水中可自行下沉。而粒径较小的悬浮物和胶体杂质,须投加混凝剂才可去除。

(3)溶解杂质。溶解杂质包括无机物和有机物两类。

1)无机物。无机溶解物是指水中的低分子和离子,它们中有的溶解杂质可使水产生色、臭、味。

2)有机物。有机溶解杂质主要来源于水源污染,也有天然存在的,如水中的腐殖质。受污染的水中杂质多种多样,天然水体中,溶解杂质主要有溶解气体和离子。溶解气体主要有氧、氮和二氧化碳,有时也含有少量硫化氢。天然水中所含主要阳离子有 Ca^{2+}、Mg^{2+}、Na^+,主要阴离子有 HCO_3^-、HSO_4^-、Cl^-。此外,还含有少量 K^+、Fe^{2+}、Mn^{2+}、Cu^{2+} 及 $HSiO_3^-$、CO_3^{2-}、NO_3^- 等离子。所有这些离子,主要来源于矿物质的溶解,也有部分可能来源于水中有机物的分解。

由于各种天然水源所处环境、条件及地质状况各不相同,水源所含离子种类及含量也有很大差别。当水源受到工业废水严重污染时,水中杂质将更趋复杂。

2. 水质标准

水质是指水的使用性质,是水及其中的杂质共同表现的综合特性。水质好坏是一个相对的概念,不能全面反映水的物理学、化学和生物学特性。

通常,水质的优劣用水质指标来衡量,水质指标指的是能反映水的使用性质的一种量,水质指标表示水中杂质的种类和数量,水质指标又叫水质参数。绝大多数的水质指标都是指一种水中的具体成分,如水中各种溶解离子;另外还有一类称为替代参数的水质参数。替代参数也称为集体参数,总溶解固体 TDS、浊度、色度等就是替代参数。水质标准是用水对象(包括饮用和工业用水等)所要求的各项水质参数应达到的指标和限值。不同用水对象,要求的水质标准不同。随着科学技术的进步和水源污染日益严重,水质标准也是在不断修改、补充。

(1)生活饮用水水质标准。

1)城市统一供给的或自备水源供给的生活饮用水水质应符合《生活饮用水卫生标准》(GB 5749—2006)的规定。

2)最高日供水量超过 100 万 m^3,同时是直辖市、对外开放城市、重点旅游城市,且由城市统一供给的生活饮用水供水水质,宜符合表 2-2的规定。

表 2-2　生活饮用水水质指标一级指标

项目	指标值	项目	指标值
色度	1.5 Pt-Comg/L	硅	—
浊度	1 NTU	溶解氧	—
臭和味	无	碱度	>30 mgCaCO$_3$/L
肉眼可见物	无	亚硝酸盐	0.1 mgNO$_2$/L
pH 值	6.5~8.5	氨	0.5 mgNH$_3$/L
总硬度	450 mgCaCO$_3$/L	耗氧量	5 mg/L
氯化物	250 mg/L	总有机碳	—
硫酸盐	250 mg/L	矿物油	0.01 mg/L
溶解性固体	100 mg/L	钡	0.1 mg/L
电导率	400(20 ℃)μs/cm	硼	1.0 mg/L
硝酸盐	20 mgN/L	氯仿	60 μg/L
氟化物	1.0 mg/L	四氯化碳	3 μg/L
阴离子洗涤剂	0.3 mg/L	氰化物	0.05 mg/L
剩余物	0.3,末 0.05 mg/L	砷	0.05 mg/L
挥发酚	0.002 mg/L	镉	0.01 mg/L
铁	0.03 mg/L	铬	0.05 mg/L
锰	0.1 mg/L	汞	0.001 mg/L
铜	1.0 mg/L	铅	0.05 mg/L
锌	1.0 mg/L	硒	0.01 mg/L
银	0.05 mg/L	DDT	1 μg/L
铝	0.2 mg/L	666	5 μg/L
钠	200 mg/L	苯并(a)芘	0.01 μg/L
钙	100 mg/L	农药(总)	0.5 μg/L
镁	50 mg/L	敌敌畏	0.1 μg/L
乐果	0.1 μg/L	对二氯苯	—
对硫磷	0.1 μg/L	六氯苯	0.01 μg/L
甲基对硫磷	0.1 μg/L	铍	0.000 2 mg/L

项目	指标值	项目	指标值
除草醚	0.1 μg/L	镍	0.05 mg/L
美曲膦酯	0.1 μg/L	锑	0.01 mg/L
2,4,6-三氯酚	10 μg/L	钒	0.1 mg/L
1,2-二氯乙烷	10 μg/L	钴	1.0 mg/L
1,1-二氯乙烯	0.3 μg/L	多环芳烃(总量)	0.2 μg/L
四氯乙烯	10 μg/L	萘	—
三氯乙烯	30 μg/L	萤蒽	—
五氯酚	10 μg/L	苯并(b)萤蒽	—
苯	10 μg/L	苯并(k)萤蒽	—
酚类:(总量)	0.02 mg/L	苯并(1,2,3,4d)芘	—
苯酚	—	苯并(ghi)芘	—
间甲酚	—	细菌总数 37 ℃	100 个/mL
2,4-二氯酚	—	大肠杆菌群	3 个/mL
对硝基酚	—	粪型大肠杆菌	MPN<1/100 mL
有机氯:(总量)	1 μg/L		膜法 0/100 mL
二氯四烷	—	粪型链球菌	MPN<1/100 mL
1,1,1-三氯乙烷	—		膜法 0/100 mL
1,1,2-三氯乙烷	—	亚硫酸还原菌	MPN<1/100 mL
1,1,2,2-四氯乙烷	—	放射性(总 α)	0.1 Bq/L
三溴甲烷	—	(总 β)	1Bq/L

注: 1. 酚类总量中包括 2,4,6-三氯酚,五氯酚;

    2. 有机氯总量中包括 1,2-二氯乙烷,1,1-二氯乙烷,四氯乙烯,三氯乙烯,不包括三溴甲烷及氯苯类;

    3. 多环芳烃总量中包括苯并(a)芘;

    4. 无指标值的项目作测定和记录,不作考核;

    5. 农药总量中包括 DDT 和 666。

3)最高日供水量超过 50 万 m³ 不到 100 万 m³ 的其他城市,由城市统一供给的生活饮用水供水水质,宜符合表 2-3 的规定。

表 2-3　生活饮用水水质指标二级指标

项目	指标值	项目	指标值
色度	1.5 Pt-Comg/L	硒	0.01 mg/L
浊度	2 NTU	氯仿	60 μg/L
臭和味	无	四氯化碳	3 μg/L
肉眼可见物	无	DDT	1 μg/L
pH	6.5～8.5	666	5 μg/L
总硬度	450 mgCaCO$_3$/L	苯并(a)芘	0.01 μg/L
氯化物	250 mg/L	2,4,6-三氯酚	10 μg/L
硫酸盐	250 mg/L	1,2-二氯乙烷	10 μg/L
溶解性固体	1 000 mg/L	1,1-二氯乙烯	0.3 μg/L
硝酸盐	20 mgN/L	四氯乙烯	10 μg/L
氟化物	1.0 mg/L	三氯乙烯	30 μg/L
阴离子洗涤剂	0.3 mg/L	五氯酚	10 μg/L
剩余物	0.3,末 0.05 mg/L	苯	10 μg/L
挥发酚	0.002 mg/L	农药(总)	0.5 μg/L
铁	0.03 mg/L	敌敌畏	0.1 μg/L
锰	0.1 mg/L	乐果	0.1 μg/L
铜	1.0 mg/L	对硫磷	0.1 μg/L
锌	1.0 mg/L	甲基对硫磷	0.1 μg/L
银	0.05 mg/L	除草醚	0.1 μg/L
铝	0.2 mg/L	美曲膦酯	0.1 μg/L
钠	200 mg/L	细菌总数 37 ℃	100 个/mL
氰化物	0.05 mg/L	大肠杆菌群	3 个/mL
砷	0.05 mg/L		
镉	0.01 mg/L	粪型大肠杆菌	MPN＜1/100 mL 膜法 0/100 mL
铬	0.05 mg/L		
汞	0.001 mg/L	放射性(总 α)	0.1 Bq/L
铅	0.05 mg/L	(总 β)	1Bq/L

注:1. 指标取值自 WHO(世界卫生组织);

　　2. 农药总量中包括 DDT 和 666。

　　(2)小城镇企业用水水质标准。小城镇企业用水种类繁多,用水量较大。各种企业用水对水质的要求由有关工业部门制定。不同类型的企业,水质要求也各不相同,所要求的用水水质标准也就不同。

1)一般工艺用水的水质要求高,不仅要求去除水中悬浮杂质和胶体杂质,而且需要不同程度地去除水中的溶解杂质。

2)食品、酿造及饮料工业的原料用水,水质要求应当高于生活饮用水的要求。

3)纺织、造纸工业用水,要求水质清澈,且对易于在产品上产生斑点从而影响印染质量或漂白度的杂质含量加以严格限制。如铁和锰会使织物或纸张产生锈斑,水的硬度过高会使织物或纸张产生钙斑。

4)在电子工业中,零件的清洗及药液的配制等都需要纯水。特别是半导体器件及大规模集成电路的生产,几乎每道工序均需"高纯水"进行清洗。

5)对锅炉补给水水质的基本要求是:凡能导致锅炉、给水系统及其他热力设备腐蚀、结垢及引起汽水共腾现象的各种杂质,都应大部或全部去除。锅炉压力和构造不同,水质要求也不同。锅炉压力愈高,水质要求也愈高。当水的硬度符合要求时,即可避免水垢的产生。此外,许多工业部门在生产过程中都需要大量冷却水,用以冷凝蒸汽以及工艺流体或设备降温。冷却水首先要求水温低,同时对水质也有要求,如水中存在悬浮物、藻类及微生物等,会堵塞管道和设备。因此,在循环冷却系统中,应控制在管道和设备中由于水质所引起的结垢、腐蚀和微生物繁殖。

(3)城市统一供给的其他用水水质应符合相应的水质标准。

3. 水压要求

城市配水管网的供水水压宜满足用户接管点处服务水头 28 m 的要求。

第三节 给水系统的布局与安全性

一、给水系统的布局

给水工程是由取水、净水、输水和配水等一系列枢纽工程组成的完整的工程系统。各个枢纽之间有着密切的联系,它们是互相影响、互相制约的。一个优良的给水工程设计,不仅要求各个枢纽工程本身的设计是良好的,更重要的是要求把它们之间的相互关系处理恰当。为此,必须做好给水系统布局设计,综合平衡各枢纽工程之间的复杂关系,从而使整个给水系统达到安全可靠和经济合理的要求。

给水系统的布局要求如下:

(1)城市给水系统应满足城市的水量、水质、水压及城市消防、安全给水的要求,并应按城市地形、规划布局、技术经济等因素经综合评价后确定。

(2)规划城市给水系统时,应合理利用城市已建给水工程设施,并进行统一规划。

(3)城市地形起伏大或规划给水范围时,可采用分区或分压给水系统。

(4)根据城市水源状况、总体规划布局和用户对水质的要求,可采用分质给水系统。

(5)大、中城市有多个水源可供利用时,宜采用多水源给水系统。

(6)城市有地形可供利用时,宜采用重力输配水系统。

二、给水系统的安全性

给水系统的安全性应满足下列要求。

(1)给水系统中的工程设施不应设置在易发生滑坡、泥石流、塌陷等不良地质地区及洪水淹没和内涝低洼地区。地表水取水构筑物应设置在河岸及河床稳定的地段。工程设施的防洪及排涝等级不应低于所在城市设防的相应等级。

(2)规划长距离输水管线时,输水管不宜少于两根。当其中一根发生事故时,另一根管线的事故给水量不应小于正常给水量的70%。当城市为多水源给水或具备应急水源、安全水池等条件时,亦可采用单管输水。

(3)市区的配水管网应布置成环状。

(4)给水系统主要工程设施供电等级应为一级负荷。

(5)给水系统中的调蓄水量宜为给水规模的 10%～20%。

(6)给水系统的抗震要求应按《室外给水排水和燃气热力工程抗震设计规范》(GB 50032—2003)的规定执行。

第四节 给水处理类型与工艺选择

给水处理的任务是通过必要的处理方法去除水中杂质,使处理后的水质符合生活饮用或工业使用要求。

一、给水处理的类型

给水处理的方法是多种多样的,包括混凝沉淀(澄清)、气浮、过滤、消毒、软化、淡化、除盐、除铁(锰)、除气、水质稳定及冷却等。将这些方法概括起来,可归纳为四种类型,即净化、消毒、纯化和冷却,见表 2-4。

表 2-4 给水处理的基本类型

序号	给水处理基本类型	主要处理对象	主要解决的问题	主要处理技术措施
I	水的净化	悬浮物、胶体	由浑变清	自然沉淀、混凝沉淀(澄清)、浮升、过滤、吸附
II	水的消毒	细菌、病毒	卫生指标	化学消毒、物理消毒
III	水的纯化	溶解物质	化学成分变化	软化、除盐、除铁、除气、水质稳定等
IV	水的冷却	水温	水的降温	冷却池、冷却塔

应当说明的是水的消毒,从广义上来说,它本应属于净化范畴,但从其处理对象的性质上看有特殊的地方。另外,对地下水的处理,一般不须净化,只经消毒即可作为自来水。故此处把水的消毒也作为一类处理方法列出。

水的净化又分一次净化和二次净化,前者系原水加药后直接过滤的净化方法(也叫直接过滤或接触过滤),后者则指不仅经过混凝沉淀

（澄清或浮升），而且还要经过过滤的净化方法（也叫混凝沉淀过滤）。

显然，表 2-4 中Ⅰ、Ⅱ两类主要针对的是生活饮用水的处理；Ⅲ、Ⅳ两类主要针对的是工业生产用水的处理。

二、小城镇水处理工艺选择

小城镇给水处理工艺、处理构筑物或一体化净水器的选择，应根据原水水质、设计规模，参照相似条件下水厂的运行经验，结合当地条件，通过技术经济比较确定。典型的小城镇给水处理工艺的选择要求如下。

（1）当水源水质符合相关标准时，可采用以下净水工艺。

1）对水质良好的地下水，可只进行消毒处理。

2）原水有机物含量较少，浊度长期不超过 20 NTU、瞬间不超过 60 NTU 时，可采用慢滤加消毒或接触过滤加消毒的净水工艺。原水采用双层滤料或多层滤料滤池直接过滤。

3）原水浊度长期低于 500 NTU、瞬间不超过 1 000 NTU 时，可采用混凝沉淀（或澄清）、过滤加消毒的净水工艺。混凝沉淀（或澄清）及过滤构筑物为水厂中主要生产构筑物。

4）原水含沙量变化较大或浊度经常超过 500 NTU 时，可在常规净水工艺前采取预沉措施；高浊度水应按《高浊度水给水设计规范》（CJJ 40—2011）的要求进行净化。

（2）限于条件，选用水质超标的水源时，可采用以下净水工艺。

1）微污染地表水可采用强化常规净水工艺，或在常规净水工艺前增加生物预处理或化学氧化处理，也可采用滤后深度处理。

2）含藻水宜在常规净水工艺中增加气浮工艺，并符合《含藻水供水处理设计规范》（CJJ 32—2011）的要求。

3）铁、锰超标的地下水应采用氧化、过滤、消毒的净水工艺。

4）氟超标的地下水可采用活性氧化铝吸附、混凝沉淀或电渗析等净水工艺。

5）"苦咸水"淡化可采用电渗析或反渗透等膜处理工艺。

（3）设计水量大于 1 000 m³/d 的工程宜采用净水构筑物，设计水量 1 000～5 000 m³/d 的工程可采用组合式净水构筑物；设计水量小于 1 000 m³/d 的工程可采用慢滤或净水装置。

水厂运行过程中排放的废水和污泥应妥善处理，并符合环境保护和卫生防护要求；贫水地区，宜考虑滤池反冲洗水的回用。

确定水处理工艺应结合小城镇居民居住状况与当地水源条件和水质要求考虑，水处理工艺应力求简便、实用、可靠、价廉。

第三章　小城镇给水厂总体布局与设计

第一节　概　　述

一、小城镇给水工程设计程序

1. 小城镇小型给水工程项目申报及审批程序

由小城镇受益人口和受益单位以及城镇企业自筹建设资金的一个城镇或数个乡镇联合建设的小型城镇给水工程项目,项目的申报及审批手续可按下述程序办理。

(1)经所在乡(镇)政府同意,联合建设时应签订投资分担和建成后分(供)水管理办法协议,填写《城镇给水(自来水)建设工程项目申请和审核表》和审批项目内容附表,连同主要设计图纸及工程概算,上报所在县审核批准后,再上报省、市、自治区备案。

(2)选用的水源必须提出由县卫生防疫站或其他相当机构提出的水质全分析报告书,如发现水源中含有毒有害物质时,则必须多次或连续一段时间进行检测并提出正式化验报告。工程建成投产后,必须提出供水水质全分析化验报告,并取得所在县卫生防疫部门的认可。

(3)给水工程的电源供应与当地电业管理部门签订供电协议。

小型城镇给水工程的设计,由于规模小、内容一般比较简单或单一,所以通常在方案设计经批准后,可直接进行施工图设计。

2. 小城镇大中型给水工程项目申报及设计程序

大中型给水工程项目设计程序:项目建议书、可行性研究报告和设计任务书及初步设计和施工图设计。

(1)项目建议书。小城镇大中型给水工程项目建议书一般由省、市、自治区相关项目办公室组织审批,并提出书面审批意见。

（2）可行性研究报告。小城镇大中型给水工程项目的可行性研究工作及设计，按照有关规定，应委托国家正式批准并持有相应级别专业设计许可证书的专业设计单位承担。随着改革开放的发展，近年来对于引进外资贷款的大中型城镇给水项目，在确定所委托设计单位以前，按照国际惯例，先行对申请承担设计的单位进行资格审查，然后通过招标办法选定设计单位。

可行性研究报告一般情况下属于咨询、参谋性文件，通常不具有法制性约束力，只作为编制设计任务书的依据和供上级领导部门决策审批项目时的参谋性依据。

（3）设计任务书及初步设计和施工图设计。大中型项目应该有批准的设计任务书，凡列入年度建设计划的项目，必须有经批准的初步设计。一般情况下，批准初步设计后方能进行施工图设计。

对于少数缺乏设计和运行实践经验的项目，如某种缺乏成熟技术经验的特殊水质处理的改水项目，在批准项目建议书或设计任务书后，经省、市、自治区或中央改水项目办公室批准，组织进行必要试验研究工作，此时在设计任务书的投资估算中应包括此部分试验经费，根据具体情况，必要时也可由省、市、自治区爱卫会给水办（领导小组）或中央爱卫会给水办单独立项为科研项目，下达科研计划，专项进行试验研究工作。

二、给水厂的规模与设施

1. 给水厂的规模

给水厂的规模通常以最高日产水量表示（m^3/d）。规模一般分大、中、小型三类，但其划分的标准无统一的规定，一般小城镇可参考表 3-1。

表 3-1　给水厂规模

水厂规模	产水量（m^3/d）
小型	20 000 以下
中型	20 000～100 000
大型	100 000 以上

2. 给水厂的设施

根据给水厂的设施的使用功能,一般可分为生产构(建)筑物、辅助生产建筑物和附属生活建筑物三类。

(1)生产构(建)筑物。指水源水经净化处理而达到要求的水质标准所必不可少的设施(包括净化过程中使用的各种设备或装置)。一般包括配水井、加药(混凝剂、助凝剂)间及药库、混凝沉淀构筑物、滤池(包括冲洗水设施)、加氯间及氯库、变配电站等。生产构筑物的尺寸是按照水厂规模的大小,经过布置和计算求得的。

(2)辅助生产建筑物。指那些起着保证生产构(建)筑物能正常运转的辅助设施,一般包括值班室、总控制室、化验室、仓库、污泥处理厂、各种维修车间(电气、机械、仪表、管道、房屋等维修)、锅炉房、仓库、车库、堆砂场地等。辅助生产建筑物的建筑面积除值班室、总控制室、污泥处理厂、锅炉房等应按水厂规模大小设置或通过计算确定之外,其他各项建筑物使用面积,可参见表 3-2。

表 3-2　辅助生产建筑物使用面积　　　　　　　单位:m²

序号	建筑物名称	水厂规模(万 m³/d)		
		0.5~2	2~5	5~10
Ⅰ	化验室(理化、细菌)	45~55	55~75	75~100
Ⅱ	修理部门(机电、仪表、瓦木)	100~140	140~170	170~200
Ⅲ	仓库(不包括药剂仓库)	60~100	100~150	150~200
Ⅳ	车库	按车辆型号与数量确定		
Ⅴ	值班宿舍	按值班人员数确定		

(3)附属生活建筑物。指给水厂工作人员办公、食宿、生活福利等场所以及管理整个给水厂所需的附属设施。一般包括办公用房、宿舍(值班人员及职工)、厂内给排水及采暖设施、道路、绿化、围墙等。附属生活建筑物的建筑面积应按全厂人员编制和当地建筑标准确定;其他应根据给水厂平面布置的安排确定。

3. 给水厂造价

给水厂的造价及用地一般以每日处理水量来衡量。通常,规模大的给水厂其单位造价及用地要比规模小的给水厂低。给水厂主要设施造价的一般比例可参见表 3-3。给水厂用地应按规划期给水规模确定，用地控制指标应按表 3-4 采用，水厂厂区周围应设置宽度不小于 10 m 的绿化地带。

表 3-3 给水厂主要设施造价比例表

设施名称	主要生产构筑物						辅助生产建筑物	附属生活建筑物
	混凝沉淀	过滤	清水池	配水泵房	电气及仪表	厂内管线		
占总造价的比例(%)	15~20	25~35	10~20	5~10	8~15	5~8	4~8	3~6

表 3-4 给水厂用地控制指标

建设规模(万 m³/d)	地表水水厂(m² · d/m³)	地下水水厂(m² · d/m³)
5~10	0.7~0.50	0.40~0.30
10~30	0.50~0.30	0.30~0.20
30~50	0.30~0.10	0.20~0.08

注:1. 建设规模大的取下限,建设规模小的取上限。

2. 地表水水厂建设用地按常规处理工艺进行,厂内设置预处理或深度处理构筑物以及污泥处理设施时,可根据需要增加用地。

3. 地下水水厂建设用地按消毒工艺进行,厂内设置特殊水质处理工艺时,可根据需要增加用地。

4. 本表指标未包括厂区周围绿化地带用地。

三、给水厂设计原则

小城镇给水厂设计原则如下。

(1)水处理构筑物的生产能力,应以最高日供水量加水厂自用水量进行设计,并以原水水质最不利情况进行校核。

水厂自用水量主要用于滤池冲洗及沉淀池或澄清池排泥等方面。自用水量取决于所采用的处理方法、构筑物类型及原水水质等因素。小城镇水厂自用水量一般采用供水量的 5%~10%,必要时应通过计算确定。

(2)水厂应按近期设计,考虑远期发展。根据使用要求和技术经济合理性等因素,对近期工程亦可作分期建造的安排。对于扩建、改建工程,应从实际出发,充分发挥原有设施的效能,并应考虑与原有构筑物的合理配合。对于不宜分期建设的部分,如配水井、加药间以及泵房等,其土建部分应一次建成,而混凝沉淀构筑物、滤池等可按分期建设考虑。

(3)水厂设计中应考虑各构筑物或设备进行检修、清洗及部分停止工作时,仍能满足用水要求。例如,主要设备(如水泵机组)应有备用。小城镇水厂内处理构筑物一般虽不设置备用量,但通过适当的技术措施,可在设计允许范围内提高运行负荷。

(4)水厂内机械化和自动化程度,应本着提高供水水质和供水可靠性,降低能耗、药耗,提高科学管理水平和增加经济效益的原则,根据实际生产要求、技术经济合理性和设备供应情况,妥善确定,逐步提高。

(5)设计中必须遵守设计规范的规定。如果采用现行规范中尚未列入的新技术、新工艺、新设备和新材料,则必须通过科学论证,确保行之有效,方可付诸工程实际。但对于确实行之有效、经济效益高、技术先进的新工艺、新设备和新材料,应积极采用,不必受现行设计规范的约束。

以上内容同样适用于地下水源水厂设计,只是水厂内的构筑物与地表水源水厂不同。

四、给水厂设计阶段

小城镇给水厂设计工作按建设项目大小、重要性和技术复杂程度进行阶段划分。

对于大中型、重要或技术复杂工程一般按两个阶段设计:初步设计和施工图设计。

对于一般工程按一个阶段设计:扩大初步设计(含施工图)。

当工程简单、设计牵涉面较小、各方面的意见比较一致或工程进度紧迫时,在征得上级同意后,可以简化设计程序,以设计原则或设计方案代替扩大初步设计,以工程估算代替工程概算,设计方案经有关部门批准后即可进行施工图设计。

编制各阶段设计文件必须在上一阶段设计文件（包括计划任务书）得到上级主管部门批准后方允许进行下一阶段的设计工作。

（一）初步设计阶段

初步设计的关键在于确定方案。首先应根据自然条件和工程特点，考虑设计任务书的原则要求，使设计方案在处理近期与远期的关系、挖潜与新建的关系、工业与农业的关系以及工程标准、总体布局、应用新技术、自动化程度等方面，符合国家方针政策的要求。同时应在总体布局、枢纽工程、工艺流程和主要单项工程上，进行多方案技术经济比较，力求做到使用安全、经济合理、技术先进。待设计方案审定后，即可进行设计文件的编制工作。包括各项设计计算，绘制设计图纸，编写设计说明书，编制概算，提出主要设备和材料明细表等。

1. 编制初步设计的目的

编制初步设计的目的主要是解决如下问题。

（1）提供审批依据，即把计划任务书内容深化。

（2）投资控制，工程总概算值是控制投资的主要依据，预算和决算都不能超过此概算值。

（3）为施工、运转（管理）部门提供准备工作，如拆迁、购地、三通（水、电、路）一平（施工场地）及与有关部门签订合同等，管理部门可根据工艺流程的要求安排技术人员的培训等。

（4）主要设备材料订货。设备方面如水泵、电机、起重设备、闸阀、变压器、高低压开关、仪表自动化设备等各种订货设备及非标准加工设备；材料方面如钢材、木材、水泥、各种缆线、管材等。

2. 初步设计阶段所需资料

小城镇给水厂设计初步设计阶段所需资料主要有自然资料、城镇规划资料、供电资料、概算资料及施工单位的能力和水平，三材供应情况，地方材料和设备的特点，可能供应的管材品种等。

（1）自然资料。

1）气象资料。

①气温：绝对最高、最低气温，历年逐月平均气温。

②风向、风速：历年风向频率（或以风玫瑰表示）、最大风速。

③降水量：历年平均降水量，最大降雨量、历年平均降雨天数。

④蒸发量：历年年蒸发量、最大蒸发量。

⑤土壤冰冻深度：历年冰冻深度、最大冰冻深度。

2）地震资料。建设地区及建厂地址的地震基本烈度及地震史料。

3）水文及水温地质。

①地表水。

a. 河流概况：流域面积、河床、边岸历年变迁情况及其断面、河底特征；河流的综合利用和航运情况；河流上下游的卫生防护及取水地点上下游的排污情况，今后可能污染程度趋势。

b. 水文资料：河流的历年逐月最高、平均、最低水位，及相应的流量、流速、含砂量及洪水淹没范围；封冰水位、行凌水位及流速、最大冰冻厚度及封冰期限、底冰河冰凌的情况。

c. 湖、库概况：湖泊、水库的容量及其特性、水位标高及变化幅度、冰冻情况、综合利用情况。

d. 水质分析资料：逐年各季水的感观、物理化学分析、细菌检验及藻类生长情况。

②地下水。

a. 水文地质资料：即水文地质普查及勘探资料。包括含水层的厚度与分布、动储量、静储量、可开采储量，补给源与流向、扬水资料、涌水量、水位变幅、土壤渗透系数及井的影响半径、钻孔柱状图及水文地质剖面图等。

b. 水质分析资料：逐年各季水的感观、物理化学分析、细菌检验。

（2）城镇规划资料。

1）城镇现状、地形图。

2）城镇（或工业企业）总体规划图。了解城市性质、规模、发展、功能分区、工业布局、居住人口分布、建筑层次和标准、道路及绿化布置、城郊区农业状况以及航运、水利等资料，对本建设项目的要求等。

（3）给水设施现状资料。

1)水源概况、取水方式、净水工艺过程。

2)现有给水构筑物(设备)运转情况及生产能力。

3)经营管理水平、定员编制及制水成本。

4)存在的主要问题。

(4)供电资料。

1)用电地点供电的电源电压、电源的可靠程度。

2)供电方式,供电点至用电点的距离。

3)供电部门的要求。如变电所主结线系统、继电保护方式、功率因数,对大型电机启动的意见、通信和调度的要求,计量要求及电费收取办法。

4)电力安装费用。

(5)概算资料。

1)建设地区的市政工程及土建概算定额或预算定额。

2)基本建设材料预算价格及当前地区材料调价情况及有关规定。

3)施工单位的基本工资标准、施工管理费及其他独立费用的标准和规定。

4)征用土地(包括永久和临时用地)、拆迁补偿、生产职工培训费、工器具及生产用具购置费、生活及办公用具购置费、建设单位管理费、试运转费、不可预见费等费用项目的标准和规定。

5)地区交通运输费计算方法。

3. 初步设计阶段的工作内容

初步设计包括确定工程规模,建设目的,投资效益,设计原则和标准,工程概算,拆迁、征地范围和数量,以及施工图设计中可能涉及的问题、建议和注意事项。提出的设计文件应包括说明书、图纸、主要工程数量、主要材料设备及工程总概算。整个文件应能满足审批、控制工程投资和作为编制施工图设计、组织施工和生产(或使用)准备依据的要求。

编制初步设计的工作内容主要包括以下几个方面。

(1)计划任务书。计划任务书是由建设单位(称甲方)进行编制的,是确定建设项目和建设方案的重要文件,是编制设计文件的依据。

计划任务书应向上级单位申报批准列入年度基建计划。重大项目由中央审批,中小型项目一般由省市审批。批准后由建设单位委托设计单位(称乙方)进行工程的勘测设计。近几年来,对于重大工程,常组织包括有建设、设计、施工单位(称丙方)在内的工程指挥部统一领导,负责整个工程的建设。

计划任务书的内容主要包括:

1)建设目的和根据;

2)建设规模和工程投资;

3)建设周期和投资效益;

4)设计范围及主要工程项目,服务对象和使用要求;

5)工程标准(包括人防、抗震等);

6)资源条件和排放水体;

7)供电和运输条件;

8)材料供应条件;

9)建设地点或地区的现状和规划情况,占地数量;

10)水文、地质、气象资料;

11)现有设备的生产能力,工程系统布局,运行状况,劳动定员控制等。

对扩建和改建大中型项目还应包括原有固定资产利用程度和现有生产潜力发挥情况。自筹大中型项目,还应注明资金、材料、设备的来源以及同级财政、物资部门签署的意见。小型项目计划任务书的内容可以适当简化。

(2)设计说明书。设计说明书应简明扼要,主要有下列内容。

1)概述。

①设计依据:说明计划任务书(设计任务书)、委托设计书(设计合同)、水资源报告及选厂报告等有关设计原则文件的批准机关、文号、日期和批准的主要内容;委托设计范围与主要要求,包括工程项目,服务区域与对象,设计规模与标准,设计期限与分期安排,对水量、水质、水压的要求,以及设计任务书提出的必须考虑的问题。

②主要设计资料:列出资料名称、来源、编制单位及日期(除有关

资料外,一般还包括水源利用、用电协议、卫生防疫及环保等部门的同意书等)。

③城镇概况及自然条件:说明城镇现状和规划发展情况(包括城镇性质,人口分布,工业布局,建筑层次,道路交通及供电条件,发展计划及分期建设的考虑等),概述当地地形、水文、水文地质及工程地质资料(例如设计地区地质普查结论,水文地质勘探结论,工程地质描述等),以及地震烈度、环境污染情况和主要气象参数(如气候、风向、风速、温度、降雨量、土壤冰冻深度等)。

④现有给水厂概况:说明现有水源(包括工业自备水源)、净水厂等供水设施的利用程度、供水能力、实际供水量、水质和水压以及供水设施中存在的主要问题。

2)设计概要。

①工程规模及对水质、水压要求。

②水源选择:提出当地水源情况,包括地面水、地下水的地理位置、走向及其水文、水文地质条件和水质资料;卫生防护条件,水资源开发利用情况等。对可能选用的水源进行方案论证和技术经济比较,确定给水水源。同时,应对确定的水源中存在的问题(如城镇、工业、农业间水源分配的矛盾等)提出妥善的解决措施。

③取水构筑物设计:阐述地面水取水枢纽、进水构筑物或地下水水源地、取水井的设计原则及方案比较,并说明各个构筑物的主要设计数据、结构类型、基本尺寸、设备选型、台数与性能、施工及运行要求、起重设施以及坡岸保护、防洪标准和卫生防护设施等。

④净水厂设计:说明净水厂(配水厂)位置、占地面积、净水方式选择、工艺流程系统、总平面布置原则。

a. 按流程顺序说明各构筑物的方案比较或选型,主要设计数据、尺寸、构造材料及其所需设备类型、台数和技术性能,采用新技术的工艺原理和计算。

b. 说明净水药剂的选择及其用量、制备和投加方式,计量设备、加药间的尺寸、布置及其所需设备类型、台数和技术性能,卫生安全措施。

　　c. 说明采用的消毒方法,消毒剂用量及投加点、接触时间,投加和计量设备,消毒间的尺寸和布置,安全措施。

　　d. 简要说明厂内主要辅助生产建筑物(如化验室、药剂仓库、办公室、值班室、辅助车间及福利设施)的建筑面积及其使用功能,厂内给水排水、道路、绿化等设计。

　　e. 根据情况说明排泥水及冲洗水的回收、污泥处理及对环境的影响。

　　⑤建筑结构设计:说明工程地质条件、地下水位、土壤允许承载力及冰冻深度等。着重说明主要构筑物和大型管渠的结构形式、基础处理、建筑材料及保温、防火、抗浮等措施,并简要说明辅助建筑的结构形式、建筑标准、职工宿舍的建筑面积和标准等。

　　⑥采暖通风设计:说明计算温度、总耗热量、采暖系统选择,锅炉设备选型(或其他热源)、水质软化及消烟除尘措施,通风系统及其设备选型、防止噪声措施。

　　⑦供电及仪表自动化控制:说明设计范围及电源资料概况。

　　a. 电源及电压:说明电源电压及由何处供电,工作和备用电源的运行方式,内部电压选择。

　　b. 负荷计算:说明用电设备种类和设备容量,计算负荷数值和功率因数,功率因数补偿方法,补偿设备的数量以及补偿后功率因数结果。

　　c. 供电系统:说明负荷性质及其对供电电源可靠程度的要求,内部配电方式,变电所位置、变压器容量和数量的选定及其安装方式(室内和室外),工作电源、备用电源及其切换方式,以及对照明的要求。

　　d. 保护和控制:说明采用继电保护方式,控制的工艺过程,各种遥测仪表的方法、信号反映、操作电源等的简要动作原理和连锁装置,确定防雷保护措施、接地装置。

　　e. 计量及其他:说明安装作商业计量及生产管理用的各类仪表。关于仪表自动化控制方面,应说明采用的仪表自动化控制设计原则和标准,计、检、测和控制项目的内容和方式,仪表和控制系统的选型。

　　⑧机械设计:说明设计内容、设计原则及所选用标准机械设备的

规格、性能，安装位置及操作方式，非标准机械的构造型式、原理、特点以及有关设计参数，机修车间的布置及设备选型。

⑨人防和抗震措施：说明地区地震基本烈度、设防烈度及抗震措施，人防要求和具体措施。

⑩人员编制及经营管理。

a. 提出需要的管理机构和职工定员编制。

b. 提出年度总成本费用，并计算每立方米水的制水成本费用。

c. 提出安全措施。例如水厂的人防设施和卫生防护，各生产车间和贮存有毒、爆、易燃物质仓库的防毒防火、防爆以及安全供电等保证措施。

⑪工程建设周期。提出工程建设周期的建议及对工程勘测、设计、施工、试运行、投产等各阶段的进度要求。

⑫对下阶段设计要求。

a. 提出设计中存在的问题和解决办法的建议。

b. 提出施工图设计阶段需要的资料和勘测要求。

（3）工程概算书。编制工程概算书提出工程概算价值和单位水量的造价指标，并说明编制概算所采用定额、取费标准、工资标准、材料价格以及确定施工方法和施工费用的依据。工程概算书一般由编制说明、单项工程概算及总概算表、经济分析三部分组成。

1）编制说明：应说明编制时所采用的定额、设备及材料单价、工资标准、取费标准等所依据的文件，并说明总概算值、"三材"总用量、总用工日。

2）单项工程概算表及总概算书：单项工程概算表是根据初步设计图纸及其工程量和有关定额进行计算；总概算书由第一部分费用（常称直接费）、第二部分费用及其他费用组成。

3）经济分析。

（4）主要材料设备表。提出需要的"三材"、管材及其他主要材料的规格、数量和主要机电仪表等设备的型号、数量清单。

（5）设计图纸。初步设计图纸组成，一般应包括表 3-5 中的图纸内容，必要时可酌情增减。

表 3-5　初步设计图纸组成

序号	项目	内　容
1	枢纽工程平面图	水源地、净水厂的枢纽工程,平面图采用比例尺 1:200～1:500,图上标出坐标轴线、等高线、风玫瑰,厂内平面尺寸(或规划关系),现有和设计的厂区平面布置,包括主要生产构筑物和辅助、附属建筑物及管(渠)、围墙、道路等主要尺寸及相关位置。 列出生产构筑物和辅助、附属建筑物一览表和工程量表。 较大的厂(站)应有建筑总平面图
2	工艺流程图	表示工艺流程中各构筑物间高程关系和主要规模指标
3	主要构筑物工艺图	采用比例尺 1:100～1:200,图上表示出工艺布置,水泵机组、机电设备、管道等尺寸、高程和相关位置,列出主要设备一览表,并注明主要设计技术数据
4	主要构筑物及辅助建筑物建筑图	(1)主要构筑物建筑图。一般采用比例尺 1:100～1:200,图上表示出结构形式、基础做法、建筑材料、室内外主要装修、门窗等建筑轮廓尺寸及高程。 (2)主要辅助建筑物建筑图(如车间、仓库、办公楼等)
5	设备、仪表布置图	(1)供电系统和主要变、配电设备布置图。表示变电、配电、用电设备系统及相应的位置、名称、型号规格,附主要设备材料表。 (2)仪表自动化控制系统布置图。仪表的数量较多时,绘系统布置图及原理图。 (3)采暖通风系统及锅炉房布置图

(二)施工图设计阶段

施工图设计是根据建筑施工、设备安装和组件加工所需要的程度,将初步设计确定的设计原则和方案进一步具体化。施工图的设计深度,应能满足施工、安装、加工及施工预算编制要求。

1. 施工图设计阶段所需资料

施工图设计阶段设计除应核实并修正初步设计阶段的全部设计资料外,尚须搜集补充以下各项资料。

(1)初步设计审查会议纪要及初步设计批准文件。

(2)与有关单位的协议文件或协议纪要。

(3)为本阶段设计布置的全部勘测成果。

(4)建设单位订购的设备与材料清单。

(5)管道所经路线与规划、现状管线有关的管线综合设计资料。包括规划红线,道路横断面布置(包括各种管线位置),各种地上、地下交叉或平行距离很近的管线平面位置、高程及断面尺寸等。

(6)其他修正补充的资料。

2. 施工图设计阶段的工作内容

设计文件应包括说明书、图纸、材料设备表、修正概算(或编制预算)等内容。

(1)设计说明书。

1)设计依据:摘要说明初步设计批准的机关、文号、日期及主要内容。列述施工图设计的资料依据。

2)设计变更部分:对照初步设计阐明变更部分的内容、原因、依据等。

3)施工安装注意事项及质量、验收要求。必要时另编主要工程施工方法设计。

4)运转管理注意事项。

(2)图纸。

施工图设计以图为主,应由总体设计、工艺设计、建筑结构设计、电气控制设计、机械设备设计、采暖通风设计以及其他专业设计等施工详图组成。

施工图设计深度,必须满足施工、安装及加工要求。绘制前,必须根据前阶段设计确定的原则、技术数据和审批意见,进行详细设计、计算(或核算)、审核后,再绘制图纸。

1)枢纽工程。

①水源地、净水厂的枢纽工程平面图:比例尺 1:100~1:500,包括风玫瑰图、等高线、坐标轴线以及构筑物(建筑物)、围墙、绿地、道路等的平面位置,注明厂界四角坐标及构筑物四角坐标或相对距离和构筑物(建筑物)的主要尺寸,各种管渠及室外地沟尺寸、长度、地质钻孔

位置等,并附构筑物(建筑物)一览表及有关图例。

②工艺流程示意图:表示出工艺流程中各构筑物间高程关系及主要规模指标。工程规模较大、构筑物较多者,可另绘制建筑总平面图。

③竖向布置图:地形复杂的净水厂应进行竖向设计,内容包括厂内原地形、设计地面、设计路面、构筑物高程及土方平衡量表。

④厂内管线平面布置图:表示出各种管线的平面位置、长度及相互关系尺寸、管线节点、管件布置、断面、材料、闸阀、节点管件及附属构筑物(闸阀井、检查井等),并附工程量及管件一览表。

⑤厂内排水管(渠)纵断面图:表示各种排水管渠的埋深、管底高程、管径(断面)、坡度、管材、基础类型,接口方式、排水井、检查井,交叉管道的位置、高程、管径(断面)等。

⑥厂内各构筑物和管(渠)附属设备的建筑安装详图:采用比例尺$1:10\sim1:50$。

2)单体构筑物设计图。

①工艺图:总图比例尺一般采用$1:50\sim1:100$,表示出工艺布置,管道、设备的安装位置、尺寸、高程(绝对高程)、材料设备,管件一览表以及必要的说明和主要技术数据等。

②建筑图:总图比例尺一般采用$1:50\sim1:100$,表示出平面、立面、剖面,尺寸、相对高程,表明内外装修建筑材料,并有各部分构造详图、节点大样、门窗表及必要的设计说明。

③结构图:总图比例尺一般采用$1:50\sim1:100$,表示出结构整体及构件的构造,地基处理,基础尺寸以及节点构造等,结构单元和汇总工程量表、主要材料表、钢筋表(根据需要)及必要的设计说明。

④采暖通风、照明、卫生设备安装图:表示各种设备管道布置与建筑物的相对位置和尺寸,并列出材料设备一览表、管件一览表和安装说明。必要时增加轴测安装示意图。

⑤各专业有关大样图。

⑥设备安装比较复杂的构筑物要有综合预埋件及留孔图。

3)辅助及附属建筑。包括办公楼、维修车间、值班室、车库、仓库、宿舍、食堂、锅炉房等,设计深度参照单体构筑物。

4)电气控制设计图。

①厂站高、低压变配电系统图和一、二次回路接线原理图:包括变电、配电、用电、启动和保护等设备型号、规格和编号。附材料设备表、说明工作原理、主要技术数据和要求。

②各种保护和控制原理图、接线图:包括系统布置原理图、引出或列入的接线端子板编号、符号和设备一览表以及动作原理说明。

③各构筑物平、剖面图:包括变电所、配电间、操作控制间电气设备位置、供电控制线路敷设、接地装置、设备材料明细表和施工说明及注意事项。

④电气设备安装图:包括材料明细表,制作或安装说明。

⑤厂区室外线路照明平面图:包括各构筑物的布置、架空和电缆配电线路、控制线路及照明布置。

⑥仪表自动化控制安装图:包括系统布置、安装位置及尺寸、控制电缆线路和设备材料明细表,以及安装调试说明。

⑦非标准配件加工详图。

5)非标准机械设备设计图。

①总装图:表明机械构造部件组装位置、技术要求、设备性能、使用须知及其他注意事项,附主要部件一览表。

②部件图(组装图):表明装配精度和必要的技术措施(如防潮、防腐蚀及润滑措施等)。

③零件图:标明工件加工详细尺寸、精度等级、技术指标、材料和措施。

(3)材料设备表。

(4)必要时编制修正概算或工程预算书。

第二节 小城镇给水厂勘察设计

在任何基本建设工程中,勘察设计工作都十分重要,因为勘察设计是基本建设过程的一个决定性环节,是基本建设项目建设计划的具体化,同时也是工程施工的直接依据,是多、快、好、省地完成施工任务的关键。另外,勘察设计还决定着建设项目竣工后的使用价值。

　　勘察工作是基本建设的基础工作,在编制计划任务书和进行设计之前,必须认真地按各设计阶段的要求进行,以取得必要的基础资料。

一、勘察设计的目的

　　(1)了解现有给水设施和设计现场情况,增加感性认识。

　　(2)选择水厂和泵站位置。

　　(3)搜集和核实必要的设计基础资料,深入了解周边环境、地形地貌。

　　(4)与有关单位联系配合取得协作的有关协议。

　　(5)提出可能的方案,并听取当地有关单位对方案的意见。

　　(6)核实拆迁、占地情况,并听取其主管单位的意见。

　　为此,进行现场勘察时必须深入细致,不能局限于主观方案而忽略了实地的客观条件。一般,进行现场勘察后应提出勘察报告和方案。

二、勘察设计的步骤

　　(1)现场查勘前先了解设计任务书的要求和内容。

　　(2)熟悉有关地形资料,列出查勘提纲。

　　(3)到现场后,可先听取规划、管理等有关部门对区域情况的介绍及对建设项目初步考虑的意见。

　　(4)进行查勘、访问、搜集有关资料,并整理分析提出初步的设计方案。

　　(5)向当地有关领导部门汇报查勘情况、初步方案和下步设计工作的考虑,听取意见和要求。

三、地形测量勘察

　　小城镇给水厂设计地形勘察测量主要包括总平面图测量、枢纽工程平面图测量、取水口测量和给水管道测量,测量要求见表3-6。

表 3-6 小城镇给水厂设计地形勘察测量要求

序号	项目	要 求
1	总平面图	比例尺 1∶1 000～1∶50 000。应包括地形、地物、等高线、坐标等
2	枢纽工程平面图	比例尺 1∶200～1∶500。最好用 20～50 m 方格导线施测,实测范围视具体需要确定,图上应包括地形、地物、等高线等
3	取水口测量	(1)地形图:比例尺 1∶200～1∶1 000。实测范围视具体情况确定。 (2)河床断面图:比例尺横向 1∶200～1∶1 000;纵向 1∶50～1∶100。通常由取水口上下游每隔 50～100 m 测一河床断面,一般测三处,河床变化复杂的河流另定
4	给水管道测量	(1)平面地形图:比例尺 1∶500～1∶2 000(一般 1∶1 000～1∶2 000,遇管线综合复杂的街道时采用 1∶500)。测量范围一般按管道每侧不少于 30 m 考虑,其中每侧 10 m 范围内应详测。 (2)定线测量:按设计提出的定向条件在平面地形图上测量钉桩(此项工作可与平面地形图测量同时进行,亦可先测绘平面地形图,后进行定线测量),钉出管道中心桩。管道的起点、终点、转折点除测出桩号外应给出坐标,并绘出点距。 (3)纵断面图:比例尺横向宜与平面图比例相同,纵向 1∶100～1∶200。应沿管道中线测绘现有地面高程。沿线如有地下交叉管线,应测出交叉点桩号

注:平面地形图(包括定线测量)与纵断面图亦可绘于一张图上,一般平面地形图绘于纵断面图下方。

四、枢纽工程勘察

1. 枢纽工程勘察要求

(1)枢纽工程范围内的地形地物概述。

(2)地下水概述:包括勘察时实测水位、历年最高水位、水位变幅,地下水的侵蚀性。

(3)土壤物理分析及力学试验资料。

（4）钻孔布置：主要构筑物（建筑物）如泵房、沉淀池、滤池、清水池、办公综合楼等一般应布置 2～4 个钻孔，其深度决定于建筑物基础下受力层的深度，一般应钻至基底下 3～6 m。水中构筑物的钻孔深度应达到河床最大冲刷深度以下不小于 5 m，或钻至中等风化岩石为止。

（5）勘察成果除满足上述要求外，应对设计构筑物的基础砌置深度、基础及上层结构的设计要求、施工排水、基槽处理以及特殊地区的地基（如可液化土地基、淤泥、高填土等）提出必要的处理建议。

2. 不同设计阶段对勘察内容的要求

（1）初步设计阶段：要求勘察部门对枢纽工程场地稳定性做出评价，对主要构筑物地基基础方案及对不良地质防治工程方案提供工程地质资料及处理建议。

（2）施工图设计阶段：要求勘察部门根据设计确定的构筑物位置，在初步设计勘察结论的基础上，进行勘察部门认为需要进行的补充勘察工作，并提出补充报告。

五、水文地质勘察

在可能作为水源地的边区范围内进行水文地质勘察工作。其技术要求按水文地质勘察有关规程办理。

六、现场勘察注意事项

设计人员进行现场勘察应注意下列事项：

（1）对可能作为水源的地下水、河流等水体均需查勘。

（2）地表水源应了解河岸坍涨变迁，冲淤变化，最高洪水位时情况，取水构筑物与航运的关系，对同一河流上的现有取水构筑物须深入调查，了解运转情况、存在问题和改进意见；地下水源开发利用情况，现有水井的结构、水位、出水量等情况；水库取水应了解水库的特性。

（3）对附近水厂，要了解水源水质、处理方法及效果，药剂品种、用量、价格和货源情况，运转经验和存在的问题等。

（4）从湖泊或水库取水须了解藻类、微生物的情况和繁殖季节以及影响程度。

（5）选择厂址时，须了解防涝、防洪以及排水出路。

（6）进行给水管线查勘时，必须沿线步行实地查勘，提出几条线路位置方案进行比较。

另外，为了更进一步认清现状，使设计贴近实际，设计人员进行现场踏勘，还应做到表3-7中的"三勤两多"。

表 3-7　现场踏勘"三勤两多"

序号	项目		内　　　容
1	"三勤"	腿勤	多到现场踏勘，踏勘最好是步行，并且应多走田野小径，才能把地形看得全面详细
		眼勤	要看得仔细，对于某一件不熟悉的事物，多观察几遍能帮助记忆和发现问题
		手勤	应随时把所看到的问题记录下来，如果发现地形图中有遗漏或不符合实际的地方，应随手记在笔记本上或在图上补充校正
2	"两多"	多问	对不清楚和不了解的事物，应随时提出，多请教当地有关人员
		多想	对现状的情况多思考，才能更进一步认识清楚，设计时才不容易脱离实际

第三节　小城镇给水厂厂址选择

小城镇给水厂厂址选择应在整个给水系统设计方案中全面规划、综合考虑，通过技术经济比较确定，保证总体的社会效益、环境效益和经济效益。

一、给水厂厂址选择一般要求

小城镇给水厂厂址选择的好坏直接影响工程的建设进度、投资大小、运行管理、环境保护及今后发展诸多方面，因此，选择厂址一定要综合考虑各方面因素。

在给水厂厂址选择时,一般应考虑以下几个问题:

(1)符合城镇或工业区总体规划及给水规划确定的给水系统对厂址的要求。

(2)选择在工程地质条件较好的地方,在有抗震要求的地区还应考虑地震、地质条件。一般选在地下水位低、承载力较大、湿陷性等级不高、岩石较少的地层,以减少基础处理和排水费用以及降低工程造价和便于施工。避免设在易受洪水威胁的地段,否则应考虑防洪措施。

(3)厂址的选择应注意与当地的自然环境相协调,厂址周围的环境应注意卫生和安全防护条件,厂址宜放在绿化地带内,避免设在污染较大的工厂附近、闹市地区。

(4)厂址应尽量设置在水、电、运输及其他公用工程、生活设施较方便的地区。

(5)厂址应选在有扩建条件的地方,为今后发展留有余地,尽量不占良田。

二、给水厂厂址选择方案

当取水地点距离用水区较近时,水厂一般设置在取水构筑物附近,通常可考虑与取水构筑物建在一起。

当取水地点距离用水区较远时,厂址选择有两种方案。

第一种方案:将水厂设置在取水构筑物附近。这种方案的优点是:水厂和取水构筑物可集中管理,节省水厂自用水的输水费用并便于沉淀池排泥和滤池冲洗水排除,特别是浊度较高的原水。但从水厂至主要用水区的输水管道口径要增大,管道承压较高,从而增加了输水管道的造价,特别是当城镇用水量逐时变化系数较大及输水管道较长时。或者需在主要用水区增设配水厂(消毒、调节和加压),净化后的水由水厂送至配水厂,再由配水厂送入管网,这样也增加了给水系统的设施和管理工作。

第二种方案:将水厂设置在离用水区较近的地方,这种方案的优缺点与第一种方案正相反。对于高浊度水源,也可将预沉构筑物与取水构筑物建在一起,水厂其余部分设置在主要用水区附近。以上不同方案应综合考虑各种因素并结合其他具体情况,通过技术经济比较确定。

第四节　小城镇给水厂处理方案

进行给水厂设计,要选择确定净化处理方案。处理方案是否能达到预期的净化效果,将是检验一个给水厂设计质量的重要标志。

一、小城镇给水厂处理方案的内容

小城镇给水厂处理方案主要包括以下内容:

(1)水处理工艺流程的选择;

(2)水处理药剂的选择;

(3)水处理构筑物和设备形式的选择和计算(药剂配制与投加设备);

(4)混合设备,絮凝池,沉淀(澄清)池,滤池及其反冲洗设施,消毒设备等;

(5)进行合理的流程安排和组合,确定出其他生产辅助构筑物或设备;

(6)在特殊情况下的处理工艺流程与措施(如超越管的设置,多处加药点的设置等)。

二、小城镇给水厂处理方案的确定依据

水厂处理方案的选择,决定于水源水质、用户对水质的要求、生产能力、当地条件,并参考水处理试验资料和相似条件下给水厂的运转管理经验,通过技术经济比较综合研究决定。

1. 水质情况

水质情况的确定实际上涉及处理的项目、处理和设计标准的问题,主要包括:

(1)究竟哪些水质项目必须处理。一般来说,凡是原水水质不符

合用水水质指标的项目都要进行处理。但是,有时会碰到某一个不合格的水质项目,处理起来很困难,花费很大,同时对使用时的影响暂时还未明确,这时应做具体分析,可能不在净水厂处理,而由用户自行处理。另外,当原水水质超过指标的时间只是暂时的,或者是短期的,如果处理较麻烦,也应该权衡轻重,决定是否处理。

（2）当原水水质变化很大时,究竟用哪个数值作为处理的依据,这是设计的标准之一,含沙量的变化就是例子。如果采用最高的含沙量来设计,那么就可能加大了沉淀池,也增加了排泥水量,同时加药量也会增加,因此投资就可能多。在这种情况下,就要考虑采用较低或平均含沙量来设计,同时考虑高含沙量时的具体解决措施,例如减少进水量,加大投药量或暂时降低出水水质标准等。

2. 供水量的要求

例如要求的安全程度和保证率等。

小城镇供水安全涉及水安全的各个方面,它不但要求有优质充足的供水水源,及安全可靠的净水处理设施,安全稳定的供水管网,而且还要求有可靠、先进、快捷的水质检测技术手段和系统、灵活、快速的事故应急处理机制,这些共同构成了城市供水安全保障的内涵。城市供水安全体系即是由供水水源改善、水厂净水工艺改进、输配水管网完善、水环境保护等共同构成的对供水水量水质的安全控制与保证。

供水保证率的内容参照第一章第三节的相关内容。

3. 水处理试验资料

决定药剂种类、投量和影响因素、沉降速度的取值、预氯处理的必要性等。

4. 水厂所在地区的有关具体条件

如药剂和建筑材料供应、技术水平和管理经验等。

5. 对计量设备、水质检验及自动化程度的要求

没有适当的计量仪表和水质检验设备,就不能得出处理的水量、水质、原材料消耗、劳动生产率、成本、利润等经济指标。设备的自动化不单纯是减轻管理工作,更重要的是为了做到严格控制工艺过程,

达到安全经济供水的目的。

三、确定水处理工艺流程

不同水源提供的水质也有所不同,因此,当确定取用某一水源后,必须十分清楚该水源的水质情况。根据用水要求达到的水质标准,分析研究原水水质中哪些项目是必须进行处理的,哪些项目通过给水厂解决,哪些项目需单独处理解决。根据需要处理的内容,选择处理工艺流程。

1. 确定水处理工艺流程的原则

选择水处理工艺流程时,应遵循以下原则。

(1)工艺流程应根据原水性质和用水要求选择,其处理程度和方法应符合现行的国家和地方的有关规定,处理后水质应符合有关用水的标准要求。

(2)应综合考虑建厂规模、投资费用和运行费用,参照相似条件下水厂的运行经验,结合当地实际财力,进行技术经济比较后确定。

(3)应充分利用当地的地形、地质、水文、气象等自然条件及自然资源。

(4)流程选择应妥善处理技术先进和合理可行的关系,并考虑远期发展对水质水量的要求,考虑分期建设的可能性。

(5)流程组合的原则应当是先易后难,先粗后细,先成本低的方法,后成本高的方法。

选择处理工艺流程时,最好根据同一水源或参照水源水质条件相似的已建给水厂运行经验来确定。有条件时并辅以模型或模拟试验加以验证。当无经验可参考,或拟采用某一新工艺时,则应通过试验,经试验证明能达到预期效果后,方可采用。

2. 常见的水处理工艺流程

由于水源不同,水质各异,引用水处理系统的组成和工艺流程也多种多样。以地表水作为水源时,处理工艺流程中通常包括混合、絮凝、沉淀或澄清、过滤及消毒。工艺流程如图 3-1 所示。

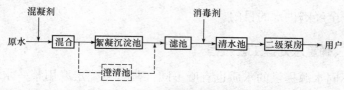

图 3-1　地表水常规处理工艺流程

当原水浊度较低(一般在 100 NTU 以下)、不受工业废水污染且水质变化不大者,可省略混凝沉淀(或澄清)构筑物,原水采用双层滤料或多层滤料滤池直接过滤,也可在过滤前设一微絮凝池,称微絮凝过滤,习惯上常称一次净化。工艺流程如图 3-2 所示。

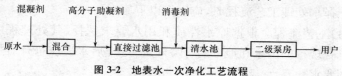

图 3-2　地表水一次净化工艺流程

当原水浊度高,含砂量大时,为了达到预期的混凝沉淀(或澄清)效果,减少混凝剂用量,应增设预沉池或沉砂池,工艺流程如图 3-3 所示。

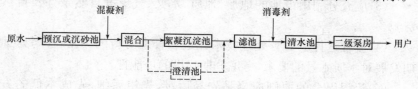

图 3-3　高浊度水处理工艺流程

若水源受到较严重的污染,按目前行之有效的方法,可在砂滤池后再加设臭氧/活性炭处理,如图 3-4 所示。

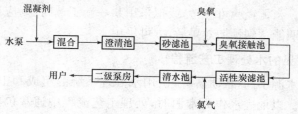

图 3-4　受污染水源处理工艺流程(一)

受污染水源还有其他处理工艺。例如有的在常规处理工艺前增加生物预处理(包括预氧化、粉末活性炭吸附、生物处理等);有的在常规处理工艺中投加粉末活性炭等,如图 3-5 所示。

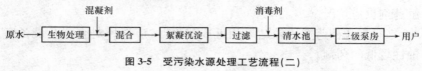

图 3-5　受污染水源处理工艺流程(二)

以地下水作为水源时,由于水质较好,通常不需任何处理,仅经消毒即可,工艺简单。当地下水含铁锰量超过饮用水水质标准时,则应采取除铁除锰措施,如图 3-6 所示。

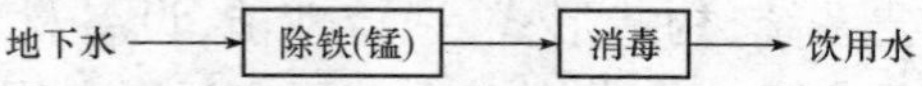

地下水 ⟶ 除铁(锰) ⟶ 消毒 ⟶ 饮用水

图 3-6　地下水除铁(锰)工艺

四、确定适宜的药剂品种和最佳用量

选择适宜的净水药剂和确定最佳用量是使混凝沉淀或直接过滤取得良好效果的必要条件。

1. 确定适宜的药剂品种和最佳用量的方法

通常,不同水质的原水,其适宜的药剂品种和最佳用量也不相同。因此选择适宜药剂和最佳用量的方法,最好参照同一水源或与原水水质相似的已建给水厂的经验,但应注意其混凝条件(混合、反应、加药点等),在不同的混凝条件,所取得的混凝效果是有差异的,有时这个差异是很大的。

选择适宜药剂品种和最佳用量的另一种方法,是通过烧杯搅拌试验求得。经验证明,搅拌试验可以比较满意地选择出适宜的药剂及其最佳用量。

2. 确定适宜的药剂品种和最佳用量的注意事项

(1)选择净水药剂时应注意,当用于生活饮用水时,不得含有对人体健康有害的成分,如选用由工业废料配制成的药剂时,应取得当地卫生监督部门的同意。

（2）当用于工业用水时，不应含有对生产及其产品有不良影响的成分。

（3）在选择净水药剂时，还应进行不同药剂及用量的经济比较，了解药剂供应情况。

（4）当几种药剂比较结果相近或相同时，应选择对容器及设备腐蚀性较低的药剂。

五、确定水处理构筑物类型

混凝、沉淀、过滤等过程主要是通过其相应的水处理构筑物来完成的。同一过程有着不同形式的处理构筑物，而且都具有各自的特点，包括它的工艺系统、构造形式、适应性能、设备材料要求、运行方式、管理和维护要求等。同时，其建造费用和运行费用也是有差异的。因此，当确定处理工艺流程后，应进行水处理构筑物类型的选择，并通过技术经济比较确定。

1. 确定水处理构筑物类型的一般原则

根据以往的设计、施工和运行管理经验，在选型时，一般可采用下面的组合：

（1）在水量小、原水浊度长期较低、要求管理简单的情况下，可采用无阀滤池一次净化。

（2）水量大、原水浊度较高时，构筑物类型可根据水量的大小选取。

1）流量在 400 m^3/h 以内时，可考虑水力循环澄清池、配用无阀滤池或虹吸滤池。当供应工业用水且水质要求不高时，可只经沉淀而不用滤池。当原水浊度经常小于 50 mg/L 时，可直接采用双层滤料的无阀滤池过滤，并以压力式较适宜。

2）流量小于 1 000 m^3/h，可采用机械搅拌澄清池，并配用普通快滤池或虹吸滤池。

3）流量小于 2 000 m^3/h 时，可考虑用机械搅拌澄清池、脉冲澄清池或斜管斜板沉淀池，配合使用普通快滤池或虹吸滤池。如采用机械搅拌澄清池，因水量大时搅拌器尺寸相应增大，加工困难，同时池为圆形,水厂的面积利用率较差,但水处理效果较稳定。

(3)如果采用湖泊水或水库水作水源,原水浊度较低(一般在100 mg/L以下),同时藻类多(一般在2万个/mL左右)以及水温较低时,可采用气浮池,并可与移动冲洗罩等滤池组成一体化处理工艺。

在选定水处理构筑物型式组合以后,各单项构筑物(常规处理主要指:絮凝池、沉淀池、澄清池、滤池)处理效率或设计标准也有一个优化设计问题。因为设计规范中每种构筑物的设计参数均有一定的可变幅度。某一构筑物处理效率或设计标准往往与后续处理构筑物的处理效率密切相关。例如:假设已选定平流沉淀池和普通快滤池相配合,若平流沉淀池设计停留时间长些,造价高些,但出水浊度低些,于是快滤池滤速可选用高些,滤池面积小些,冲洗周期长些,从而滤池造价和冲洗耗水量少些。反之亦然。

2. 常见水处理构筑物类型及其比较

常见水处理构筑物类型及适用条件见表3-8。

表 3-8   常见水处理构筑物类型及适用条件

处理工艺		构筑物名称	适用条件		出水悬浮物含量(mg/L)
			进水含沙量(kg/m³)	进水悬浮物含量(mg/L)	
高浊度水沉淀	自然沉淀	天然预沉池,平流式或辐射式预沉池,斜管预沉池	10~30		≈2 000
	混凝沉淀		10~120		
	澄清	水力循环澄清池	<60~80		一般<20
		机械搅拌澄清池	<20~40		
		悬浮澄清池	<25		
一般原水沉淀	混凝沉淀	平流沉淀池		一般<5 000,短时间内允许1 000	般<10
		斜管(板)沉淀池		500~1 000,短时间内允许3 000	
	澄清	机械搅拌澄清池		一般<3 000,短时间内允许5 000	

续表

处理工艺		构筑物名称	适用条件		出水悬浮物含量（mg/L）
			进水含沙量（kg/m³）	进水悬浮物含量（mg/L）	
一般原水沉淀	澄清	水力循环澄清池		一般＜2 000，短时间内允许5 000	
		脉冲澄清池		一般＜3 000，短时间内允许5 000	
		悬浮澄清池（单层）		一般＜3 000	
		悬浮澄清池（双层）		3 000～10 000	
	气浮	各种气浮池		一般＜1 000，原水中含有藻类以及密度小的悬浮物质	一般＜10
	普通过滤	各种滤池		一般＜15	一般＜3
	接触过滤（微絮凝过滤）	各种滤池		一般＜70	
	微滤	微滤机		原水含藻类、纤维素、悬浮物时	
	氧化	臭氧接触池	原水有臭味，受有机污染较重		
	吸附	活性炭吸附塔		一般＜5	

常见水处理构筑物比较见表3-9～表3-13。

表3-9　常用反应池优缺点及适用范围

型式	优缺点	适用范围
涡流式反应池	优点：1. 容积小；　2. 造价较低。 缺点：1. 池子较深；　2. 水量大时，反应效果较差	小型给水厂
漩流式反应池	优点：1. 容体小；　2. 水头损失较小。 缺点：1. 池子较深；　2. 水量大时，反应效果较差	中、小型给水厂

续表

型式	优缺点	适用范围
悬浮反应＋隔板反应池	优点：1. 反应效果好； 2. 水头损失较小； 3. 造价较低。 缺点：1. 斜挡板在结构上处理较困难； 2. 重颗粒泥沙易在斜挡板阻塞	小型给水厂
平流式与竖流式隔板反应池	优点：1. 反应效果好； 2. 构造简单，施工方便。 缺点：1. 容积较大； 2. 水头损失较大	1. 大、中型给水厂； 2. 水量变化小者
回转式隔板反应池	优点：1. 反应效果好； 2. 水头损失小； 3. 构造简单，管理方便。 缺点：1. 出口流量不易分布均匀； 2. 出口易积泥	1. 大、中型给水厂和水量变化小者； 2. 改建和扩建旧池时
机械反应池	优点：1. 反应效果好； 2. 水头损失小； 3. 适应水质、水量的变化。 缺点：需机械设备，增加维修工作量	大、中、小型给水厂的水量变化较大者
隔板反应＋机械反应	优点：1. 反应效果好； 2. 适应水质、水量的变化。 缺点：构造复杂，增加部分机械和维修工作	大、中型给水厂和水量有变化者

表 3-10　常用沉淀池优缺点及适用范围

型式	优缺点	适用范围
平流式	优点：1. 构造简单，施工较易，造价较低； 2. 适应性强，潜力大，操作管理方便，处理效果稳定。 缺点：1. 不采用机械排泥设备时，排泥效果好； 2. 机械排泥设备维护工作量较大； 3. 用地较多	大、中型给水厂

型式	优缺点	适用范围
辐流式	优点:1. 沉淀效果较好; 　　　2. 有机械排泥设备时,排泥效果好。 缺点:1. 不采用机械排泥设备时,排泥效果好; 　　　2. 机械排泥设备维护工作量较大; 　　　3. 用地较多	大、中型给水厂,处理高浊度水时做预沉池
异向流斜管(板)式	优点:1. 沉淀效率较高; 　　　2. 池体积小,用地较少。 缺点:1. 造价较高; 　　　2. 不采用机械排泥设备时排泥困难,采用机械排泥时维护较麻烦	大、中、小型给水厂和老沉淀池的改建挖潜
同向流斜管(板)式	优点:1. 沉淀效率高; 　　　2. 池体小,用地少。 缺点:1. 斜板构造较复杂,造价高; 　　　2. 不采用机械排泥设备时排泥困难,采用机械排泥时维护较麻烦; 　　　3. 适应原水浊度范围较小	大、中小型给水厂

表 3-11　常用沉淀池排泥方法优缺点及适用范围

排泥方法	优缺点	适用范围
人工排泥	优点:1. 池底构造较简单,不需设备; 　　　2. 造价低。 缺点:1. 劳动强度大,排泥历时长; 　　　2. 耗水量大,排泥时需停水	原水常年很清,每年排泥次数不多的中、小型净水厂
多斗底重力排泥	优点:1. 操作管理较易,不易堵塞; 　　　2. 耗水量比人工排泥少,排泥时可不停水。 缺点:1. 增加池深,池底构造复杂; 　　　2. 排泥不彻底	大、中型净水厂
穿孔管排泥	优点:1. 操作简便,排泥历时较短; 　　　2. 耗水量少,排泥时不停水。 缺点:1. 孔眼易堵塞,池宽太大时不宜采用; 　　　2. 原水浑浊度较高时排泥效果差	原水浑浊度不太高的大、中、小型净水厂

续表

排泥方法		优缺点	适用范围
机械排泥	吸泥机	优点:1. 排泥效果好,可连续排泥; 2. 操作简便。 缺点:1. 耗用金属材料多; 2. 设备较多,维修较麻烦	大、中、小型净水厂
	刮泥机	优点:1. 排泥彻底,效果好,可连续排泥; 2. 操作简便。 缺点:1. 耗用金属材料多; 2. 设备较多,部分在水下,维修困难	大、中、小型净水厂
	吸泥船	优点:1. 排泥效果好,可连续排泥; 2. 操作较简。 缺点:1. 需一套设备; 2. 管理人员多,维修较复杂	原水浑浊度高的大型净水厂
	螺旋排泥机	优点:1. 排泥彻底,效果好,可连续排泥; 2. 操作简便。 缺点:1. 耗用金属材料多; 2. 设备多,维修复杂	大、中、小型净水厂的斜板(管)沉淀池

表3-12　常用澄清池优缺点及适用范围

型式	优缺点	适用范围
机械搅拌澄清池	优点:1. 澄清效率高; 2. 适应性较强,处理效果较稳定; 3. 采用机械刮泥设备后,能适应高浊度水的处理。 缺点:1. 需要机械搅拌设备,池径大及原水浊度高时需设机械制泥设备; 2. 管理及维护较麻烦	大、中型净水厂原水浊度长期低于5 000 NTU
水力循环澄清池	优点:1. 无机械搅拌设备; 2. 构造较简单。 缺点:1. 投药量较大、消耗较大的水头; 2. 对水质、水温变化适应性较差	中、小型净水厂原水浊度长期低于2 000 NTU 单池生产能力不大于7 500 m³/d

续表

型式	优缺点	适用范围
脉冲澄清池	优点:1. 设备较简单; 　　　2. 池深较浅便于布置,也适用于平流式沉淀池改建。 缺点:1. 对水量的变化适应性较差; 　　　2. 操作管理要求较高	大、中、小型净水厂
悬浮澄清池 (无穿孔底板)	优点:1. 构造较简单; 　　　2. 能处理高浊度水(双层式加悬浮层底部开孔)。 缺点:1. 需设气水分离器; 　　　2. 对进水量、水温等较敏感,处理效果不如加速澄清池稳定; 　　　3. 双层式时池深较大	大、中、小型净水厂 原水浊度低于 3 000 NTU

表 3-13　常用滤池优缺点及适用范围

型式		优缺点	适用范围
快滤池	普通快滤池	优点:1. 运行管理可靠,单池面积大; 　　　2. 池深较浅。 缺点:1. 阀件较多; 　　　2. 一般为大阻力冲洗,须专设冲洗设备	大、中型净水厂
	双层滤池	优点:1. 滤速较其他滤池高,单池面积大; 　　　2. 含污能力较大(为普通快速滤池的 1.5~2.0 倍),工作周期较长。 缺点:1. 双层滤料粒径选择较严格; 　　　2. 冲洗要求严格,否则滤料内易积泥或发生混层现象	大、中、小型净水厂
	接触或微絮凝滤池	优点:1. 可一次净化原水,简化处理流程; 　　　2. 占地较少,一般基建投资低。 缺点:1. 加药管理复杂; 　　　2. 工作周期较短	根据目前运转经验,中、小型净水厂为宜,但主要取决于原水水质

续表

型式		优缺点	适用范围
虹吸滤池		优点：1. 不需大型闸阀，造价较低； 　　　2. 无须冲洗水塔或冲洗泵； 　　　3. 易实现自动化控制。 缺点：1. 小阻力冲洗，单池面积不能太大； 　　　2. 池深较大，结构较复杂	大、中型净水厂
移动冲洗罩滤池		优点：1. 不需大型闸阀，造价较低； 　　　2. 简化了进水系统，池构造简单； 　　　3. 易实现自动化控制。 缺点：1. 移动罩行车装置制造安装要求较高， 　　　　维修较麻烦 　　　2. 常因罩体对位不准或密封不严影响 　　　　冲洗效果	大、中、小型净水厂
无阀滤池	重力式	优点：1. 一般不设闸阀； 　　　2. 管理维护较简单，能自动冲洗。 缺点：清沙不方便	中、小型净水厂
	压力式	优点：1. 可省去二级泵站； 　　　2. 可作小型、分散、临时性供水。 缺点：清沙不方便	小型净水厂
压力滤池		优点：1. 滤池多为钢罐，可预制； 　　　2. 移动方便，可用作临时性给水； 　　　3. 用作接触过滤时，可一次净化，可省 　　　　去二级泵站。 缺点：1. 耗用钢材料多； 　　　2. 清沙不方便	小型净水厂及工业给水

3. 净化工艺类型及净化构筑物选择

净化工艺类型及净化构筑物选择见表 3-14。

表 3-14　净化工艺类型及净化构筑物选择

净化工艺类型		构筑物型式		适用条件		浊度(NTU)
预沉	自然沉淀	平流式或辐流式沉淀池		进水含沙量为 10～30 kg/m³		≈2 000
	混凝沉淀			进水含沙量为 10～120 kg/m³		
混凝沉淀		平流式沉淀池			一般小于 3 000,较短时间内不超过 10 000	一般为10～15 以下
		竖流式沉淀池			一般小于 500,较短时间内不超过 2 000	
		斜板(管)沉淀池	上向流		一般小于 1 000,较短时间内不超过 2 000	
			下向流		一般小于 300,较短时间内不超过 600	
澄清		机械加速澄清池		进水浊度(NTU)	无机械刮泥一般小于 1 000,较短时间内不超过 3 000;有机械刮泥,一般 1 000～5 000,较短时间内不超过 10 000	
		水力循环澄清池			一般小于 1 000,短时间内不超过 3 000	
		脉冲澄清池			一般小于 1 000,短时间内不超过 3 000	
		悬浮澄清池(单层)			一般小于 1 000,短时间内不超过 3 000	
		悬浮澄清池(双层)			3 000～10 000	
过滤		普通滤池			一般不大于 10～15	一般为 3 以下
		双层滤池				
		虹吸滤池				
		移动罩滤池				
		无阀滤池				
		压力滤池				
接触过滤		双层滤池			一般不超过 50,短时间不超过 150	
		压力滤池				
		无阀滤池				

4. 确定水处理构筑物的要求

给水厂的设计规模往往受到投资等各种因素的限制,往往忽略了生产挖潜的需要,在选型及其工艺设计参数的选用上,没有考虑留有适当的余地。实际上,城镇或工业用水量是随着国民经济的不断发展、人民生活水平的不断提高而增长的。由于上述原因,不少给水厂刚建成投产不久,生产能力与所需供应的水量就不相适应,很快需要进行扩建或者考虑新建给水厂。因此,在水处理构筑物的选型及其工艺参数的选用上,应考虑适当留有生产挖潜的余地。

为了满足上述内容的要求,一般可采用以下两种办法:

(1)选用的水处理构筑物有挖潜的条件,如机械搅拌澄清池、平流沉淀池、脉冲澄清池等,设计时可不考虑设置斜板(管),一旦需要挖潜时再装设;滤池设计中可先采用单砂滤料,一旦需要挖潜时,可换装双层或三层滤料等。

(2)在选用水处理构筑物的工艺设计参数时,可根据规范规定选用中、下限值,流量增加时,可提高到上限,达到挖潜的目的。

六、确定消毒方法

《生活饮用水卫生标准》(GB 5749—2006)中指出,"集中式给水,除应根据需要具备必要的净化处理设备外,不论其水源是地面水或地下水,均应有消毒设施"。

同时还规定,在配水管网的末梢,游离性余氯不得低于 $0.05\ mg/L$,以保持管网水质。

常用的消毒方法及其适用条件见表 3-15。目前,我国城镇生活饮用水主要为液氯或漂白粉消毒法。

表 3-15　常用消毒方法优缺点及适用范围

方法		优缺点	适用范围
氯化	液氯	优点:1. 消毒效果稳定,余氯保持的时间较长; 　　　2. 设备简单; 　　　3. 造价低,运行费低。 缺点:当加氯量较大时,能导致水味不良	大、中、小型净水厂

方法		优缺点	适用范围
氯化	漂白粉	优点:1. 适用于液氯供应不便的地方; 　　　2. 价格低、设备简单。 缺点:1. 含氯量低,用量多,制备容积大; 　　　2. 操作麻烦	小型净水厂或临时性供水
	氯氨	优点:1. 能延长管网中剩余氯的持续时间; 　　　2. 能减轻由于加氯产生的不良水味。 缺点:1. 氯氨消毒过程速度慢,要求接触时间长; 　　　2. 需增加加氨设备	大、中型净水厂
臭氧氧化		优点:1. 杀菌作用强,对水的臭味、水色都能有效地去除; 　　　2. 接触时间短; 　　　3. 可以就地制造,就地使用。 缺点:1. 管网没有剩余的消毒能力; 　　　2. 设备复杂,消耗大量的电能; 　　　3. 造价高,运行费高	大、中、小型净水厂 原水受污染程度高时
紫外线		优点:1. 不改变水的物理和化学性质,不产生气味; 　　　2. 接触时间短。 缺点:1. 没有剩余的消毒能力; 　　　2. 消耗电能较多; 　　　3. 价格高	

第五节　小城镇给水厂构筑物的布置

小城镇给水厂中各构筑物的布置需要考虑工艺流程、操作联系、生产管理以及物料运输等各个方面,即指各构筑物间位置关系的总体设计与综合布置,主要包括平面布置和高程布置。

一、给水厂构筑物组成

(一)生产构筑物与建筑物

生产构筑物和建筑物主要包括处理构筑物、清水池、二级泵站、药剂间等。

1. 处理构筑物

（1）物理处理构筑物。

1）格栅。格栅主要安装在污水渠道、泵房集水井的进口处或污水处理厂的前端。其作用是：①截留较大的悬浮物或漂浮物；②减轻后续处理构筑物的负荷；③保护后续处理构筑物或水泵机组。

2）沉砂池。沉砂池主要用于初沉池、泵站和倒虹管前，其作用是：①去除污水中比重较大的无机物颗粒物；②设于泵站倒虹管前减轻机械、管道的磨损；③设于初沉池前，减轻沉淀池负荷，以及改善污泥处理构筑物的处理条件。

常用的沉砂池形式见表 3-16。

表 3-16 沉砂池形式

池型	优缺点
平流式沉砂池	构造简单，处理效果好，工作稳定。但沉砂中夹杂有机物，易于腐化散发臭味
曝气沉砂池	沉砂中含有机物量低于 5%，长期搁置不易腐化。还有预曝气、脱臭、除泡作用。实际工程中多采用曝气沉砂池
旋流沉砂池	利用机械力控制水流流态与流速、加速砂粒的沉降并使有机物随水流带走的沉砂装置
竖流式沉砂池	通常去除较粗（粒径在 0.6 mm 以上）的砂粒，结构也比较复杂，目前生产中采用较少

3）调节池。调节池一般设在一级处理之后、二级处理之前，其作用是：调节水量，均衡水质。

4）沉淀池。按照工艺布置不同，沉淀池可分为初沉池和二沉池。初沉池设置于生物处理之前，作为生物处理的预处理。其作用是：去除污水中无机颗粒和部分有机物质，降低后续生物处理构筑物的有机负荷；二沉池设置在生物处理之后，其作用是：泥水分离，使生物处理构筑物出水澄清。

沉淀池的形式和使用条件见表 3-17。

表 3-17　　沉淀池的形式和使用条件

池型	优点	缺点	使用条件
平流式	1. 对冲击负荷和温度变化适应能力强； 2. 施工简单，造价低	1. 采用多斗排泥，每个泥斗单独操作，工作量大； 2. 采用机械排泥时，设备都位于水下，易腐蚀	1. 适用于地下水位较高和水质较差的地区； 2. 适用于大、中、小型污水处理
竖流式	1. 排泥方便，管理简单； 2. 占地面积小	1. 池深大，施工困难； 2. 对冲击负荷和水温变化适应能力差	适用于小型废水处理
辐流式	1. 机械排泥设备已定型系列化； 2. 对大型污水处理厂较为经济	1. 水流速度不稳定； 2. 机械排泥设备复杂； 3. 易于出现异重流现象	1. 适用于地下水位较高地区； 2. 适用于大中型废水处理
斜管式	处理效率高，停留时间短，占地面积小	1. 构造复杂； 2. 斜管、斜板造价高； 3. 固体负荷不宜过大	适用于大、中、小型废水处理

5)隔油池。隔油池的作用是：提供足够的容量，使废水经过隔油池时，能够发生油水分离。

6)气浮池。气浮池的作用是：提供一定的容积和池表面积，使微小气泡与水中悬浮固体混合、接触、黏附，使带气絮体与水分离。

(2)生物处理构筑物。

1)好氧生物处理。污水中有分子氧存在的情况下，利用好氧微生物降解有机物，使其稳定。好氧生物处理为无害化的处理方法，主要有活性污泥法和生物膜法两类。

2)缺氧生物处理。水中无分子氧存在，但是有如硝酸盐等化合态氧的条件下进行的生物处理方法。

3)厌氧生物处理。指没有分子氧及化合态氧存在的条件下，兼性细菌与厌氧细菌降解和稳定有机物的生物处理方法。

2. 清水池

清水池为贮存水厂中净化后的清水，以调节水厂制水量与供水量之间的差额,并为满足加氯接触时间而设置的水池,是给水系统中调节水厂均匀供水和满足用户不均匀用水的调蓄构筑物。

清水池作用是让过滤后的洁净澄清的滤后水沿着管道流往其内部进行贮存,并在清水中再次投加入液氯进行一段时间消毒,对水体的细菌、大肠杆菌等病菌进行杀灭以达到灭菌的效果。

3. 二级泵站

泵站指的是设置水泵机组、电气设备和管道、闸阀等的房屋,其级别和指标见表 3-18。一级泵站指的是取水头部的泵站。二级泵站就是指水厂内的泵站布置在清水池之后,原水从一级泵站送到水厂,经过水厂的净水处理之后,由二级泵站送入城市管网。

表 3-18　泵站分等指标

泵站等别	泵站规模	分等指标	
		装机流量(m^3/s)	装机功率($10^3 kW$)
I	大(1)型	≥200	≥3
II	小(2)型	200~50	3~1
III	中型	50~10	1~0.1
IV	小(1)型	10~2	0.1~0.01
V	小(2)型	<2	<0.01

注:(1)装机流量、装机功率系指单站指标,且包括备用机组在内;

(2)由多级或多座泵站联合组成的泵站工程的等别,可按其整个系统的分等指标确定;

(3)当泵站按分等指标分离两个不同等别时,应以其中的高等别为准。

4. 药剂间

水厂药剂间的作用为利用药剂之间的协同效应达到水处理的目的。

(二)辅助建筑物

辅助建筑物又分为生产辅助建筑物和生活辅助建筑物两种。辅助建筑物包括化验室、修理部门、仓库、车库及值班宿舍等;生活辅助建筑物包括办公楼、食堂、浴室、职工宿舍等。

另外,还应设堆砂场、堆料场等。

二、给水厂构筑物的平面布置

1. 平面布置程序

(1)确定构筑物的个数和面积。给水厂构筑物的平面尺寸由水厂的生产能力通过设计计算确定。生活辅助建筑物面积应按水厂管理体制、人员编制和当地建筑标准确定。生产辅助建筑物面积根据水厂规模、工艺流程和当地具体情况确定。

(2)平面布置。当各构筑物和建筑物的个数和面积确定之后,根据工艺流程和构筑物及建筑物的功能要求,结合水厂地形和地质条件,进行平面布置。

2. 平面布置方式

处理构筑物一般均分散露天布置。北方寒冷地区应采用室内集中布置,并考虑冬季采暖设施。集中布置比较紧凑,占地少,便于管理和实现自动化操作。但结构复杂,管道立体交叉多,造价较高。

3. 平面布置内容

水厂平面布置主要内容包括:各种构筑物和建筑物的平面定位;各种管道、阀门及管道配件的布置;排水管(渠)布置;道路、围墙、绿化及供电线路的布置等。

4. 平面布置要求

水厂平面布置一般均需提出几个方案进行比较,以便确定在技术经济上较为合理的方案。进行水厂平面布置时,应考虑下述几点要求:

(1)功能分区,配置得当。条件允许时,为保证生产安全,最好把生产区和生活区分开,尽量避免非生产人员在生产区通行和逗留。另外,为使厂区总体环境美观、协调、运输联系方便,应尽量将生活区放置在厂区前。

(2)充分利用地形,力求挖、填土方平衡以减少填、挖土方量和施工费用。例如沉淀池应尽量布置在厂区内地势较高处,清水池尽量布置在地势较低处。

(3)布置紧凑,力求处理工艺流程简短,顺畅,并便于操作管理。

如沉淀池或澄清池应紧靠滤池；二级泵房尽量靠近清水池。但各构筑物之间应留出必要的施工和检修间距和管(渠)道位置。在北方寒冷地区,尽可能将有关处理设施合建于一个构筑物内。对于城镇中的中小型水厂,可将辅助建筑物合并建造,以方便管理、降低造价。

(4)各构筑物之间连接管(渠)应简捷、减少转弯,尽量避免立体交叉,并考虑施工、检修方便。此外,有时也需设置必要的超越管道,以便某一构筑物停产检修时,保证必须供应的水量采取应急措施。

(5)建筑物布置应尽可能注意朝向和风向。如加氯间和氯库应尽量设在水厂夏季主导风向的下风向,泵房等常有人操作的地方应布置成坐北朝南向。

(6)对分期建造的工程,既要考虑近期的完整性,又要考虑远期工程建成后整体布局的合理性,还应考虑分期施工方便。关于水厂内道路、绿化、堆场等设计要求应满足《室外给水设计规范》(GB 50013—2006)的相应要求。滤料堆场应靠近滤池,且应有不小于 5% 的坡度。厂区道路一般为单车道,宽度常为 4 m 左右,主要道路为 4~6 m,人行道为 1.5~2.0 m。

三、小城镇给水厂构筑物高程布置

高程布置是通过计算确定各处理构筑物标高、连接管渠的尺寸与标高,确定是否需提升,并绘制流程的纵断面图。

(一)高程布置原则

给水厂处理构筑物的高程布置,应根据地形条件,结合构筑物之间的高程差,进行合理布置。给水厂构筑物高程布置原则如下。

1. 适应地形原则

给水厂构筑物高程布置应尽量适应地形,充分利用原有地形坡度,优先采用重力流布置,并满足净水流程中的水头损失要求。

(1)当地形有一定坡度时,构筑物和连接管(渠)可采用较大的水头损失值;

(2)当地形平坦时,为避免增加填、挖土方量和构筑物造价,则采用较小的水头损失值。在认真计算并留有余量的前提下,力求缩小全程水头损失及提升泵站的总扬程,以降低运行费用。

2. 结合排放方式原则

给水厂构筑物高程布置应考虑厂区内各种构筑物排水、排泥和放空,一般均应采取重力排放的方式,在特殊情况下,可考虑抽升排放。

3. 可持续发展原则

考虑远期发展、水量增加的预留水头。

(二)构筑物间高差的确定

两构筑物之间水面高差即为流程中的水头损失,包括构筑物本身,连接管道、计量设备等水头损失在内。

处理构筑物中的水头损失与构筑物型式和构造有关,估算时可采用表 3-19 数据。

表 3-19　处理构筑物中的水头损失

构筑物名称	水头损失(m)	构筑物名称	水头损失(m)
进水井格网	0.2～0.3	无阀滤池、虹吸滤池	1.5～2.0
絮凝池	0.4～0.5	移动罩滤池	1.2～1.6
沉淀池	0.2～0.3	直接过滤滤池	2.0～2.5
澄清池	0.6～0.8		
普通快滤池	2.0～2.5		

各构筑物之间的连接管(渠)断面尺寸由流速决定,其值一般按表 3-20 采用。连接管(渠)的水头损失(包括沿程和局部)应通过水力计算确定;估算时可采用表 3-20 数据。

表 3-20　连接管中允许流速和水头损失

接连管段	允许流速(m/s)	水头损失(m)	附注
一级泵站至絮凝池	1.0～1.2	视管道长度而定	
絮凝池至沉淀池	0.15～0.2	0.1	应防止絮凝体破碎
沉淀池或澄清池至滤池	0.8～1.5	0.3～0.5	
滤池至清水池	1.0～1.5	0.3～0.5	流速宜取下限留有余地
快滤池冲洗水管	2.0～2.5	视管道长度而定	
快滤池冲洗水排水管	1.0～1.5	视管道长度而定	

(三)高程布置类型

构筑物间的高差确定后,便可进行构筑物高程布置。

构筑物高程布置与厂区地形、地质条件及所采用的构筑物形式有关。当地形有自然坡度时,有利于高程布置;当地形平坦时,高程布置中既要避免清水池埋入地下过深,又应避免絮凝池、沉淀池或澄清池在地面上架得过高而增加造价。尤其当地质条件差、地下水位高时,其影响造价的因素更多。

处理构筑物高程布置类型见表 3-21。

表 3-21 处理构筑物的高程布置类型

布置类型	示意图	释义
高架式		主要处理构筑物池底埋设地面下较浅,构筑物大部分高出地面。高架式为目前采用最多的一种布置形式
低架式		处理构筑物大部分埋设地面以下,池顶离地面 1 m 左右。这种布置操作管理较为方便,厂区视野开阔,但构筑物埋深较大,增加造价和带来排水困难。当厂区采用高填土或上层土质较差时可考虑采用
斜坡式		当厂区原地形高差较大,坡度又较平缓时,可采用斜坡式布置。设计地面高程从进水端坡向出水端,以减少土石方工程量

续表

布置类型	示意图	释义
台阶式		当厂区原地形高差较大，而其落差又呈台阶时，可采用台阶式布置。台阶式布置要注意道路交通的畅通

注：表中示意图中：1—沉淀池；2—滤池；3—清水池；4—二级泵房。

(四)流程标高计算

为了确定给水厂各构筑物、管渠、泵房的标高，应进行整个流程的标高计算，计算时应选择距离最长、损失最大的流程，并按最大设计流量计算。给水厂流程标高计算步骤如下。

(1)确定原水的最低水位。

(2)一级泵房在最低水位、最大取水量时的吸水管路水头损失；确定水泵轴心标高和泵房底板标高；计算出水管路的水头损失；计算出水管至配水井内的水头损失。

(3)计算从配水井到滤池之间各构筑物内部的水头损失及各构筑物间的水头损失。

(4)计算滤池至清水池的水头损失。

(5)由清水池最低水位计算至二级水泵的轴心标高。

第六节　小城镇给水厂设计实例

实例一　××城镇净水厂设计

1. 规模

该工程位于××城镇西南角，设计占地 8.27 公顷，实际征地 11.00 公顷。原水来自附近水库的取水泵站，取水量 23.4 万 m³/d。

2. 原水水质主要指标

原水水质主要指标如下。

浊度:10~100 NTU　　　　　COD:4.53~28.12 mg/L

pH:6.84~9.07　　　　　　　BOD:0.4~4.58 mg/L

碱度:28.60~98.60 mg/L　　　氨氮:0.01~1.10 mg/L

色度:3~35 度　　　　　　　　总磷:0.02~0.06 mg/L

3. 净水工艺流程

根据以上水质从现有水厂水处理工艺,工艺流程设计如下:

加氯　混凝剂、助凝剂　　　　　　　　加氯

原水→混合→配水→反应→沉淀→过滤→清水池→泵站→市区

水力流程图如图 3-7 所示。

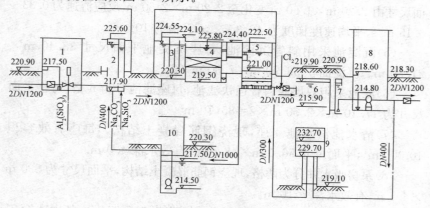

图 3-7　水力流程设计图

1—混合间;2—配水井;3—隔板反应池;4—斜板沉淀池;5—普通快滤池;6—清水池;
7—吸水井;8—送水泵站;9—反冲洗水塔;10—回收水池及泵房

4. 主要工艺构筑物及设计参数

(1)混合间混合采用 $DN1\,200$ 管式快速搅拌混合器 2 套,搅拌功率为 2.0 马力,设计速度梯度 $1\,600\ s^{-1}$,并在混合间内安装 $DN1\,000$ 原水超声波流量计 2 套。

混合间平顶尺寸为 $12.0\ m \times 9.0\ m$,地下部分为钢筋混凝土结构,深 $3.45\ m$,地上部分为排架结构,高 $5.5\ m$。

（2）配水间为排架结构，平面尺寸 15.0 m×12.0 m，2 层，一层高 4.80 m，二层高 4.2 m。

（3）净化间平面尺寸为 108.15 m×96.05 m，钢筋混凝土排架结构，4 跨，每跨 27 m。

在净化间内设置 2 个净化构筑物系列，每个系列包括两座反应池、两座沉淀池、一座滤池。反应、沉淀及滤池均为现浇钢筋混凝土结构。

（4）反应池采用隔板反应池，每座反应池平面尺寸为 21.50 m×21.20 m，有效水深 4.35～3.60 m，反应池时间为 35 min，隔板孔室平面尺寸由 2.20 m×1.50 m 变化至 2.20 m×2.50 m，反应流速为 0.33～0.15 m/s，平均速度梯度为 46.3 s^{-1}，GT 值为 10^5。

（5）沉淀池采用斜管沉淀池，每座沉淀池平面尺寸 38.40 m×21.50 m。沉淀面积 36.70 m×7.30 m×2。

（6）滤池采用双层滤料普通快滤池，每座滤池分为 6 格，每格平面尺寸为 17.10 m×2.50 m×2＝85.70 m^2。

（7）清水池清水池 4 座，现浇钢筋混凝土结构。每座有效容积 10 000 m^2，平面尺寸 56.0 m×48.0 m，有效水深 4.0 m。

（8）泵房吸水井分为两格，现浇钢筋混凝土结构，平面尺寸为 530 m×4.5 m，有效水深 7.10 m。

（9）综合泵房内设配水泵 6 台（1 台调速，5 台恒速），其中 4 台工作，2 台备用。

泵房内还设有反冲洗水塔补充水泵 2 台，1 用 1 备。

（10）反冲洗水塔有效容积为 700 m^3，为 1 格滤池反冲洗水量的 1.5 倍，水塔水箱直径 16.6 m，水深 3.0 m，水箱底高度 10.50 m。

（11）加氯间、氯库及氯气中和处理间平面尺寸 31.8 m×15.0 m。水厂内加氯为滤后加氯，加氯量 1～3 mg/L。

（12）投药间平面尺寸 48.0 m×15.0 m，二层。

投药系统包括混凝剂硫酸铝、助凝剂水玻璃及碳酸钠投加系统。硫酸铝投加量为 20.0～70.0 mg/L，水玻璃投加量 4.0～14.0 mg/L，碳酸钠投加量 7.0～22.0 mg/L。

实例二　××城镇给水厂设计

1. 规模

××城镇水源台藻量较高,该给水厂位于该城镇南郊,工程设计占地 9.2 公顷。

2. 工艺过程

结合该城镇自来水公司的管理经验与水源特点,采用气浮—过滤方案,具体净化流程如图 3-8 所示。

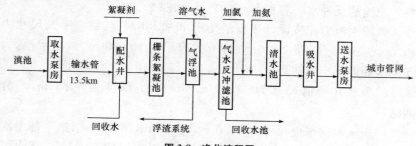

图 3-8　净化流程图

3. 主要工艺构筑物及设计参数

(1)取水。引水管为两根 DN1 400 mm 自流管,每根长 2 km,铜管。

(2)输水。输水管为两条 DN1 200 mm,每条长度为 13.5 km,钢筋混凝土管,承插式橡胶团接头,直埋地下,管顶最小埋深 1.2 m,中间设有三座连通井。

(3)净水厂。

1)配水井平面尺寸为 11.6 m×19.0 m,高 6.2 m。停留时间为 1 min。

2)气浮池分两大组,每大组分 6 格,每大组平面尺寸为 65.56 m×30.16 m,深为 3.65～3.95 m(絮凝池部分为 3.95 m),为减少占地,方便操作管理,将絮凝池与气浮池合建。

①絮凝池。采用栅条絮凝,栅条材料为钢筋混凝土,断面为矩形,厚度为 70 mm,预制拼装,停留时间为 10 min。

②气浮池。进入接触室的流速≤0.1 m/s,接触室上升流速15 mm/s,停留时间为 3.0 min,沼气释放器为 JS-78-V 型,每格气浮池 15 个,共计 180 个。

3)气水反冲滤池分两大组,每大组分 12 格。双排布置每格滤池净尺寸为 6.2 m×6.0 m,每大组平面尺寸为 39.25 m×19.30 m,深4.1 m。

滤池设计滤速为 10 m/h,最大过滤水头取 1.6 m。

滤池的反冲水塔容积 $V=450$ m³,水深 2.3 m。

4)清水池容积按设计规模的 10% 设置,共两座,每座平面尺寸为49.0 m×66.5 m,深 4.8 m,每座有效容积为 10 000 m³ 的清水池,为现浇钢筋混凝土结构。

5)吸水井平面尺寸为 43.95 m×6.0 m,深度为 7.63 m,均分两格。

6)送水泵房平面尺寸为 48.0 m×12.0 m,半地下式,地下部分深5.9 m。地上部分高 7.2 m,排架结构,泵房内设置 24SA-10 型水泵6 套,4 用 2 备,单排布置。

7)加药间底层尺寸 20.0 m×44.0 m×6.6 m,二层 20.0 m×20.0 m×5.1 m。

第四章 小城镇给水厂水处理工艺设计与运行管理

第一节 混 凝

一、混凝处理对象与工艺流程

混凝处理是向水中加入混凝剂,通过混凝剂的水解或缩聚反应而形成的高聚物的强烈吸附与架桥作用,使胶粒被吸附黏结或者通过混凝剂的水解产物来压缩胶体颗粒的扩散层,达到胶粒脱稳而相互聚结的目的。

1. 混凝处理对象

混凝处理是水处理工艺中十分重要的环节,其对象主要是水中悬浮物和胶体杂质。

2. 混凝处理工艺流程

混凝过程包括凝聚和絮凝两个阶段。混凝工艺与沉淀设备相结合可以去除原水中的悬浮物和胶体,减低出水的浊度、色度;能去除水中的微生物,污水中的磷、重金属等有机和无机污染物;可以改善水质,有利于后续处理。

混凝的工艺流程为:

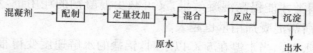

混凝剂 → 配制 → 定量投加 → 混合 → 反应 → 沉淀

原水

出水

实践表明,混凝过程的完善程度对沉淀、过滤等后续处理的影响极大,应予以足够的重视。

3. 影响混凝的因素

（1）混凝剂与水的混合。由于混凝剂水解作用的时间极其短促，为了使混凝剂在水中迅速而均匀地扩散，要求快速混合。一般来说，混合的强度要大，时间要短（混合时间不超过规定时间）。方法是利用水泵翼轮和机械搅拌进行，也可以在管道中利用水流紊动进行。混合方式的选择，直接关系到混凝效果的好坏。

（2）反应强度。在充分混合的基础上，为增加生成的氢氧化铝胶体与悬浮的微小杂质颗粒相互碰撞的机会，达到吸附黏结，就需要一个适宜的反应强度，使形成的矾花越来越大。

（3）水的 pH 值。矾液加入水中，由于水解过程中生成氢氧化铝胶体和氢离子，会使水的 pH 值下降。只有当水中有足够的碱度时，硫酸铝的水解过程才能进行得迅速而完全。如果水中碱度不足，就会使反应不充分，结成的氢氧化铝絮绒体颗粒很小，影响澄清效果。常用加碱药剂为石灰与氢氧化钠等。石灰的用量根据式（4-1）计算：

$$B = 0.5 \times a - X + 20 \qquad (4\text{-}1)$$

式中　　B——石灰用量，mg/L；

　　　　a——硫酸铝加注量，mg/L，应按无水硫酸铝计；

　　　　X——原水碱度，mg/L；

　　　　20——使反应顺利进行应有的剩余碱度，mg/L；

　　0.5——1 mg/L 的硫酸铝需 0.5 mg/L 石灰。

上式计算所得的值，若是负数，表示水中已有足够的碱度，原水不需碱化。若是正数，说明水中碱度不足，需要碱化，其值即是所需要投加的石灰量。

（4）水的色度与浑浊度。水中的有机质或藻类多时色度升高，只有杀死菌类才能提高混凝效果，又可减少混凝剂的耗用量，水的浑浊度越大，所需混凝剂用量也越大。

（5）水温。当水温在 5 ℃以下时，铝盐的水解速度变得很慢，混凝作用显著下降。在 15 ℃以下，易生成无定形散体，矾花细小，不易沉淀。当温度较高时，矾花紧密，具有晶体结构，沉淀也快。

（6）混凝剂投加量。对于不同水质的原水，需要投加适量的混凝剂,如果剂量过少,水中有一部分杂质就不能凝聚,矾花细小,浊度达不到预期的去除效果;反之混凝剂投加过多,不仅造成浪费,还会降低水的 pH 值,使凝聚效果下降。在实际操作中,可以观察沉淀池矾花的形成情况和澄清池的沉降比,并结合沉淀或澄清效果,来确定加矾量。当水质变化比较大时除应注意 pH 值与浊度外,可采用简单的试验方法,求得适宜的混凝剂投加量。

二、混凝剂与助凝剂

(一)混凝剂的类型与选用

混凝剂,俗称净水剂,指的是原水净化过程中加入的一类化学药剂,能够加速水中胶体微粒凝聚和絮凝成大颗粒。

混凝剂主要用于生活饮用水的净化和工业废水、特殊水质的处理(如含油污水,印染造纸污水、冶炼污水,含放射性特质,含 Pb、Cr 等毒性重金属和含 F 污水等)。此外在精密铸造、石油钻探、制革、冶金造纸等方面也有广泛用途。

1. 常用混凝剂类型

常用的混凝剂有铁盐混凝剂、铝盐混凝剂、高分子混凝剂、复合混凝剂等。

(1)铁盐混凝剂。

1)三氯化铁($FeCl_3 \cdot 6H_2O$)。三氯化铁是一种常用的混凝剂,是黑褐色的结晶体,有强烈吸水性,极易溶于水,其溶解度随温度上升而增加,形成的矾花,沉淀性能好,处理低温水或低浊水效果比铝盐好。三氯化铁适合于干投或浓溶液投加,液体、晶体物或受潮的无水物腐蚀性极大,调制和加药设备必须考虑用耐腐蚀器材(不锈钢的泵轴运转几星期也即腐蚀,用钛制泵轴有较好的耐腐性能)。

采用三氯化铁做混凝剂时,其优点是易溶解,形成的絮凝体比铝盐絮凝体密实,沉降速度快,处理低温、低浊水时优于硫酸铝,适用的 pH 值范围较宽,投加量比硫酸铝小。其缺点是三氯化铁固体产品极易吸水潮解,不易保管,腐蚀性较强,对金属、混凝土、塑料等均有腐蚀性,处理后色度比铝盐处理水高,最佳投加范围较窄,不易控制等。

2)硫酸亚铁($FeSO_4 \cdot 7H_2O$)。硫酸亚铁是半透明绿色结晶体,俗称绿矾,易于溶水,在水温20 ℃时溶解度为21%。

硫酸亚铁通常是生产其他化工产品的副产品,价格低廉,但应检测其重金属含量,保证其在最大投量时处理后水中重金属含量不超过国家有关水质标准的限量。

固体硫酸亚铁需溶解投加,一般配置成10%左右的重量百分比浓度使用。

当硫酸亚铁投加到水中时,离解出的二价铁离子只能生成简单的单核络合物,因此,不如三价铁盐那样有良好的混凝效果。

(2)铝盐混凝剂。硫酸铝含有不同数量的结晶水,$Al_2(SO_4)_3 \cdot nH_2O$,其中 $n=6$、10、14、16、18 和 27,常用的是 $Al_2(SO4)_3 \cdot 18H_2O$,其分子量为 666.41,比重 1.61,外观为白色,光泽结晶。硫酸铝易溶于水,水溶液呈酸性,室温时溶解度大致是 50%,pH 值在 2.5 以下。沸水中溶解度提高至 90%以上。

采用硫酸铝作混凝剂时,运输方便,操作简单,混凝效果好,但水温低时,硫酸铝水解困难,形成的絮凝体较松散,混凝效果变差。粗制硫酸铝由于不溶性杂质含量高,使用时废渣较多,带来排除废渣方面的操作麻烦,而且因酸度较高而腐蚀性较强,溶解与投加设备需考虑防腐。

(3)高分子混凝剂。

1)聚合氯化铝。聚合氯化铝是一种无机高分子混凝剂。我国在1973 年曾在成都召开全国新型混凝剂技术经验交流会,会上对聚合氯化铝的产品质量提出了要求,其中要求含氧化铝(Al_2O_8)10%以上,碱化度为 50%～80%,不溶物 1%以下等。

聚合氯化铝作为混凝剂处理水时,有下列优点:

①对污染严重或低浊度、高浊度、高色度的原水都可达到好的混凝效果。

②水温低时,仍可保持稳定的混凝效果,因此在我国北方地区更

适用。

②矾花形成快；颗粒大而重，沉淀性能好，投药量一般比硫酸铝低。

④适宜的 pH 值范围较宽，在 5.0～9.0 间，当过量投加时也不会像硫酸铝那样造成水浑浊的反效果。

⑤其碱化度比其他铝盐、铁盐为高，因此药液对设备的侵蚀作用小，且处理后水的 pH 值和碱度下降较小。

2)喷雾干燥聚合氯化铝。该产品能除菌、除臭，除氟、铝、铬，除油、除浊、除重金属盐、除放射性污染物，在净化各种水源过程中具有广泛的用途。

3)液体聚合氯化铝。液体聚合氯化铝是一种无机高分子絮凝剂。经过氢氧基离子官能团和多价阴离子聚合官能团的作用，产生出拥有大分子量和高电荷的无机高分子。可适应 pH 值范围为 5.0～9.0，最佳 pH 值为 6.5～7.6。

（4）复合混凝剂。复合混凝剂是指将两种以上特性互补的混凝剂复合在一起而得到的混凝剂，由于各种混凝剂水解机理不同而且有各自的优缺点和适用范围，为了发挥各单一混凝剂的优点，弥补其不足，因此将两种以上混凝剂复合使用以达到扬长避短、拓宽最佳混凝范围、提高混凝效率的目的。

2. 混凝剂选用

混凝剂种类繁多，如何根据水处理厂工艺条件、原水水质情况和处理后水质目标选用合适的混凝药剂，是十分重要的。混凝剂品种的选择应遵循以下一般原则：

（1）混凝效果好。在特定的原水水质、处理后水质要求和特定的处理工艺条件下，可以获得满意的混凝效果。

（2）无毒害作用。当用于处理生活饮用水时，所选用混凝剂不得含有对人体健康有害的成分；当用于工业生产时，所选用混凝药剂不得含有对生产有害的成分。

（3）货源充足。应对所选用的混凝剂货源和生产厂家进行调研考察，了解货源是否充足、是否能长期稳定供货、产品质量如何等。

（4）成本低。当有多种混凝药剂品种可供选择时，应综合考虑药剂价格、运输成本与投加量等，进行经济比较分析，在保证处理后水质前提下尽可能降低使用成本。

（5）新型药剂的卫生许可。对于未推广应用的新型药剂品种，应取得当地卫生部门的许可。

（6）借鉴已有经验。查阅相关文献并考察具有相同或类似水质的水处理厂，借鉴其运行经验，为选择混凝剂提供参考。

（二）助凝剂

当单用混凝剂不能取得良好效果时，需投加某些辅助药剂以提高混凝效果，这种辅助药剂称为助凝剂。助凝剂有很多种，大体分表 4-1 所示的两类。

表 4-1　助凝剂种类

序号	类别	内　　　容
1	调节和改善混凝条件的药剂	当原水碱度不足而使混凝剂水解困难时，可投加碱性混凝剂（通常用石灰，也可用碳酸氢钠）以提高水的 pH 值；当原水受到严重污染、有机物过多时，可用氧化剂（通常用氯气）以破坏有机物干扰。这些碱剂和氧化剂本身不起混凝作用，只能起混凝剂的辅助作用
2	改善絮凝体结构的高分子助凝剂	当使用铝盐或铁盐混凝剂产生的絮凝体细小而松散时，可利用高分子助凝剂的强烈吸附架桥作用，使细小松散的絮凝体变得粗大而紧密。其中有机高分子助凝剂效果尤为显著，常用的高分子助凝剂有聚丙烯酰胺、活化硅酸（活化水玻璃、泡花碱）、骨胶、刨花木及红花树等天然产物。活化水玻璃用得最早，它配合铝盐或铁盐使用效果较好，水玻璃适用于低温低浊度的原水，可以增加矾花的骨架材料和改变矾花结构，使矾花结实易沉。 　　水玻璃的活化方法是把它配成 3%～5% 的水溶液（最好配成 1.5% 的二氧化硅水溶液），缓慢加入工业硫酸，要边加边搅拌，使溶液的碱度控制在 1 200～1 500 mg/L（以 $CaCO_3$ 计）为宜。活化时间为 4 h，溶液呈乳状状态。如果已结块，则表示已失效。 　　水玻璃投加量与原水浊度、pH 值、碱度、水中二氧化硅含量有关，投加前要进行试验，选择最佳投加量，投加点选择在混凝剂投加点前

三、混凝剂配制及投加

(一)混凝剂配制

固体混凝剂需先溶解在水中,配成一定浓度的溶液后投加。在产水量较大的水厂,因为混凝剂用量很多,需专门设置溶解池,将固体药剂溶解。

1. 混凝剂配制方法

混凝剂的配制方法可以分为干式和湿式:前者投加设备占地小,无腐蚀问题,药剂较新鲜,但不宜混合均匀,劳动条件较差,不适用于吸湿性混凝剂;后者适用于各种混凝剂,药剂容易与水混合均匀,投加容量容易调节,运行方便,但设备较为复杂,容易受到腐蚀。

混凝剂溶解时,溶解池内应由搅拌设备,如电动搅拌机或水泵搅拌等以加速溶解。搅拌浆由电动机带动,因三氯化铁等混凝剂有腐蚀性,因此搅拌浆应选用耐腐蚀材料并有防腐措施。

投加固体混凝剂之前,必须在溶解池内加水将其化成浓溶液。最简单的一种溶解方法如图 4-1 所示,适用于混凝剂用量少或容易溶解时,可在水缸或水槽中放入混凝剂,加一定量的水,然后由人力搅拌。或用水力溶药装置,逐步溶解成所需浓度的溶液。

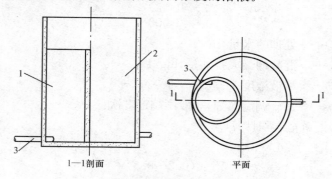

图 4-1 水力溶药装置
1—溶药池;2—贮药池;3—压力水管

　　混凝剂用量大或难以溶解时，可用机械搅拌方法，依靠桨板的拨动促使混凝剂溶解(图 4-2)。桨板采用加工方便、使用效果较好的平板，材料可为金属、塑料或木板。

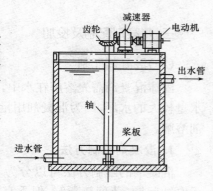

图 4-2　机械搅拌装置

　　为了方便操作管理，不管用什么方法溶解药剂，每天溶解药剂的次数不宜太多，一般每日 3 次，也就是每班溶药一次。溶解池的大小根据制水量、混凝剂用量和溶液浓度等确定。为了操作、搬运和倾倒药剂方便，混凝剂用量大的水厂，溶解池多布置在地下。混凝剂用量少时，因为所需的溶解池容积不大，往往和溶液池放在一起，以节省占地。

　　为了提高溶解速度，可以采用水力、机械、压缩空气、水泵混合等多种方式。

2. 溶液池与溶解池容积计算

　　(1)溶液池容积计算。

　　公式如下：

$$V_1 = \frac{24 \times 100aQ}{1\,000 \times 1\,000bn} = \frac{aQ}{417bn}$$

式中　Q——处理的水量，m^3/h；

　　　　a——混凝剂最大投加量，mg/L；

　　　　b——溶液浓度，一般取 5%～20%；

　　　　n——每日调制次数，一般不超过 3 次。

　　(2)溶解池容积计算。

　　公式如下：

$$V_2 = (0.2～0.3)V_1$$

式中　V_1——溶液池容积，m^3。

(二)混凝剂投加

1. 投药点的选择

投药点必须促使混凝剂与原水能迅速充分混合,混合后在进入反应池前,不宜形成大颗粒矾花,投药点与投药间距离尽量靠近,以便于投加。

(1)泵前投加。当一级泵房与反应室(池)距离较近(一般为100 m以内)时,投药点应选在泵前,通过水泵与翼轮高速转动使药剂与原水充分混合,这种方法称为"水泵混合"。

(2)泵后投加。当一级泵房与反应池距离较远(一般大于100 m)时,宜在泵后投加药剂。投药点可分别选在一级泵房至反应池的管段上,凭借管内水流使混凝剂与原水充分混合,这种混合方式也称为"管式混合"。

如果在出水管段上投加混凝剂,设备条件有困难时,投加点也可选在反应室(池)进水口处。但反应室(池)进口处必须有专门的混合设备,否则会影响混凝效果,增加混凝剂的投加量。

2. 混凝剂投加量

混凝剂投加量参照表 4-2。

表 4-2　混凝剂投加量参照表　　　　　　　(mg/L)

原水浊度(度)	明矾	硫酸铝	三氯化铁	碱式氯化铝
100	16	14	8	8
300	27	25	14	13
500	39	37	20	19
700	51	49	24	25
900	63	58	28	31
1 100	69	63	33	34
1 200	73	67	37	36
1 300	77	71	42	38
1 500	85	82	50-	42

注:混凝剂投加量系指纯混凝剂的量。

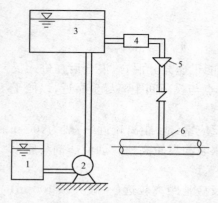

图 4-3　高位溶液池重力投药

1—溶解池；2—水泵；3—溶液池；

4—投药箱；5—漏斗；6—压水管

3. 混凝剂投加方法

（1）重力投加法。依靠重力作用把混凝剂加入投药点，这种投加方法称为重力投加法。该法根据地形条件不同也适用于在混合室进口处投加。如在隔板混合室前投加或在水力循环澄清池混合管前投加，如图 4-3 所示。

（2）吸入投加法。混凝剂依靠水泵吸水管负压吸入，这种投加方法称为吸入投加法。它适用于水泵前吸水管段投加。

（3）压力投加法。混凝剂用加注工具在水泵出水压力管处用压力投加，这种投加方法称为压力投加法。通常采用的加注工具有水射器和耐酸泵两种，如图 4-4 与图 4-5 所示。

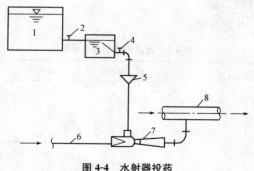

图 4-4　水射器投药

1—溶液池；2—阀门；3—投药箱；4—阀门；5—漏斗；

6—高压水管；7—水射器；8—原水管

4. 投药设备

投药设备主要包括投药池和计量设备，如图 4-6 所示。

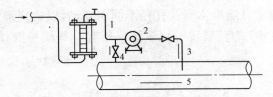

图 4-5 与流量计直接连接的布置形式

1—输液管；2—耐酸泵；3—投药管；
4—补充水管；5—水泵出水管

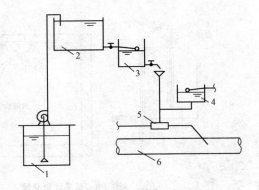

图 4-6 水厂投药设备

1—溶解池；2—溶液池；3—恒位箱；4—水封箱；5—水射器；6—吸水管

（1）投药池。投药池的容积应根据处理水量、原水所需混凝剂的最大用量来确定，并应保证连续投加的需要，同时投药池容积不宜过大。

水厂中溶解和储存药剂的溶解池和溶液池等设备要注意防腐。小型水厂的防腐蚀问题较易解决，因为投加的药量少，可以用陶瓷缸存放溶液。但是大、中水厂加药量很大，需要较大的设备。最常用的防腐方法是在混凝土浇制的溶解池或溶液池内，衬砌防腐蚀板材，如塑料板、辉绿岩板、瓷砖和玻璃钢等。

（2）计量设备。常用药剂投加计量方法有 LF-16 型转子流量计和胶木塞计量（在恒位箱溶液流出管上装一软橡胶短管，用不同孔径的胶木塞装于橡胶管内，溶液从恒位箱经胶管从胶木孔流出，由于箱内水位不变,流量只随胶木塞孔孔径不同而变动,以达到调节不同投量的目的)。图 4-7 为玻璃转子流量计。还有一些简易的计量装置,如图 4-8 所示。

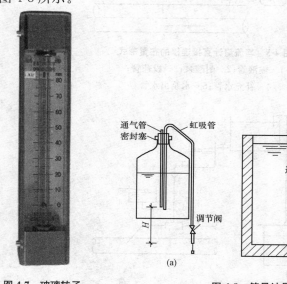

图 4-7　玻璃转子
　　　　流量计

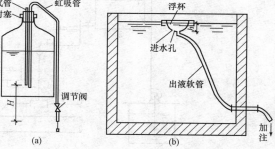

图 4-8　简易计量装置
(a)虹吸式计量控制瓶;(b)浮杯计量装置

(三)混凝剂配制及投加工艺设计实例

【例 4-1】　净水厂的处理水量以最高日平均时流量计,近期处理规模为 21.4×10^4 m³/d(包括 7%的水厂自用水量),远期达到 42.8×10^4 m³/d,水处理构筑物按远期处理规模设计。净水厂的主要构筑物拟分为四组,每组处理规模为 10.7×10^4 m³/d,近期建两组,远期再建两组。处理后的水符合《生活饮用水卫生标准》(GB 5749—2006)的规定。

(1)混凝剂配制和投加设计参数。

设计流量 $Q = 42.8 \times 10^4$ m³/d $= 17\ 833.33$ m³/h $= 4.95$ m³/s。根据原水水质及水温,参考有关水厂的运行经验,选择的絮凝剂为碱

式氯化铝，采用计量泵湿式投加，碱式氯化铝含量 $b=10\%$，混凝剂最大投加量 $a=50$ mg/L，每天调制药剂次数 $n=3$ 次。

（2）设计计算。

1）溶液池容积 V_1。

$$V_1=\frac{aQ}{417bn}=\frac{50\times17\,833.33}{417\times10\times3}\text{m}^3=71.28\text{ m}^3$$

取 $V_1=72.0$ m^3。

溶液池分三个格，两用一备，交替使用。所以药剂溶液池的每格有效容积为 36 m^3，有效高度 2.25 m，超高 0.5 m，每格实际尺寸为 $L\times B\times h=4$ m$\times4$ m$\times2.75$ m。置于室内地面上。

2）溶解池容积 V_2。

取溶解池容积为溶液池容积的 0.3 倍，即 $V_2=0.3V_1=0.3\times72.0$ m$^3=21.6$ m^3。

格数与溶液池相同，两用一备，交替使用。单格有效容积 10.8 m^3，有效高度取 1.7 m，超高 0.3 m，设计尺寸为 2.5 m$\times2.5$ m $\times2.0$ m，池底坡度采用 2.5%。

3）溶解池搅拌设备。

采用中心固定式平桨板式搅拌机。桨的直径为 750 mm，桨板深度 1 400 mm，质量 200 kg。溶解池置于地面以上，池底与溶液池顶相平。溶解后的药液依靠重力，流入溶液池内。溶解池底部设管径 $d=100$ mm 的排渣管一根。溶解池和溶液池材料都采用钢筋混凝土，内壁粘贴聚氯乙烯板。

4）药剂仓库。

药库与加药间合建在一起，药库的储备量按最大投药量的 30 天用量计算，每天需药量 $M=42.8\times10^4\times10^3\times10^{-6}\times50=21\,400$ kg/d $=21.4$ t/d。

堆高 1.5 m，通道系数采用 $1+15\%=1.15$，则仓库的面积 $=(21.4\times30\times1.15)/1.5=492.2$ m^2。在仓库内设有磅秤，尽可能考虑汽车运输方便，并留有 1.5 m 宽的过道，药库与加药间合建，平面尺寸为 23 m$\times22$ m。

5)计量设备。

设六台活塞式隔膜计量泵,四用两备。单台投加量 600 L/h。

6)混凝剂投加。

混凝剂投加采用复合循环控制。在加药间内设有一套 PLC,在净水厂的进水管上设有流量计,在混合反应沉淀池内设有游动电流检测仪。游动电流检测仪的取样点在混合池的出水口处。运行时,投药泵PLC 现根据进水流量计的信号控制投药泵自动进行比例投加,然后根据游动电流检测仪反馈的信号进行负反馈控制,调整投药泵的投药量,从而实现投药的复合循环控制。

(四)投药运行管理

1. 运行

(1)净水工艺中选用的混凝药剂,与药液和水体有接触的设施、设备所使用的防腐涂料,均需鉴定对人体无害,即应符合《生活饮用水卫生标准》(GB 5749—2006)的规定。混凝剂质量应符合国家现行的有关标准的规定。经检验合格后方可使用。

(2)混凝剂经溶解后,配制成标准浓度进行计量加注。计量器具每年鉴定一次。

(3)固体药剂要充分搅拌溶解,并严格控制药液浓度不超过 5%,药剂配好后应继续搅拌 15 min,再静置 30 min 以上方可使用。

(4)要及时掌握原水水质变化情况。混凝剂的投加量与原水水质关系极为密切,因此操作人员对原水的浊度、pH 值、碱度必须进行测定。一般每班测定 1~2 次,如原水水质变化较大时,则需 1~2 h 测定1 次,以便及时调整混凝剂的投加量。

(5)重力式投加设备,投加液位与加药点液位要有足够的高差,并设高压水,每周至少自加药管始端冲洗一次加药管。

(6)配药、投药的房间是给水厂最难搞好清洁卫生的场所,而它的卫生面貌也最能代表一个给水厂的运行管理水平。应在配药、投药过程中,严防跑、冒、滴、漏。加强清洁卫生工作,发现问题及时报告。

2. 维护

(1)日常维护。

1)应每月检查投药设施运行是否正常,贮存、配制、输送设施有无堵塞和滴漏。

2)应每月检查设备的润滑、加注和计量设备是否正常,并进行设备、设施的清洁保养及场地清扫。

(2)定期维护。

1)配制、输送和加注计量设备,应每月检查维修,以保证不渗漏,运行正常。

2)配制、输送和加注计量设备,应每年大检查一次,做好清刷、修漏、防腐和附属机械设备、阀门等的解体修理工作,金属制栏杆、平台、管道应按规范规定的色标进行油漆。

四、混合

原水中投加混凝剂后,应在短时间内将药剂充分、均匀地扩散于水体中,这一过程称为混合。

(一)混合方式

混合的方式主要有管式混合、水力混合、机械搅拌混合以及水泵混合等。

1. 管式混合

管式混合适用于流量变化较小的水厂,主要有管式静态混合器、孔板式混合器和扩散混合器三种。

(1)管式静态混合器。静态混合器的构造图如图 4-9 所示,管式静态混合器一般为三节组成(也可根据混合介质的性能增加节数)。每节混合器有一个 180°扭曲的固定螺旋叶片,分左旋和右旋两种。相邻两节中的螺旋叶片旋转方向相反,并相错 90°。为便于安装螺旋叶片,筒体做成两个半圆形,两端均用法兰连接,筒体缝隙之间用环氧树脂粘合,保证其密封要求。混合器的螺旋叶片不动,仅是被混合的物料或介质运动,流体通过它除产生降压外,主要是流动分割、径向混合、反向旋转,两种介质不断激烈掺混扩散,达到混合目的。

管式静态混合器的技术参数包括:

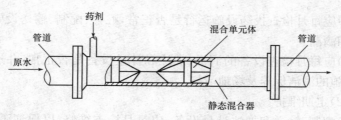

图 4-9　静态混合器构造示意图

1)混合器管径按经济流速进行选择,一般按 0.9~1.2 m/s 计算,管径大于 500 mm 的最大流速可达 1.5 m/s。有条件时,将管径放大 50~100 mm,可以减少水头损失。

2)混合器节数基本组合按三节考虑,水头损失 0.4~0.6 m,也可根据混合介质的情况增减节数。

3)混合器管内水压按 1.0 kg/cm^2 考虑,也可根据实际压力进行设备加工。

静态混合器内水流速度一般为 1 m/s 左右。水流经过管内的水头损失为:

$$h = 0.114\ 8\ \frac{Q^2}{d^{4.4}} n$$

式中　　h——水头损失,m;

　　　　d——进水管管径,mm;

　　　　n——混合元件数。

管式静态混合器具有快速高效、低能耗的管道螺旋混合,对于两

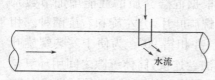

种介质的混合时间短、扩散效果达 90% 以上。可节省药剂用量 20%~30%。而且结构简单,占地面积小。采用玻璃钢材质具有加工方便、坚固耐用、耐腐蚀等优点。

图 4-10　孔板混合器构造示意图

(2)孔板混合器。孔板混合器的构造如图 4-10 所示。水泵压水管内设有孔板,将药剂直接投入其中,借助管中流速进行混合。

混合器内的局部水头损失不小于 0.3~0.4 m。管内的流速不小于 1 m/s。投药点至末端出口处距离不小于 50 倍管道直径。

（3）扩散混合器。扩散混合器的构造如图 4-11 所示。扩散混合器是在管式孔板混合器前加装一个锥形帽，锥形帽夹角为 90°。孔板的开孔面积为进水管截面积的 3/4。混合器管节长度 ≥500 mm。孔板的流速采用 1.0~2.0 m/s。水流通过混合器的水头损失为 0.3~0.4 m。混合时间为 2~3 s。

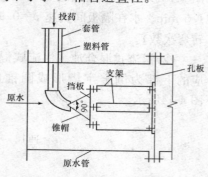

图 4-11　扩散混合器构造示意图

2. 水力混合

水力混合指的是消耗水体自身能量，通过流态变化以达到混合目的的过程。

（1）隔板混合池。隔板混合池构造如图 4-12 所示。隔板混合池一般为设有三块隔板的窄长形水槽，两道隔板间间距为槽宽的 2 倍。最后一道隔板后的槽中水深不小于 0.4~0.5 m，该处槽中流速为 0.6 m/s。缝隙处的流速 v 为 1 m/s。每个缝隙处的水头损失为 $0.13v^2$；一般总水头损失为 0.39 m。为了避免进入空气，缝隙必须具有 100~150 mm 的淹没水深。

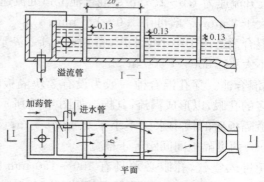

图 4-12　隔板混合池构造示意图

　　来回隔板混合池适用于水量大于 30 000 m³/d 的水厂。其构造如图 4-13 所示。隔板数为 6～7 块，间距不小于 0.7 m，停留时间为 1.5 min。水在隔板间流速 $v=0.9$ m/s。总水头损失为 0.15v^2s（s 为转弯次数）。

　　（2）涡流式混合池。涡流式混合池平面为正方形或圆形，与之对应的下部为倒金字塔形或圆锥形，中心角为 30°～45°，其构造如图 4-14 所示。

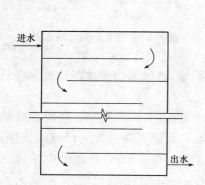

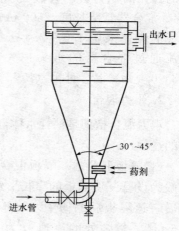

图 4-13　来回隔板混合池构造示意图　　　图 4-14　涡流式混合池构造示意图

　　进口处上升流速为 1.0～1.5 m/s，混合池上口处流速为 25 mm/s。停留时间不大于 2 min，一般可用 1.0～1.5 min。

　　涡流式混合池适用于中小型水厂，特别适合于石灰乳的混合。单池处理能力不大于 1 200～1 500 m³/h。

　　（3）穿孔混合池。穿孔混合池一般为设有 3 块隔板的矩形水池，隔板上有较多的孔眼，以形成涡流，其构造如图 4-15 所示。

　　最后一道隔板后的槽中水深不小于 0.4～0.5 m，该槽中水流速度为 0.6 m/s。两道隔板间间距等于槽宽。

　　为了避免进入空气，孔眼必须具有 100～150 mm 的淹没水深。孔眼的直径 $d=20～120$ mm，孔眼间间距为（1.5～2.0）d，流速为1.0 m/s。

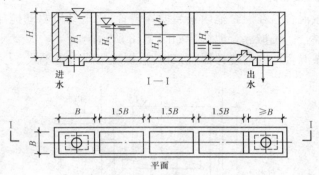

图 4-15 穿孔混合池构造示意图

穿孔混合池适用于 1 000 m³/h 以下的水厂,不适用于石灰乳或其他有较大渣子的药剂混合,以免孔口被堵塞。

(4)跌水混合池。跌水混合是利用水流在跌水过程中产生的巨大冲击达到混合的效果。跌水混合池的构造为在混合池的输水管上加装一活动套管,混合的最佳效果可以由调节活动套管的高低来达到,如图 4-16 所示。

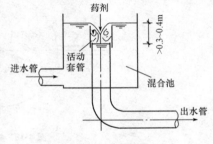

图 4-16 跌水混合池

套管内外水位差至少 0.3～0.4 m,最大不超过 1 m。

(5)水跃式混合池。水跃式混合适用于有较多水头的大中型水厂,利用 3 m/s 的流速迅速流下时所产生的水跃进行混合。水头差至少要在 0.5 m 以上,其构造如图 4-17 所示。

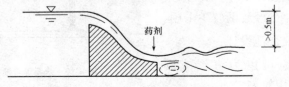

图 4-17 水跃式混合池构造示意图

3. 机械混合

机械混合是在混合池内安装搅拌装置,用电动机驱动搅拌器使水和药剂混合。机械混合池构造如图 4-18 所示。

机械混合池内的搅拌器有桨板式、螺旋桨式或透平式。

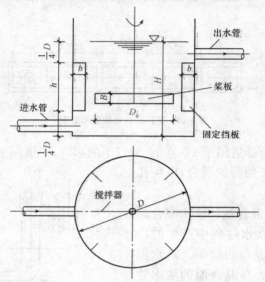

图 4-18　机械混合池

4. 水泵混合

水泵混合是将药剂投加在取水泵吸水管或吸水喇叭口处,利用水泵叶轮产生的涡流达到混合的一种方式,水泵混合池构造如图 4-19 所示。水泵混合近几年已经逐渐较少采用。

(二)混合池设计

混合池可以为方形或圆形,方形应用较多。

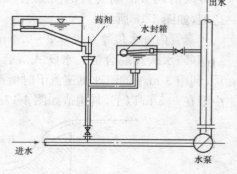

图 4-19　水泵混合池

1. 设计要点

(1)混合池池深与池宽之比为(1∶3)~(1∶4)。混合时间控制在10~60 s。G 值一般采用 500~1 000 s^{-1}。

(2)混合池可采用单格或多格串联。

(3)机械搅拌机一般采用立式安装,搅拌机轴中心适当偏离混合池的中心,可减少共同旋流。

1)桨板式搅拌器的直径 $D_0=(1/3~2/3)D$(D 为混合池直径);搅拌器宽度 $B=(0.1~0.25)D$。搅拌器离池底 $(0.5~0.75)D$。

2)当 $H∶D≤1.2~1.3$ 时,搅拌器设 1 层;当 $H∶D≥1.3$ 时,搅拌器可以设 2 层或多层,每层间距 $(1.0~1.5)D$。

3)为避免产生共同旋流,混合池中可设置四块竖直挡板,每块宽度采用 $(1/10~1/12)D$。其上、下缘离水面和池底均为 $(1/4)D$。

2. 设计计算公式

设计计算公式如下:

(1)混合池容积。

$$V=\frac{QT}{3\ 600n}$$

式中　V——混合池容积,m^3;

　　　Q——设计流量,m^3/h;

　　　T——混合时间,s;一般为 10~60 s;

　　　n——混合池个数。

(2)垂直轴转速。

$$n_0=\frac{60v}{\pi D_0}$$

式中　n_0——垂直轴转速,r/min;

　　　v——桨板外缘线速度,m/s;一般采用 1.5~3.0 m/s;

　　　D_0——搅拌器直径,m。

(3)需要轴功率。

$$N_1=\frac{\mu V G^2}{1\ 000}$$

式中　N_1——需要轴功率,kW;

　　μ——水的动力黏度,$N \cdot s/m^2$。

　　V——同前;

　　G——设计流速梯度,s^{-1},一般采用 $500 \sim 1\,000\ s^{-1}$。

(4)计算的轴功率。

$$N_2 = C \frac{\rho \omega^3 ZeBR_0^4}{408g}$$

式中　N_2——计算轴功率,kW;

　　　　ρ——水的密度,$1\,000\ kg/m^3$。

　　　　ω——旋转的角速度,rad/s;

　　　　Z——搅拌器叶数。

　　　　e——搅拌器层数;

　　　　B——搅拌器宽度,m;

　　　　R_0——搅拌器半径,m;

　　　　C——阻力系数,$0.2 \sim 0.5$ 调整,使 N_1 与 N_2 相差甚大,则需改用推进式搅拌器。

(5)电动机功率。

$$N_3 = \frac{N_2}{\sum \eta_m}$$

式中　N_3——电动机功率,kW;

　　　　N_2——同前;

　　　$\sum \eta_m$——传动机械效率,一般取 0.85。

(三)混合设施运行管理

1. 运行

(1)药水药剂投入净化水中要求快速混合均匀,药剂投加点一定要在净化水流速最大处。

(2)混合设施运行负荷的变化,不宜超过设计值的 15%。所以混合设施在设计中考虑负荷运行的措施是十分必要的。

(3)混合池要及时排泥。

2. 维护

(1)日常保养。主要是做好环境的清洁工作。采用机械混合的装置,应每日检查电机、变速箱、搅拌桨板的运行状况,加注润滑油,做好清洁工作。

(2)定期维护。机械、电气设备应每月检查修理一次;机械、电气设备、隔板、网格、静态混合器每年检查一次,解体检修或更换部件;金属部件每年油漆保养一次。

五、絮凝

絮凝指的是悬浮于水中的细颗粒泥沙因分子力作用凝聚成絮团状集合体的现象。

为了达到完善的絮凝效果,在絮凝过程中要给水流适当的能量,增加颗粒碰撞的机会,并且不使已经形成的絮粒破坏。絮凝过程需要足够的反应时间。

在水处理构筑物中絮凝池是完成絮凝过程的设备,它接在混合池后面,是混凝过程的最终设备。通常与沉淀池合建。

(一)絮凝方式

絮凝方式可以按照能量的输入方式不同,大致分为水力絮凝和机械搅拌絮凝两类。

1. 水力絮凝

水力絮凝是利用水流自身的能量,通过流动过程中的阻力给液体输入能量。其水力式搅拌强度随水量的减小而变弱。目前,水力絮凝的形式主要有隔板絮凝、折板絮凝、网格絮凝和穿孔旋流絮凝。相应的构筑物为隔板絮凝池、折板絮凝池、网格絮凝池。

(1)隔板絮凝池。隔板絮凝池指的是水流以一定流速在隔板之间通过而完成絮凝过程的构筑物。

隔板絮凝池通常用于大中型水厂,因为水量过小时,隔板间距过狭不便施工和维修。

隔板絮凝池优点是构造简单,管理方便。缺点是流量变化大者,絮凝效果不稳定,与折板及网格式絮凝池相比,因水利条件不甚理想,能量消耗(即水头损失)中的无效部分比例较大故需较长絮凝时间,池子容积较大。

（2）折板絮凝池。折板絮凝池指的是水流以一定流速在折板之间通过而完成絮凝过程的构筑物。

按照水流方向可将折板絮凝池分为竖流式和平流式。

根据折板布置方式不同又分为同波折板和异波折板两种形式。

按水流通过折板间隙数，又分为单通道和多通道。

（3）网格絮凝池。网格絮凝池，又名栅条絮凝池，指的是在沿流程一定距离的过水断面中设置栅条或网格，通过栅条或网格的能量消耗完成絮凝过程的构筑物。

2. 机械絮凝

机械絮凝是通过电机或其他动力带动叶片进行搅动，使水流产生一定的速度梯度。絮凝过程不消耗水流自身的能量，其机械搅拌强度可以随水量的变化进行相应的调节。

机械絮凝池指的是通过机械带动叶片而使液体搅动以完成絮凝过程的构筑物。目前主要采用的是桨板式搅拌器的絮凝池，搅拌轴有水平式和垂直式两种，其结构如图 4-20 所示。

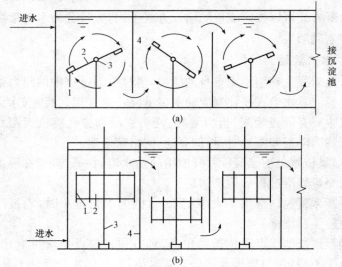

图 4-20 机械絮凝池结构示意图
（a）水平轴机械絮凝池；（b）垂直轴机械絮凝池
1—桨板；2—叶轮；3—旋转轴；4—隔墙

(二)絮凝池设计

1. 隔板絮凝池设计

(1)设计要点。

1)絮凝池一般不少于2格或分成2格。

2)絮凝池廊道中的流速,起端为 0.6～0.5 m/s,末端为 0.3～0.2 m/s,一般分为4～6段确定各段的流速,流速逐渐由大到小变化。转弯处过水断面积为廊道过水断面积的 1.2～1.5 倍。

3)为方便施工与维护,隔板间净距一般应大于 0.5 m。当采用活动隔板时,间距可以适当减小。

4)絮凝池应有 2‰～3‰的底坡,坡向排泥口,排泥管直径大于 150 mm。

5)絮凝时间一般为 20～30 min。

6)速度梯度取决于原水水质条件,一般由 50～70 s^{-1} 降低至 10～20 s^{-1},GT 值需要达到 10^4～10^5。

7)一般往复式隔板絮凝池的总水头损失为 0.3～0.5 m,回转式隔板絮凝池的总水头损失为 0.2～0.35 m。

(2)设计计算公式。

1)絮凝池容积。

$$V = \frac{QT}{60}$$

式中　V——絮凝池容积,m^3;

　　　Q——设计流量,m^3/h;

　　　T——絮凝时间,min。

2)单池平面面积。

$$F = \frac{V}{n\,H_1} + f$$

式中　F——单池平面面积,m^2;

　　　V——絮凝池容积,m^3;

　　　H_1——平均水深,m;

　　　n——池数,个;

　　　f——单池隔板所占面积,m^2。

3）池长。

$$L = \frac{F}{B}$$

式中　L——池长，m；

　　　F——单池平面面积，m²；

　　　B——池子宽度，一般与沉淀池等宽，m。

4）隔板间距。

$$a = \frac{Q}{3\,600 n v_n H_1}$$

式中　a——隔板间距，m；

　　　Q——设计流量，m³/h；

　　　v_n——隔板间流速，m/s；

　　　H_1——平均水深，m。

5）各段水头损失与总损失。

$$h_n = \varepsilon S_n \frac{v_0^2}{2g} + \frac{v_n^2}{C_n^2 R_n} L_n$$

$$h = \sum h_n$$

式中　h_n——各段水头损失，m；

　　　S_n——该段廊道内水流转弯次数；

　　　ε——转弯处局部阻力系数，往复式隔板为 3.0，回转式隔板为 1.0；

　　　v_0——该段转弯处的平均流速，m/s；

　　　v_n——隔板间流速，m/s；

　　　C_n——流速系数；

　　　R_n——廊道断面的水力半径，m；

　　　L_n——该段的廊道总长度，m。

6）平均速度梯度。

$$G = \sqrt{\frac{\gamma h}{60 \mu T}}$$

式中　G——平均速度梯度，s⁻¹；

γ——水的密度,1 000 kg/m³;

μ——水的动力黏度,kg·s/m²;

T——絮凝时间,min;

h——总水头损失,m。

2. 折板絮凝池设计

(1)设计要点。

1)絮凝时间一般为 6~15 min。

2)折板通常采用平板,夹角有 90°和 120°。相对折板峰高为 0.3~0.4 m,平行折板间距为 0.3~0.6 m。折板宽度为 0.5~0.6 m,长度为 0.8~2.0 m。

3)絮凝过程中的流速逐渐降低,隔板间距逐步增大。分段数一般不少于 3 段。各段的流速见表 4-3。

表 4-3　平板的设计参数

项目	前段	中段	末段
流速(m/s)	0.25~0.35	0.15~0.25	0.05~0.15
上下转弯和过水孔洞流速(m/s)	0.3	0.2	小于 0.1
$G(s^{-1})$	60~100	30~50	15~25
$T(s)$	120~150	120~150	120~150

4)波纹板适用于小水厂,波长为 131 mm,波高为 33 mm。波纹板的间距及流速见表 4-4。

表 4-4　波纹板设计参数

项目	前段	中段	末段	项目	前段	中段	末段
间距(mm)	100	150	200	$G(s^{-1})$	84~150	40~80	20~40
流速(m/s)	0.12~0.18	0.09~0.14	0.08~0.12	$T(s)$	136~216	136~216	136~216

(2)设计计算公式。

设折板反应池的前段为相对折板,中段为平行折板,末段为平行直板。折板絮凝池的水头损失计算公式如下:

1)相对折板水头损失。

$$\sum h = n(h_1 + h_2) + \sum h_i$$

$$h_1 = 0.5 \frac{v_1^2 - v_2^2}{2g}$$

$$h_2 = \left[1 + 0.1 - \left(\frac{F_1}{F_2}\right)^2\right]\frac{V_1^2}{2g}$$

$$h_i = \varepsilon \frac{v_0^2}{2g}$$

式中　　$\sum h$——相对折板总水头损失,m;

　　　　h_1——渐放段水头损失,m;

　　　　h_2——渐缩段水头损失,m;

　　　　n——折板水流收缩和放大次数;

　　　　h_i——转弯或孔洞的水头损失,m;

　　　　v_1——峰处流速,0.25～0.35 m/s;

　　　　v_2——谷处流速,0.1～0.15 m/s;

　　　　F_1——相对峰的断面积,m²;

　　　　F_2——相对谷的断面积,m²;

　　　　v_0——转弯或孔洞处流速, m/s;

　　　　ε——转弯或孔洞的阻力系数,上转弯 $\varepsilon=1.8$,下转弯或孔洞 $\varepsilon=3.0$。

2)平行折板水头损失。

$$\sum h = nh + \sum h_i$$

$$h = 0.6 \frac{v^2}{2g}$$

式中　　$\sum h$——平行折板总水头损失,m;

　　　　h——折板水头损失,m;

　　　　n——90°转弯次数;

　　　　h_i——同相对折板。

3)平行直板水头损失。

$$\sum h = nh$$

$$h = 3\frac{v^2}{2g}$$

式中 $\sum h$ ——180°转弯次数的总水头损失,m;

   h ——转弯水头损失,m;

   v ——平均流速,0.05~0.1 m/s。

4)波纹板的水头损失。

$$h = \lambda \frac{L}{b}\frac{v^2}{2g}$$

$$h_0 = 10\frac{v_0^2}{2g}$$

式中 h ——波纹板中水流水头损失,m;

   L ——沿水流方向波纹板的直段长度,m;

   b ——波纹板间距,m;

   λ ——阻力系数,板距 100 mm 时为 0.62,板距 150 mm 时为 0.60;

   v ——波纹板间平均流速,m/s;

   h_0 ——转弯处水头损失,m;

   v_0 ——转弯处流速,m/s。

3. 网格絮凝池

(1)设计要点。絮凝池宜与沉淀池合建,一般布置成两组或多组并联形式。单池的处理水量为 10 000~25 000 m³/d。原水水温为 4.0~34.0 ℃,浊度为 25~2 500 NTU。

1)网格材料可以采用木材、扁钢、铸铁或水泥预制件。

2)池底可设长度小于 5 m,直径为 150~200 mm 的穿孔排泥管或单斗排泥。

3)其他主要设计参数见表 4-5。

表 4-5　网络絮凝池主要设计参数

絮凝池分段	网格孔眼尺寸(mm×mm)	板条宽度(mm)	竖井平均流速(m/s)	过网流速(m/s)	竖井之间孔洞流速(m/s)	网格构件层距(cm)	设计絮凝时间(min)	速度梯度(s⁻¹)
前段(安放密网格)	80×80	35	0.12~0.14	0.25~0.30	0.30~0.20	60~70(≥16层)	3~5	70~100
中段(安放疏网格)	100×100	35	0.12~0.14	0.22~0.25	0.20~0.15	60~70(≥8层)	3~5	40~50
末段(不安放网格)			0.10~0.14		0.10~0.14		4~5	10~20

（2）设计计算公式。

1）絮凝池体积。

$$V=QT/60$$

式中　V——絮凝池体积，m^3；

　　　Q——流量，m^3/h；

　　　T——絮凝时间，一般为 10~15 min。

其他符号意义同前。

2）絮凝池面积。

$$A=\frac{V}{H'}$$

式中　A——絮凝池面积，m^2；

　　　H'——有效水深，m，与水平沉淀池配套时，池高可采用 3.0~3.4 m，

　　　　　　与斜管沉淀池配套时可采用 4.2 m。

其他符号意义同前。

3）池高。

$$H=H'+0.3$$

H——絮凝池高，m。

其他符号意义同前。

4）分格面积。

$$f = \frac{Q}{v_0}$$

式中 f——絮凝池分格面积，m^2；

v_0——竖井流速，m/s。

其他符号意义同前。

5）分格数。

$$n = \frac{A}{f}$$

式中 n——分格数。

其他符号意义同前。

6）竖井之间孔洞面积。

$$A_2 = \frac{Q}{v_2}$$

式中 A_2——竖井之间孔洞面积，m^2；

v_2——各段孔洞流速，m/s。

其他符号意义同前。

7）絮凝池总水头损失。

$$h = \sum h_1 + \sum h_2$$

$$h_1 = \varepsilon_1 \frac{v_1^2}{2g}$$

$$h_2 = \varepsilon_2 \frac{v_2^2}{2g}$$

式中 h_1——每层网格水头损失，m；

h_2——每个孔洞水头损失，m；

v_1——各段过网流速，m/s；

ε_1——网格阻力系数，前段取 1.0，中断取 0.9；

ε_2——孔洞阻力系数，取 3.0；

v_2——过孔洞流速，m/s。

4. 机械絮凝池

（1）设计要点。

1）絮凝池一般不少于 2 组。每组絮凝池内一般放 3～6 挡搅拌机。各挡搅拌机之间用隔墙分开,隔墙上、下交错开孔。

2)絮凝时间为 15~20 min。

3)机械絮凝池的深度一般为 3~4 m。

4)叶轮桨板中心处的线速度一般由第一挡 0.4~0.5 m/s 逐渐减小,最后一挡为 0.1~0.2 m/s。各挡搅拌速度梯度值 G 一般取20~30s^{-1}。

5)每一搅拌轴上的桨板总面积为絮凝池水流断面的 10%~20%。每块桨板的长度不大于叶轮直径的 75%,宽度一般为 100~300 mm。

6)垂直搅拌轴设于絮凝池的中间,上桨板顶端设在水面下 0.3 m 处,下桨板底端设于池底 0.3~0.5 m 处,桨板外缘距离池壁小于 0.25 m。为避免产生水流短路,应设置固定挡板。

7)水平搅拌轴设于池身一半处,搅拌机上的桨板直径小于池水深 0.3 m,桨板的末端距池壁不大于 0.2 m。

(2)设计计算公式。

1)每个池的容积。

$$V=\frac{QT}{60n}$$

式中　V——每个池的容积,m³;

　　　Q——设计流量,m³/h;

　　　T——絮凝时间,min;

　　　n——池数,个。

2)水平轴式池子的长度。

$$L\geqslant \alpha ZH$$

式中　L——池长,m;

　　　α——系数,一般为 1.0~1.5;

　　　Z——搅拌轴排数,一般为 3~4;

　　　H——平均水深,m。

3)池的宽度。

$$B=\frac{V}{LH}$$

式中 *B*——池的宽度,m。

其他符号意义同前。

4)搅拌器转数。

$$n_0 = \frac{60v}{\pi D_0}$$

式中 n_0——搅拌器转数,r/min;

v——叶轮桨板中心点线速度,m/s;

D_0——叶轮桨板中心点旋转直径,m。

5)叶轮转动角速度。

$$\omega = 0.1 \, n_0$$

式中 ω——叶轮转动角速度,rad/s。

其他符号意义同前。

6)搅拌功率。

$$N = 0.17 YL\omega^3 (r_2^4 - r_1^4)$$

式中 *N*——搅拌功率,kW;

Y——同一搅拌机上的桨板数,个;

L——桨板长度,m;

r_2——搅拌机的桨板外缘半径,m;

r_1——搅拌机的桨板内缘半径,m。

其他符号意义同前。

7)电动机功率。

$$N_0 = \frac{N}{\eta}$$

式中 N_0——电动机功率,kW;

η——搅拌机的传动功率,0.5~0.8。

其他符号意义同前。

5. 絮凝池设计计算实例

【例 4-2】 设计水量为 32 100 m³/d(包括自用水量),设计往复式隔板絮凝池。

【解】 絮凝池设 1 只,设计流量为 1337.5 m³/h。

絮凝时间 $T=20$ min，絮凝池有效容积：

$$V=QT/60=1\ 337.5\times20/60=445.8\ \text{m}^3$$

池内平均水深 $H_1=1.94$ m，池高 $H_2=0.3$ m，每池净平面积：

$$F'=V/H_1=445.8/1.94=229.8\ \text{m}^2$$

每池净平面积取 230 m²。

池宽按照沉淀池的宽度 B 采用 12.6 m（图 4-21）。

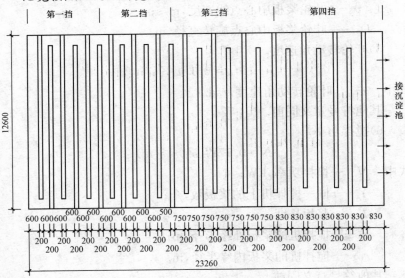

图 4-21　往复式隔板絮凝池（单位：mm）

池长（隔板间净距之和）：

$$L'=230/12.6=18.25\ \text{m}$$

廊道内流速采用 4 挡：

$$v_1=0.5\ \text{m/s},\ v_2=0.4\ \text{m/s},\ v_3=0.25\ \text{m/s},\ v_4=0.15\ \text{m/s}$$

隔板间距分成 4 挡，第一挡隔板间距为：

$$a_1=Q/(3\ 600v_1H_1)=1\ 337.5/(3\ 600\times0.5\times1.94)=0.38\ \text{m}<$$

0.5 m（不合适）

取 $a_1=0.6$，则水深 h_1 为 1.24 m。

按照上述计算得：

$$a_2 = 0.6 \text{ m}, \ h_2 = 1.55 \text{ m};$$
$$a_3 = 0.75 \text{ m}, \ h_3 = 1.98 \text{ m};$$
$$a_4 = 0.83 \text{ m}; \ h_4 = 2.98 \text{ m}$$

第一挡间隔采用 6 条，第二挡间隔采用 6 条，第三挡间隔采用 7 条，第四挡间隔采用 6 条。水流转弯 25 次。隔板厚 0.2 m，池子总长：

$$L = 18.25 + 0.2 \times (25 - 1) = 23.05 \text{ m}$$

水头损失计算：

絮凝池采用钢筋混凝土及砖组合结构，外用水泥砂浆抹面，粗糙系数 $n = 0.013$。按照廊道内分为 4 段计算，第一段：

$$R_1 = \frac{a_1 h_1}{a_1 + 2h_1} = \frac{0.6 \times 1.24}{0.6 + 2 \times 1.24} = 0.24 \text{ m}$$

$$y_1 = 2.5\sqrt{n} - 0.13 - 0.75\sqrt{R_1}(\sqrt{n} - 0.10)$$
$$= 2.5\sqrt{0.013} - 0.13 - 0.75\sqrt{0.24}(\sqrt{0.013} - 0.10) = 0.15$$

$$C_1 = \frac{R_1^{y_1}}{n} = \frac{0.24^{0.15}}{0.013} = 62.10$$

转弯次数 $S_1 = 6$，廊道长度 $L_1 = 6B = 75.6$ m，转弯处过水断面积为廊道过水断面积的 1.2 倍。

$$h_1 = \xi S_n \frac{v_0^2}{2g} + \frac{v_1^2}{C_1^2 R_1} L_1$$
$$= 3 \times 6 \times \frac{(0.5 \div 1.2)^2}{2 \times 9.81} + \frac{0.5^2}{62.10^2 \times 0.24} \times 75.6 = 0.180 \text{ m}$$

各段水头损失损失结果见表 4-6。

表 4-6 各段水头损失计算

段数	S_n	L_n	R_n	v_v	v_n	C_n	h_n
1	6	75.6	0.24	0.417	0.5	62.10	0.180
2	6	75.6	0.25	0.333	0.4	62.48	0.115
3	7	88.2	0.32	0.208	0.25	64.84	0.051
4	6	75.6	0.36	0.125	0.15	65.99	0.015
						$h = \sum h_n = 0.361$ m	

GT 值计算：

$$G=\sqrt{\frac{\gamma h}{60\mu T}}=\sqrt{\frac{1\,000\times0.361}{60\times1.029\times10^{-4}\times20}}=54.07\ \text{s}^{-1}$$

$$GT=54.07\times20\times60=64\,884(符合范围)$$

池底坡度：

$$i=0.361/23.05=1.57\%$$

(三)絮凝设施运行管理

1. 运行

(1)絮凝设施运行负荷的变化,不宜超过设计值的 15％。所以絮凝设施在设计中考虑负荷运行的措施是十分必要的。

(2)对经投药后的絮凝水体水样,注意观察出口絮体情况,应达到水体中絮体与水的分离度大,絮体大而均匀,且密度大。

(3)絮凝池出口絮体形成不好时,要及时调整加药量。最好能调整混合、絮凝的运行参数。

(4)絮凝池要及时排泥。

2. 维护

(1)日常保养。主要是做好环境的清洁工作。

(2)定期维护。机械、电气设备应每月检查修理一次;机械、电气设备、隔板、网格、静态混合器每年检查一次,解体检修或更换部件;金属部件每年油漆保养一次。

第二节　沉淀与澄清

一、沉淀

水中固体颗粒依靠重力作用,从水中分离出来的过程称为沉淀。

(一)沉淀方式

1. 自由沉淀

单个颗粒在无边际水体中沉淀,其下沉的过程颗粒互不干扰,且不受器皿壁的干扰,下沉过程中颗粒的大小、形状、密度保持不变,经过一段时间后,沉速也不变。

2. 絮凝沉淀

在沉淀的过程,颗粒由于相互接触絮聚而改变大小、形状、密度,并且随着沉淀深度和时间的增长,沉速也越来越快,絮凝沉淀由凝聚性颗粒产生。

3. 拥挤沉淀

当水中含有的凝聚性颗粒或非凝聚性颗粒的浓度增加到一定值后,大量颗粒在有限水体中下沉时,被排斥的水便有一定的上升速度,使颗粒所受的摩擦阻力增加,颗粒处于相互干扰状态,此过程称为拥挤沉淀。

(二)沉淀池形式

用于沉淀的构筑物称为沉淀池。沉淀池的形式如下:

1. 平流式沉淀池

平流式沉淀池池体平面为矩形,进口和出口分设在池长的两端。池的长宽比不小于4,有效水深一般不超过3 m。平流式沉淀池沉淀效果好,使用较广泛,但占地面积大。常用于处理水量大于15 000 m³/d的污水处理厂。

平流式沉淀池由进、出水口、水流部分和污泥斗三个部分组成。池体平面为矩形,进出口分别设在池子的两端,进口一般采用淹没进水孔,水由进水渠通过均匀分布的进水孔流入池体,进水孔后设有挡板,使水流均匀地分布在整个池宽的横断面;出口多采用溢流堰,以保证沉淀后的澄清水可沿池宽均匀地流入出水渠。堰前设浮渣槽和挡板以截留水面浮渣。水流部分是池的主体,池宽和池深要保证水流沿池的过水断面布水均匀,依设计流速缓慢而稳定地流过。污泥斗用来积聚沉淀下来的污泥,多设在池前部的池底以下,斗底有排泥管,定期排泥。

2. 辐流式沉淀池

辐流式沉淀池池体多采用平面圆形,也有方形的。直径(或边长)

6～60 m,最大可达 100 m,池周水深 1.5～3.0 m,池底坡度不宜小于 0.05,废水自池中心进水管进入池,沿半径方向向池周缓缓流动。悬浮物在流动中沉降,并沿池底坡度进入污泥斗,澄清水从池周溢流出水渠。辐流式沉淀池多采用回转式刮泥机收集污泥,刮泥机刮板将沉至池底的污泥刮至池中心的污泥斗,再借重力或污泥泵排走。为了刮泥机的排泥要求,辐流式沉淀池的池底坡度平缓。

辐流式沉淀池的优点是采用机械排泥,运行较好,设备较简单,排泥设备已有定型产品,沉淀性效果好,日处理量大,对水体搅动小,有利于悬浮物的去除;缺点是池水水流速度不稳定,受进水影响较大;底部刮泥、排泥设备复杂,对施工单位的要求高,占地面积较其他沉淀池大。

辐流式沉淀池一般适用于大、中型污水处理厂,原水含沙量较大时做预沉池。

3. 斜管(板)沉淀池

斜管(板)沉淀池是一种在沉淀池内装置许多间隔较小的平行倾斜板或直径小的平行倾斜管的新型沉淀池。

其优点是:

(1)利用了层流原理,提高了沉淀池的处理能力;

(2)缩短了颗粒沉降距离,从而缩短了沉淀时间;

(3)增加了沉淀池的沉淀面积,从而提高了处理效率。

缺点是:耗用材料较多,价格高;排泥困难。

这种类型沉淀池的过流率可达 36 m³/(m² · h),比一般沉淀池的处理能力高出 7～10 倍,是一种新型高效沉淀设备。适用于大中型净水厂。

(三)理想沉淀池特性分析

1. 非凝聚性颗粒的沉淀过程分析

理想沉淀池的基本假设:

(1)颗粒处于自由沉淀状态,颗粒的沉速始终不变。

(2)水流沿水平方向流动,在过水断面上,各点流速相等,并在流动过程中流速始终不变。

（3）颗粒沉到底就被认为去除，不再返回水流中。

理想沉淀池的工作情况如图 4-22 所示。

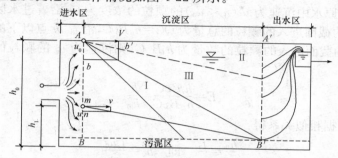

图 4-22 理想沉淀池工作情况

原水进入沉淀池，在进水区被均匀分配在 $A\text{-}B$ 截面上，其水平流速为：

$$v = \frac{Q}{h_0 B} \tag{4-2}$$

式中，Q 为水流量；B 为水深。

考察顶点，流线Ⅲ：正好有一个沉降速度为 u_0 的颗粒从池顶沉淀到池底，称为截留速度。

$u \geqslant u_0$ 的颗粒可以全部去除，$u < u_0$ 的颗粒只能部分去除。

对用直线Ⅲ代表的一类颗粒而言，流速与沉淀时间有关。

$$t = \frac{L}{v} \tag{4-3}$$

$$t = \frac{h_0}{u_0} \tag{4-4}$$

令式(4-3)与式(4-4)相等，代入式(4-2)得：

$$u_0 = \frac{Q}{LB} \tag{4-5}$$

即

$$u_0 = \frac{Q}{A} \tag{4-6}$$

其中，L 为沉淀池池长；A 为沉淀池表面积。$\dfrac{Q}{A}$ 一般称为"表面负荷"或"溢流率"。表面负荷在数值上等于截留速度，但含义不同。

设原水中沉速为 $u_i(u_i < u_0)$ 的颗粒的浓度为 C，沿着进水区高度为 h_0 的截面进入的颗粒的总量为 $QC = h_0 BvC$，沿着 m 点以下的高度为 h_i 的截面进入的颗粒的数量为 $h_i BvC$，则沉速为 u_i 的颗粒的去除率为：

$$E = \frac{h_i BvC}{h_0 BvC} = \frac{h_i}{h_0} \tag{4-7}$$

根据相似关系得：

$$\frac{h_0}{u_0} = \frac{L}{v} \quad 即 \quad h_0 = \frac{Lu_0}{v} \tag{4-8}$$

同理得：

$$h_i = \frac{Lu_i}{v} \tag{4-9}$$

将式(4-8)和式(4-9)代入式(4-7)得特定颗粒去除率：

$$E = \frac{u_i}{u_0} \tag{4-10}$$

将式(4-6)代入式(4-10)得：

$$E = \frac{u_i}{u_0} = \frac{u_i}{Q/A} \tag{4-11}$$

2. 理想沉淀池理论

由上式可知，颗粒在理想沉淀池的沉淀效率只与表面负荷有关，而与其他因素(如水深、池长、水平流速、沉淀时间)无关。

(1)E 一定，u_i 越大，表面负荷越大，或 Q 不变但 E 增大。与混凝效果有关，应重视加强混凝工艺。

(2)u_i 一定，增大 A，可以增加产水量 Q 或增大 E。当容积一定时，增加 A，可以降低水深。

3. 理想沉淀池的总去除率

所有能够在沉淀池中去除的，沉速小于 u_0 的颗粒的去除率为：

$$p = \int_0^{p_0} \frac{u_i}{u_0} \mathrm{d}p_i$$

沉速大于和等于 u_0 的颗粒全部下沉去除率为 $(1-p_0)$，因此理想沉淀池的总去除率为：

$$p = (1-p_0) + \int_0^{p_0} \frac{u_i}{u_0} \mathrm{d}p_i$$

式中　p_0——沉速小于 u_0 的颗粒重量占所有颗粒重量的百分率。

(四)沉淀池设计

1. 平流式沉淀池

(1)设计要点。

1)池数或分格数一般不少于 2 个。

2)沉淀时间应根据水质情况确定，一般为 1～3 h，处理低温低浊水或高浊度水时，应适当延长沉淀时间。

3)池内平均水平流速一般为 10～25 mm/s。

4)有效水深一般为 3.0～3.5 m。

5)池的长宽比应不小于 4：1，每格宽度或导流墙间距一般采用 3～9 m，最大 15 m。当采用机械排泥时，池子分格宽度应结合机械桁架的宽度(按系列设计标准跨度为 4 m，6 m，8 m，10 m，12 m，14 m，16 m，18 m，20 m)而定。

6)池的长深比应不小于 10：1。采用吸泥机排泥时，池底为平坡。

7)平流沉淀池宜采用穿孔墙配水和溢流堰集水，溢流率一般小于 500 m³/(m·d)。

8)泄空时间一般不超过 6 h。

9)弗劳德数一般控制在 10^{-4}～10^{-5}，Re 一般为 4 000～15 000，应注意隔墙设置，以减少水力半径，降低 Re。

(2)设计计算。设计平流式沉淀池的主要控制指标是表面负荷或停留时间。其计算方法大致有两种：

1)按沉淀时间和水平流速计算；

2)按表面负荷计算。

我国在平流沉淀池的设计与运行方面已积累了大量经验和资料，一般采用按沉淀时间和水平流速计算的方法。

2. 辐流式沉淀池

辐流式沉淀池的设计要求如下：

(1)池子直径(或正方形池的一边)与有效水深之比一般应为6～12。

(2)池子直径应不小于 16 m。

(3)池底坡度一般采用 0.05。

(4)进、出水的布置方式有中心进水、周边出水;周边进水、中心出水;周边进水、周边出水三种方式可供选择。

(5)在中心进水口的周围应设置整流板,整流板上的开孔面积为池断面积的 10%～20%。

(6)周边进水中心出水的辐流式沉淀池设计表面负荷可比中心进水周边出水辐流式沉淀池的负荷提高 1 倍左右。

(7)辐流式沉淀池多采用机械刮泥,有的同时附有空气提升或净水头排泥的设施。

(8)池子直径(或正方形的一边)小于 20 m 时,也可采用多斗式水力排泥。

(9)刮泥机的传动方式随池径不同可分为以下两类:

1)池径小于 20 m 时,采用中心传动的方式;

2)池径大于 20 m 时,采用周边传动方式。

(10)刮泥机的旋转速度一般为 1～3 r/h(即相当于 0.02～0.05 r/min),池外周处刮泥板的线速度不超过 3 m/min,一般采用 1.5 m/min。

(11)池子出水堰前应设浮渣挡板以防浮渣随水带出,可在刮泥机一侧附加浮渣刮板,将浮渣刮入集渣箱排出。

3. 斜管(板)沉淀池

(1)设计要点。

1)斜管断面一般采用蜂窝六角形,内径一般采用 25～35 mm,斜管长度一般为 800～1 000 mm。

2)斜管水平倾角常采用 60°。

3)清水区高度不宜小于 1.0 m。

　　4)布水区高度不宜小于 1.5 m。为使布水均匀,出口处应设整流措施。

　　5)积泥区高度应根据沉淀污泥量、浓缩程度和排泥方式等确定。

　　6)出水集水系统可采用穿孔管或穿孔集水槽。

　　7)表面负荷应按相似条件下的运行经验确定,一般可采用 9.0～11.0 m³/(m²·h)。

　　(2)设计计算。

　　斜管沉淀池表面负荷是一个重要参数,可表示为

$$q=\frac{Q}{F}$$

式中　　Q——沉淀池设计流量,m³/h;

　　　　F——沉淀池清水区表面积,m²。

　　斜管沉淀池表面负荷一般采用 9.0～11.0 m³/(m²/h)。

　　斜管内流速为:

$$v=\frac{Q}{F'\sin\theta}$$

式中　　Q——沉淀池的设计流量,m³/h;

　　　　F'——沉淀池斜管净出口表面积,m²;

　　　　θ——斜管水平倾角。

　　斜管沉淀池集水系统计算与其他沉淀池基本相同。

　　4. 沉淀池设计实例

　　【例 4-3】　水厂设计产水量 $Q=20\ 000$ m³/d,水厂自用水量按5%考虑。沉淀池个数采用 2 个,沉淀时间 $t=1.5$ h,池内水平均流速 $v=14$ mm/s。

　　【解】

　　按沉淀时间和水平流速计算

　　设计水量 $Q=20\ 000\times1.05=21\ 000$ m³/d$=875$ m³/h

　　单池容积 $W=\dfrac{Qt}{n}=\dfrac{875\times1.5}{2}=656.25$ m³

　　取单池容积为 658 m³

　　池长 $L=3.6vt=3.6\times14\times1.5=75.6$ m

取池长为 76 m

有效水深 $H=3$ m,超高采用 0.3 m,

池宽 $B=\dfrac{W}{LH}=\dfrac{658}{76\times 3}=2.89$ m

取池宽为 3 m

沉淀池水利条件复核

水力半径 $R=\dfrac{BH}{2H+B}=\dfrac{3\times 3}{2\times 3+3}=1$ m

弗劳德数 $Fr=\dfrac{v^2}{Rg}=\dfrac{0.014^2}{1\times 9.81}=2\times 10^{-5}$(在规定范围 $1\times 10^{-4}\sim$ 1×10^{-5})

(五)沉淀设施运行与维护管理

1. 运行管理

(1)必须严格控制运行水位,水位宜控制在允许最高运行水位和其下 0.5 m 之间,以保证满足设计各种参数的允许范围。

(2)平流沉淀池运行管理。

1)平流沉淀池必须做好排泥工作。采用排泥车排泥时,每日累计排泥时间不得少于 8 h,当出水浊度低于 8 NTU 时,可停止排泥;采用穿孔管排泥时,排泥频率每 4~8 h 一次,同时要保持快开阀的完好、灵活。无排泥设备的沉淀池,一般采取停池排泥,把池内水放空采用人工排泥,人工排泥一年至少应有 1~2 次,可在供水量较小期间利用晚间进行。

2)发现沉淀池内藻类大量繁殖,应采取投氯和其他除藻措施,防止藻类随沉淀池出水进入滤池。此外,应保持沉淀池内外清洁卫生。

3)沉淀池出水口应设立控制点,出水浊度宜控制在 8~10 NTU 以下。

4)运行人员必须掌握检验浊度的手段和方法,保证沉淀池出水浊度满足要求。

(3)斜板(管)沉淀池运行管理。

1)斜板(管)设置在平流式沉淀池中,效果最为显著,但仍存在着占地面积大的弊病。一些小城镇自来水厂常采用占地面积小的斜管沉淀池。

2)当采用聚氯乙烯蜂窝材质作斜管,在正式使用前,要先放水浸泡去除塑料板制造时添加剂中的铅、钡等。

3)严格控制沉淀池运行的流速、水位、停留时间。积泥泥位等参数不超过设计允许范围。上向流斜板(管)沉淀池的垂直上升流速,一般情况下可采用 $2.5\sim3.0$ mm/s。斜板与斜管比较,当上升流速小于 5 mm/s 时,两者净水效果相差不多;当上升流速大于 5 mm/s 时,斜管优于斜板。水在斜板(管)内停留时间一般为 $2\sim5$ min。

4)沉淀池的进水、出水、进水区、沉淀区、斜管的布置和安装、积泥区、出水区应符合设计和运行要求。安装时,应用尼龙绳把斜管体与下部支架或池体捆绑牢固,以防充水后浮起。除此外还要将斜板(管)与池壁的缝隙堵好,防止水流短路。

5)沉淀池适时排泥是斜管沉淀池正常运行的关键。穿孔管排泥或漏斗式排泥的快开阀必须保持灵活、完好,排泥管道畅通,排泥频率应在 $4\sim8$ h 一次,原水高浊期,排泥管径小于 200 mm 时,排泥频率酌情增加。运行人员应根据原水水质变化情况、池内积泥情况,积累排泥经验,适时排泥。

6)斜管沉淀池不得在不排泥或超负荷情况下运行。

7)斜管顶端管口、斜管管内积存的絮体泥渣,根据运行实际需要,应定期降低池内水位,露出斜管,用 $0.25\sim0.3$ MPa 的水枪水冲洗干净,以避免斜管堵塞和变形,造成沉淀池净水能力下降。

8)斜管沉淀池出水浊度为净水厂重点控制指标,出水浊度应控制在 $8\sim10$ NTU 以下,宜尽量增加出水浊度的检测次数。必须特别注意不间断地加注混凝剂和及时排泥,发现问题,及时采取补救措施。

9)在日照较长、水温较高地区,应加设遮阳屋(棚)盖等措施,以防藻类繁殖与减缓斜板管材质的老化。

2. 维护

(1)日常保养。

1)每日检查沉淀池进出水阀门、排泥阀、排泥机械运行状况,加注润滑油,进行相应保养。

2)检查排泥机械电气设备、传动部件、抽吸设备的运行状况并进行保养。

3)保持管道畅通,清洁地面、走道等。

(2)定期维护。

1)清刷沉淀池每年不少于两次,有排泥车的每年清刷一次。

2)排泥机械、电气设备,每月检修一次;排泥机械、阀门每年修理或更换部件一次;对池底、池壁每年检查修补一次;金属部件每年油漆一次。

3)斜管 3~5 年应进行修理,支撑框架和斜管局部更换。

二、澄清

澄清是利用原水中的颗粒和池中积聚的沉淀泥渣相互接触碰撞、混合、絮凝,形成絮凝体,与水分离,从而使原水得到澄清的过程。

(一)澄清的分类

澄清分为泥渣悬浮型和泥渣循环型两大类。

1. 泥渣悬浮型

泥渣悬浮型的工作原理,是絮粒既不沉淀也不上升,处于悬浮状态,当絮粒集结到一定厚度时,形成泥渣悬浮层。加药后的原水由下向上通过时,水中的杂质充分与泥渣层的絮粒接触碰撞,并且被吸附、过滤而被截流下来。此种类型的澄清池常用的有脉冲澄清池和悬浮澄清池。

2. 泥渣循环型

泥渣循环型澄清池是利用机械或水力的作用,部分沉淀泥渣循环回流增加和原水中的杂质接触碰撞和吸附的机会。泥渣一部分沉积到泥渣浓缩室,而大部分又被送到絮凝室重新工作,泥渣如此不断循环。泥渣循环借机械抽力造成的为机械搅拌澄清池;泥渣循环借水力抽升造成的为水力循环澄清池。

(二)澄清池类型

澄清池是将絮凝和沉淀综合在一个池内完成的净水构筑物。澄清池的优点是占地面积小,排泥方便,单位产水量的基建投资较平流式沉淀池低。缺点是对水量、水质、水温的变化较敏感,净化效果容易受这些因素的影响,排泥的耗水量较大。

澄清池的类型很多,常见的有机械搅拌澄清池、水力循环澄清池和脉冲澄清池。

1. 机械搅拌澄清池

利用机械使水提升和搅拌,促使泥渣循环,并使水中固体杂质与已形成的泥渣接触絮凝而分离沉淀的水池。

(1)澄清池结构。澄清池主要由集水槽、支撑桥、变速驱动装置、进出水管、加药管、取样管、泥渣排放管、底部轴承及轴承座、底部轴承润滑管、底部轴承支架、角度调整夹、第一反应室延长段、第一反应室、第二反应室、导流板、泥渣搅拌浆、搅拌叶轮、搅拌机轴、刮泥机轴、刮泥机臂、顶部支撑钢结构等部件组成。

(2)工作原理。机械搅拌澄清池是混合室和反应室合二为一,即原水直接进入第一反应室中,在这里由于搅拌器叶片及涡轮的搅拌提升,使进水、药剂和大量回流泥渣快速接触混合,在第一反应室完成机械反应,并与回流泥渣中原有的泥渣再度碰撞吸附,形成较大的絮粒,再被涡轮提升到第二反应室中,再经折流到澄清区进行分离,清水上升由集水槽引出,泥渣在澄清区下部回流到第一反应室,由刮泥机刮集到泥斗,通过池底排泥阀控制排出,达到原水澄清分离的效果。

(3)特点。

1)对原水的浊度、温度和处理水量的变化适应性较强,处理效率高,运行稳定;

2)单位面积产水量较大,出水浊度一般不大于 10 NTU;

3)日常维修工作量大,维修技术要求高;

4)原水浊度常年较低时,形成泥渣困难,将影响澄清池净水效果。

(4)适用范围。机械搅拌澄清池适用于大中型水厂。

2. 水力循环澄清池

利用原水的动能,在水射器的作用下,将池中的活性泥渣吸入和原水充分混合,从而加强了水中固体颗粒间的接触和吸附作用,形成良好的絮凝,加速了沉降速度使水得到澄清。

(1)澄清池结构。澄清池主要由喷嘴、混合室、喉管、第一絮凝室、第二絮凝室、分离室、进水集水系统与排泥系统组成,如图 4-23 所示。

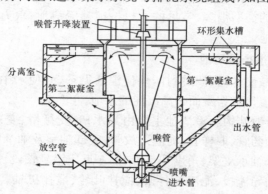

图 4-23　水力循环澄清池结构示意图

(2)工作原理。加了混凝剂的原水从进水管道进入喷嘴,以高速喷入喉管,在喉管的喇叭口周围形成真空,吸入大约 3 倍于原水的泥渣量,经过泥渣与原水的迅速混合,进入渐扩管形的第一反应室以及第二反应室中进行混凝处理。喉管可以上、下移动以调节喷嘴和喉管的间距,使等于喷嘴直径的 1～2 倍,并借此控制回流的泥渣量。水流从第二反应室进入分离室,由于断面积的突然扩大,流速降低,泥渣就沉下来,其中一部分泥渣进入泥渣浓缩斗定期予以排出,而大部分泥渣被吸入喉管进行回流,清水上升从集水槽流出。

(3)特点。

1)结构简单,不需要复杂的机械设备;

2)第一絮凝室和第二絮凝室的容积较小,反应时间较短;

3)进水量和进水压力的变化,会在一定程度上影响净水过程的稳定性;

4)水力循环澄清池投药量较大,消耗较大的水头,对水质、水温的变化适应性较多。

(4)适用范围。水力循环澄清池适用于中小型水厂。

3. 脉冲澄清池

脉冲澄清池指的是悬浮层不断产生周期性的压缩和膨胀,促使原水中固体杂质与已形成的泥渣进行接触絮凝而分离沉淀的水池。

(1)澄清池结构。脉冲澄清池主要由脉冲发生器系统、配水稳流系统(中央落水渠、配水干渠、多孔配水支管、稳流板)、澄清系统(悬浮层、清水区、多孔集水管、集水槽)、排泥系统(泥渣浓缩室、排泥管)组成,如图 4-24 所示。

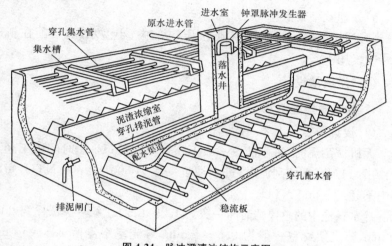

图 4-24　脉冲澄清池结构示意图

(2)工作原理。脉冲澄清池是利用脉冲发生器,将进入水池的原水,脉动地放入池底配水系统,在配水管的孔口处以高速喷出,并激烈地撞在人字稳流板上,使原水与混凝剂在配水管与稳流板之间的狭窄空间中,以极短的时间进行充分的混合和初步絮凝,形成微絮粒。然后通过稳流板缝隙整流后,以缓慢的速度垂直上升,在上升过程中,絮粒则进一步凝聚,逐渐变大变重而趋于下沉,但因上升水流的作用而被托住,形成了悬浮泥渣层。由于悬浮泥渣有一定的吸附性能,在进水"脉动"的作用下,悬浮泥渣层有规律地上下运动,时疏时密。这样有利于絮粒的继续碰撞和进一步接触絮凝,同时也能使悬浮泥渣层的分布更均匀。当水流上升至泥渣浓缩室顶部后,因断面突然扩大,水流速度变慢,因此,过剩的泥渣流入浓缩室,从而使原水得到澄清,并向上汇集于集水系统而流出。过剩的泥渣则在浓缩室浓缩后排出池外。

(3)特点。

1)可适应大流量,池子较浅,一般为 4～5 m;

2)混合均匀,布水较均匀;

3)无水下的机械设备,机械维修工作少;

4)对水质和水量的变化适应性较差,操作管理不易掌握;

5)处理效率较低。

(4)适用范围。脉冲澄清池适用于大、中、小型水厂,目前在新建工程中采用不多。

(三)澄清池设计

1. 机械搅拌澄清池

(1)设计要点。

无机械刮泥时,进水浊度一般不超过 500 NTU,短时间内不超过 1 000 NTU;有机械刮泥时,进水浊度一般为 500～3 000 NTU,短时间内不超过 5 000 NTU。

1)水在池中的总停留时间一般为 1.2～1.5 h。第一絮凝室需 20～30 min,第二絮凝室一般为 0.5～1 min,导流室中停留 2.5～5 min。第二絮凝室上升流速为 40～70 mm/s,导流室流速与其相同。

2)澄清池数量宜在 2 座以上,一般不考虑备用。

3)第二絮凝室、第一絮凝室、分离室的容积比参考值为 1∶2∶7。

4)回流量与设计净水量之比为(3∶1)～(5∶1)。

5)进水管流速一般为 0.8～1.2 m/s,三角槽出流流速为 0.5～1.0 m/s。

6)为使进水分配均匀,多采用环形配水三角槽,在槽上设排气管,排除槽上空气。加药点一般设于进水管处或三角槽中。

7)清水区高度为 1.5～2.0 m,池下部圆台坡角一般为 45°左右,池底以大于 5%的坡度坡向中心倾斜。当装有刮泥设备时,也可以做成平底、弧形底等。泥渣回流缝流速为 100～200 mm/s,分离区上升流速为 0.9~1.2 mm/s。

8)集水可以采用淹没孔环形集水槽或三角堰集水槽,过孔流速控制在 0.6 m/s 左右。池径较小时,采用环形集水槽;池径较大时,可考虑另加辐射槽。

①一般池直径小于 6 m 时,加设 4~6 条。

②池直径 6~10 m 时,可加设 6~8 条。集水槽中流速 0.4~0.6 m/s,出水管的流速为 1.0 m/s 左右。

9)原水浊度小于 1 000 mg/L,且池径小于 24 m 时,可采用污泥浓缩斗和底部排泥相结合的排泥形式,污泥浓缩斗可酌情设置 1~3 只,污泥斗的容积一般为池容积的 1%~4%,小型水池也可以只用底部排泥;原水浊度大于 1 000 mg/L 或池径≥24 m 时,一般都设置机械排泥装置。

10)机械搅拌用的叶轮直径,一般按第二絮凝室内径的 0.7~0.8 倍设计,搅拌叶片边缘线速度一般为 0.3~1.0 m/s。提升叶轮的扬程为 0.1 m 左右,提升叶轮外缘线速度为 0.5~1.5 m/s,其进口流速多在 0.5 m/s 左右。

11)搅拌叶片总面积一般为第一絮凝室平均纵剖面积的 10%~15%,叶片的高度为第一絮凝室高度的 1/3~1/2,叶片对称均布于圆周上。

12)在进水管、第一絮凝室、第二絮凝室、分离区、出水槽等处,可以设置取样管。

(2)设计计算公式。

1)第二絮凝室。

①第二絮凝室截面面积:

$$\omega_1 = \frac{Q'}{u_1} = \frac{(3\sim5)Q}{u_1}$$

式中　ω_1——第二絮凝室截面面积,m^2;

　　　Q'——第二絮凝室计算流量,m^3/s;

　　　Q——净产水能力,m^3/s;

　　　u_1——第二絮凝室及导流室内流速,m/s。

②第二絮凝室内径：

$$D_1 = \sqrt{\frac{4(\omega_1 + A_1)}{\pi}}$$

式中　D_1——第二絮凝室内径，m；

　　　A_1——第二絮凝室中导流板截面面积，m²。

其他符号意义同前。

③第二絮凝室高度。

$$H_1 = \frac{Q' t_1}{\omega_1}$$

式中　H_1——第二絮凝室高度，m；

　　　t_1——第二絮凝室内停留时间，s。

其他符号意义同前。

2)导流室。

①导流室截面面积：

$$\omega_2 = \omega_1$$

式中　ω_2——导流室截面面积，m²。

其他符号意义同前。

②导流室内径：

$$D_2 = \sqrt{\frac{4}{\pi}\left(\frac{\pi D_1'^2}{4} + \omega_2 + A_2\right)}$$

式中　D_2——导流室内径，m；

　　　D_1'——第二絮凝室外径，m。

其他符号意义同前。

③第二絮凝室出水窗高度。

$$H_2 = \frac{D_2 - D_1'}{2}$$

式中　H_2——第二絮凝室出水窗高度，m(满足 $H_2 \geqslant 1.5 \sim 2.0$ m)。

其他符号意义同前。

3)分离室。

①分离室截面积：

$$\omega_3 = \frac{Q}{u_2}$$

式中　ω_3——分离室截面积，m^2；

$\quad\quad u_2$——分离室上升流速，m/s。

其他符号意义同前。

②池子总面积。

$$\omega = \omega_3 + \frac{\pi D_2'^2}{4}$$

式中　ω——池子总面积，m^2；

$\quad\quad D_2'$——导流室外径（内径加结构厚），m。

其他符号意义同前。

③澄清池直径。

$$D = \sqrt{\frac{4\omega}{\pi}}$$

式中　D——澄清池直径，m。

其他符号意义同前。

4)池深及容积。

$$V' = 3\ 600QT$$

$$V = V' + V_0$$

$$W_1 = \frac{\pi}{4} D^2 H_4$$

$$W_2 = \frac{\pi H_5}{3} \left[\left(\frac{D}{2}\right)^2 + \frac{D}{2}\frac{D_T}{2} + \left(\frac{D_T}{2}\right)^2 \right]$$

$$D_T = D - 2H_5 \cot \alpha$$

$$W_3 = \pi H_6^2 (R - H_6/3)$$

$$W_3 = 1/3\pi H_6 (D_T/2)^2$$

$$H = H_4 + H_5 + H_6 + H_0$$

上述式中　V'——澄清池净容积，m^3；

$\quad\quad\quad V$——池子计算容积，m^3；

$\quad\quad\quad V_0$——考虑池内结构部分所占容积，m^3；

$\quad\quad\quad T$——水在池中停留时间，h；

W_1——池圆柱部分容积,m^3;

H_4——池直壁高度,m;

W_2——池圆台容积,m^3;

H_5——圆台高度,m;

D_T——圆台底直径,m;

W_3——池底球冠或圆锥容积,m^3;

H_6——池底球冠或圆锥高度,m;

H——池高度,m;

H_0——池超高,m。

其他符号意义同前。

5)配水三角槽直角边长。

$$B_1 = \sqrt{\frac{1.10Q}{u_3}}$$

式中　B_1——三角槽直角边长,m;

　　　u_3——槽中流速,m/s;

　　1.10——考虑池排泥耗水量 10%。

其他符号意义同前。

6)第一絮凝室。

①第一絮凝室上端直径。

$$D_3 = D_1' + 2B_1 + 2\delta_3$$

式中　D_3——第一絮凝室上端直径,m;

　　　δ_3——第二絮凝室底板厚,m。

其他符号意义同前。

②第一絮凝室高。

$$H_7 = H_4 + H_5 - H_1 - \delta_3$$

式中　H_7——第一絮凝室高,m。

其他符号意义同前。

③伞形板延长线交点处直径。

$$D_4 = \frac{D_T + D_3}{2} + H_7$$

式中　D_4——伞形板延长线交点处直径，m。

其他符号意义同前。

④回流缝面积。

$$\omega_6 = \frac{Q''}{u_4}$$

式中　ω_6——回流缝面积，m^2；

　　　Q''——泥渣回流量，m^3/s；

　　　u_4——泥渣回流缝流速，m/s。

⑤回流缝宽。

$$B_2 = \frac{\omega_6}{\pi D_4}$$

式中　B_2——回流缝宽，m。

其他符号意义同前。

⑥伞形板下端圆柱直径。

$$D_5 = D_4 - 2(\sqrt{2}B_2 + \delta_4)$$

式中　D_5——伞形板下端圆柱直径，m；

　　　δ_4——群板厚，m。

其他符号意义同前。

⑦高度。

$$H_8 = D_4 - D_5$$
$$H_{10} = (D_5 - D_T)/2$$
$$H_9 = H_7 - H_8 - H_{10}$$

上述式中　H_8——伞形板下檐圆柱体高度，m；

　　　　　H_{10}——伞形板离池底高度，m；

　　　　　H_9——伞形板锥部高度，m。

其他符号意义同前。

⑧容积。

$$V = \frac{\pi H_9}{12}(D_3^2 + D_3 D_5 + D_5^2) + \frac{\pi D_5^2}{4}H_6 + \frac{\pi H_{10}}{12}(D_5^2 + D_5 D_T + D_T^2) + W_3$$

$$V_2 = \frac{\pi}{4}D_1^2 H_1 + \frac{\pi}{4}(D_2^2 - D_1^2) \cdot (H_1 - B_1)$$

$$V_3 = V' - (V_1 + V_2)$$

式中　V_1——第一絮凝室容积，m^3；

　　　V_2——第二絮凝室加导流室容积，m^3；

　　　V_3——分离室容积，m^3。

其他符号意义同前。

7）集水槽。

$$h_2 = \frac{q}{u_5 b}$$

$$h_1 = \sqrt{\frac{2h_k^3}{h_2} + \left(h_2 - \frac{il}{3}\right)^2} - \frac{2}{3}il$$

$$h_k = \sqrt[3]{\frac{\alpha Q^2}{gb^2}}$$

上述式中　h_2——槽终点水深，m；

　　　　　q——槽内流量，m^3/s；

　　　　　u_5——槽内流速，m/s；

　　　　　b——槽宽，m；

　　　　　h_1——槽起点水深，m；

　　　　　h_k——槽临界水深，m；

　　　　　i——槽底坡度；

　　　　　l——槽长度，m。

其他符号意义同前。

8）排泥及排水。

$$V_4 = 0.01V'$$

$$T_0 = \frac{10^4 V_4 (100 - P)\gamma}{(S_1 - S_4)Q}$$

$$q_1 = \mu \omega_0 \sqrt{2gh}$$

$$\mu = \frac{1}{\sqrt{1 + \frac{\lambda l}{d}\sum \xi}}$$

$$t_0 = \frac{V_5}{q_1}$$

上述式中 V_4——污泥浓缩室总容积,m^3;

T_0——排泥周期,s;

P——浓缩泥渣含水率,%,$P=98\%$左右;

γ——浓缩泥渣容重,$1\ 000\ kg/m^3$;

S_1——进水悬浮物含量,g/m^3;

S_4——出水悬浮物含量,g/m^3;

q_1——排泥流量,m^3/s。

ω_0——排泥管断面积,m^2。

μ——流量系数;

h——排泥水头,m;

d——排泥管管径,m。

ξ——局部阻力系数;

λ——摩阻系数,排泥管可取 0.03;

t_0——排泥历时,s;

V_5——单个污泥浓缩室容积,m^3。

2. 水力循环澄清池

水力循环澄清池一般为圆形池子。进水悬浮物的含量一般小于 $2\ 000\ mg/L$,短时间内允许达到 $5\ 000\ mg/L$。

水力循环澄清池标准规格见表 4-7。

表 4-7　水力循环澄清池标准规格

	净产水能力(m^3/h)	40	60	80	120	160	200
主要尺寸	喷嘴直径(mm)	45	55	65	75	90	100
	喉管直径(mm)	160	200	230	260	300	350
	第一絮凝室上口直径(m)	1.02	1.25	1.50	1.80	2.10	2.30
	第二絮凝室直径(m)	1.60	2.00	2.35	2.82	3.28	3.60
	澄清池底部直径(m)	0.60	0.80	1.00	1.10	1.20	1.70
	澄清池池体内径(m)	4.20	5.20	6.00	7.20	8.40	9.30
	澄清池锥体高度(m)	3.35	3.35	3.50	3.55	3.55	3.55
	澄清池总高度(m)	5.2	5.5	5.8	6.3	6.8	7.20

管道直径	进水管(mm)	150	150	200	200	250	250
	出水管(mm)	150	150	200	200	250	250
	排泥管(mm)	75	75	75	100	100	100
	放空管(mm)	150	150	150	150	150	150

(1)设计要点。

1)设计回流水量一般采用进水流量的 3～5 倍,原水浊度高时取下限,反之取上限。

2)喷嘴直径与喉管直径之比为(1∶3)～(1∶4),喉管截面积与喷嘴截面积之比为 12～13。喷嘴流速为 7～8 m/s,水头损失为 3～4 m。

3)喉管的进水喇叭口距离池底一般为 0.15 m,喷嘴顶离池底的距离为 0.6 m。喉管流速为 2.0～3.0 m/s,喉管处的水流混合时间为 0.5～1.0 s。喉管喇叭口的扩散角为 45°,喉管长度为直径的 5～6 倍。

4)第一絮凝室的出口流速为 50～60 mm/s,絮凝时间为 20～30 s,锥形扩散角小于 30°。第二絮凝室进口流速为 30～40 mm/s,絮凝时间为 110～140 s。絮凝室有效高度为 3 m。水流在池中总停留时间为 1.2～1.5 h。

6)清水区水流上升流速为 0.7～1.0 mm/s,低温低浊水可以取低值,水流停留时间为 40 min 左右。清水区高度一般为 2.5～3.0 m,池子超高为 0.3 m。为保证出水水质,清水区高度最好取高值。在分离区内设斜板等设施能提高澄清效果,增加出水量和减少药耗。

7)水池的斜壁与水平的夹角一般为 45°。

8)排泥装置同机械搅拌澄清池。排泥耗水量约为进水量的 5%。池子底部设放空管。

(2)设计计算公式。

1)水射器喷嘴直径。

$$d_0 = \sqrt{\frac{4Q}{\pi v_0}}$$

式中　d_0——水射器喷嘴直径,m;

Q——进水量，m^3/s；

v_0——喷嘴流速，m/s。

2）设计水量。

$$Q_1 = nQ$$

式中　Q_1——设计水量，m^3/s；

n——回流比；

其他符号意义同前。

3）喉管。

$$d_1 = \sqrt{\frac{4Q_1}{\pi v_1}}$$

$$h_1 = v_1 t_1$$

上述式中　d_1——喉管直径，m；

v_1——喉管流速，m/s；

h_1——喉管高度，m；

t_1——喉管混合时间，s。

其他符号意义同前。

4）喇叭口。

$$d_5 = 2d_1$$

$$h_5' = d_1$$

$$h_5'' = \left(\frac{d_5 - d_1}{2}\right) \tan \alpha_0$$

上述式中　d_5——喇叭口直径，mm；

h_5'——喇叭口直壁高度，mm；

h_5''——喇叭口斜壁高度，mm；

α_0——喇叭口角度，（°）；

其他符号意义同前。

5）第一絮凝室。

$$d_2 = \sqrt{\frac{4Q_1}{\pi v_2}}$$

$$h_2 = \frac{d_2 + d_1}{2\tan\frac{\alpha}{2}}$$

上述式中　　d_2——出口直径，m；

　　　　　　v_2——第一絮凝室出口流速，m/s；

　　　　　　h_2——第一絮凝室高度，m；

　　　　　　α——锥形扩散角，(°)

6）第二絮凝室。

$$d_3 = \sqrt{\frac{4}{\pi}\left(\frac{Q_1}{v_3} + \omega_2\right)}$$

$$h_3 = h_6 + h_4$$

$$h_6 = \frac{4Q_1 t_3}{\pi(d_3^2 - d_2^2)}$$

$$\omega_3 = \frac{Q_1}{v_3}$$

$$\omega_1 = \frac{\pi}{4}(d_3^2 - d_2'^2)$$

上述式中　　d_3——第二絮凝室直径，m；

　　　　　　v_3——第二絮凝进口流速，m/s；

　　　　　　ω_2——第一絮凝室进口断面积，m²；

　　　　　　h_3——第二絮凝室高度，m；

　　　　　　h_6——第二絮凝室出口至第一絮凝室上口高度，m；

　　　　　　h_4——第一絮凝室上口水深，m；

　　　　　　t_3——第二絮凝室反应时间，s；

　　　　　　ω_3——第二絮凝室上口断面积，m²；

　　　　　　ω_1——第二絮凝室出口断面积，m²；

　　　　　　d_2'——第二絮凝室出口处到第一絮凝室上口处的锥形筒直径，m。

7）分离室面积。

$$\omega_4 = \frac{Q}{v_4}$$

式中　ω_4——分离室面积，m^2。

　　　　v_4——分离室上升流速，m/s。

其他符号意义同前。

8) 澄清池。

$$D = \sqrt{\frac{2(\omega_2 + \omega_3 + \omega_4)}{\pi}}$$

$$H_3 = h + h_0 + h_1 + S + h_2 + h_4$$

$$H = H_3 + h_4'$$

$$H_1 = \left(\frac{D + D_0}{2}\right)\tan\beta$$

$$H_2 = H + H_1$$

$$W_1 = \frac{\pi h_2}{3}\left(\frac{d_2^2 + d_2 d_1 + d_1^2}{4}\right)$$

$$W_2 = \frac{\pi}{4} d_3^2 h_3 - \frac{\pi h_5}{3}\left(\frac{d_2^2 + d_2' d_2 - d_2'^2}{4}\right)$$

$$W = \frac{\pi}{4} D^2 [H + (H_1 + H_0)] + \frac{\pi H_1}{12}(D^2 + DD_0 + D_0^2)$$

$$t_1 = h_1 / v_1$$

$$T = W/3\ 600Q$$

上述式中　D——澄清池直径，m；

　　　H_3——池内水深，m；

　　　　h——喷嘴法兰与池底的距离，m；

　　　h_0——喷嘴高度，m；

　　　　H——澄清池总高度，m；

　　　h_4'——第一絮凝室上口超高，m；

　　　H_1——池锥体部分高度，m；

　　　D_0——池底部直径，m；

　　　　β——池斜壁与水平线夹角，(°)；

　　　H_2——池直壁高度，m；

　　　W_1——第一絮凝室容积，m^3；

　　　W_2——第二絮凝室容积，m^3；

W——澄清池总容积，m^3；

H_0——超高，m；

t_1——喉管混合时间，s；

T——池总停留时间，s。

9)泥渣浓缩室容积。

$$V \approx \frac{Q(S_1 - S_4)}{C} t' \times 3\,600$$

式中　V——泥渣浓缩室容积，m^3；

C——浓缩后泥渣浓度，mg/L；

t'——浓缩时间，h；

S_1——进水悬浮物含量，mg/L；

S_4——出水悬浮物含量，mg/L。

3. 脉冲澄清池

脉冲澄清池池子体可为圆形、矩形或方形。设计要点如下所述：

(1)脉冲发生器可以选用真空式、虹吸式、切门式，其设计的好坏关系到整个水池的净水效果。

(2)配水区的高度为 1 m，超高一般为 0.3 m。配水系统一般采用穿孔管上设人字形稳流板。配水管最大孔口流速为 2.5～3.0 m/s，配水管中心距为 0.4～1.0 m，配水管管底距池底高度为 0.2～0.3 m，孔眼直径大于 20 mm，向下 45°，两侧交叉开孔。稳流板缝隙流速为 0.05～0.08 m/s，稳流板夹角一般为 60°～90°。

(3)清水区的高度为 1.5～2.0 m，超高一般为 0.3 m。清水区上升流速一般为 0.8～1.2 mm/s，具体应根据原水水质、水温、脉冲发生器的形式来确定。

(4)池中总停留时间一般为 1.0～1.3 h。

(5)澄清池池体总高度为 4～5 m；悬浮层高度为 1.5～2.0 m；超高一般为 0.3 m。澄清池体积、穿孔配水管、集水管、集水槽以及其他尺寸的设计尺寸可按公式计算。

(6)排泥系统一般采用污泥浓缩室，其面积占澄清池面积的 15%～25%。原本浊度较高时，可采用自动排泥装置。

(四)澄清设施运行管理

1. 机械搅拌澄清池运行管理

(1)运行前的准备。机械搅拌澄清池运行前应将池内清理干净,并检查本体、阀门、管道和机电部等是否良好。同时对加药设备进行检查,配制好各种药液,如混凝剂、助凝剂等。

(2)启动。向机械搅拌澄清池灌水时,应缓慢进行,并考虑到是否因浮力或应力等原因造成了设备的损坏,且采取适当的措施。在灌水时,应适当加大混凝剂的投加量。当泥渣层形成后,再逐步增大进水速度。为了加速泥渣的形成,应从运行或者备用的池中压入泥渣,也可将预先配好的泥渣或黏土投入池中,以帮助泥渣的形成。

(3)运行。机械搅拌澄清池运行中应控制好以下项目。

1)加药量:根据预先实验室模拟试验或调整试验求得的各种药剂的最优加药量进行加药,并随负荷的变动及时调整加药量。

2)排泥量:为了维持池中泥渣量的平衡,必须定期或连续地自池中排除一部分泥渣。排泥量应掌握适当,保持池中合适的泥渣层高度和泥渣浓度。增大负荷时,为防止悬浮泥渣层突然上升到出水区,应开大排污阀,降低泥渣层高度,然后逐步增大负荷。

3)泥渣循环量:为了保持机械搅拌澄清池各部分有合适的泥渣浓度,可调整其泥渣循环量。

4)水温:当进水温度发生变化,特别是水温升高时,会因高温水和低温水间密度的差异而产生对流现象,影响出水水质,因此应保持水温的稳定。

5)空气:当水中夹带有空气时,会形成气泡上浮,搅动泥渣层,使泥渣随出水带出,从而影响了出水水质。运行中应注意消除进水带气现象。

6)定期维护:运行中的机械搅拌澄清池要进行定期维护,如冲洗出水装置、加药管路和采样管等。

7)间歇运行:机械搅拌澄清池短期停运时,应经常充水搅动一下,以免泥渣被压实。停运时间较长时,特别是在夏季,泥渣容易腐败,故在停运后应将池内泥渣排空。

2. 水利循环澄清池运行管理

水力循环澄清池运行管理的基本要求："勤检测、勤观察、勤调整"，特别抓住投药适当、排泥及时两个环节。

（1）运行前的准备。

1）清除池内积水和杂物，检查各管线阀门是否完好。

2）测定原水浊度、pH 值，试验所需投加混凝剂的量。

3）将喉距调节到 2 倍喷嘴直径的位置。

4）当原水浊度在 200 NTU 以下时，应准备好 500～1 000 kg 黄泥。

5）初运行时备药量为正常运行 3～4 倍。

（2）启动运行。

1）原水浊度大于 200 NTU 时，不加黄泥，进水量为设计进水量的 1/3，混凝剂的投加量为正常投加量的 2 倍，即成活性泥渣。

2）当原水的浊度小于 200 NTU 时，放一部分黄泥进入第一反应室，池子进水量为设计进水量 70%，其余黄泥依浊度逐步加入。混凝剂投加量为正常投加量 2～3 倍。

3）当澄清池开始出水，要仔细观察分离室与反应池水质变化情况。

4）池子出水后，水质不好，应放掉，不能让其进入滤池。

5）测定各取样点的泥渣沉降比，泥渣沉降比反映了反应过程中泥渣的浓度和活性。测定方法为：取 100 mL 泥渣水放入 100 mL 量筒中，沉淀 5 分钟后，沉淀的体积占总体积的百分比即为 5 分钟沉降比。

①若喷嘴附近泥渣沉降比增加较快，而第一反应室增加较慢，说明泥渣回流量较小，应调节喉距增加回流量，使其达到最佳工作状态。

②若两处泥渣增加相仿，表明已形成泥渣回流合适，可以停加泥，将药剂投加量逐渐减少到正常状态，池子投入正常运行。

6）如果两座池子一座形成活性泥渣而另一座没有形成时，则可以利用已经形成活性泥渣的池子，通过排泥系统把泥渣输入未形成泥渣的池子，直到形成为止。

（3）正常运行。

1）按规定按时做好测定工作。包括测定原水浊度、出水浊度、pH值，原水水质波动大时增加测定次数。

2）以试验室试验投加量为依据，结合实际运行经验，总结出各类原水浊度与投药量之间的规律。

3）当原水 pH 值过低时，应加碱调整。

4）每 1～2 小时测定第一反应室出口与喷嘴附近沉降比，原水浊度高，水温低，沉降比要控制得小些，相反要控制得大些，一般当沉降比达 20％，应排泥。

5）及时掌握好进水压力和流量变化规律。进水量大影响水质，水压过高或过低影响泥渣回流量。在增加进水量前 30 分钟，就要增加凝聚剂，并排除部分泥渣以降低泥渣高度，然后逐渐增加进水量。

6）必须掌握好气温、水温等外界因素对运行的影响。

7）及时排泥，使池内泥渣始终保持平衡。一般沉降比正常值为 10％～20％，排泥时间 2～4 h 一次，一次历时 1～3 min，大排泥每天一次，历时 10 min。

第三节 过　　滤

一、过滤的作用与工作原理

水处理的过滤一般是指通过过滤介质的表面或滤层截留水体中悬浮固体和其他杂质的过程。对于大多数地面水处理来说，过滤是消毒工艺前的关键处理手段，对保证出水水质有十分重要的作用，特别是对浊度的去除。

过滤的原理包括：

（1）机械隔滤作用。滤料颗粒间空隙越来越小，以后进入的较小杂质颗粒就相继被这种"筛子"截留下来，使水得到净化；

（2）吸附作用。当水中悬浮物与滤料表面或已附在滤料表面上的絮凝体接触时被吸附住。

二、滤料

所谓滤料就是生产生活过程中所用到的过滤材料,用以水处理设备中的进水过滤的粒状材料,通常指石英砂、白煤或矿石等。

1. 滤料的选择

滤料是滤池工作好坏的关键,选用滤料、决定粒径应同时考虑过滤和反冲洗两方面的要求,即在满足最佳过滤条件下,选择反冲洗效果较好的滤料层。

一个好的滤料层应能保证滤后水质达到下述要求:

(1)过滤单位水量所用费用最少,即滤料层截污的悬浮浓度、滤速以及过滤周期的乘积为最大;

(2)过滤时,达到预期水头损失的时间接近达到预期出水水质的时间以及反冲洗条件最好。

(3)选择作为滤料的技术要求是:

1)适当的级配、形状均匀度和空隙度;

2)有一定的力学强度;

3)有良好的化学稳定性。选择滤料要与所采用的滤池形式结合起来,同时要考虑到滤料的产地及运输方便。

2. 滤料的铺装

滤料的铺装要求如下:

(1)配水系统安装完毕后,先将滤池内杂物全部清除,并疏通配水孔眼和配水缝隙,然后再用反冲洗法检查配水系统是否符合设计要求。

(2)在滤池内壁按承托料和滤料的各层顶高画水平线作为铺装高度标记。

(3)仔细检查不同粒径范围的承托料,按其粒径范围从大到小依次清洗,以备铺装。

(4)铺装最下一层滤料时应避免随换滤池的配水系统。

(5)每层承托层的厚度应准确均匀,用锹或刮板刮动表面,使其接近水平高度应与铺装高度标记水平线相吻合。在铺毕粒径范围等于小于 2～4 mm 的承托料后应用该上限冲洗强度冲洗,已完成有效的水力分级。

三、滤池分类

(一)按照滤池的冲洗方式分类

按照滤池的冲洗方式,可分为水冲洗滤池和气水反冲洗滤池。

反冲洗是滤池运行管理中重要的一环。为了充分洗净滤料层中吸附着的积泥杂质,需要有一定的冲洗强度和冲洗时间,否则将影响滤池的过滤效果。

1. 反冲洗强度的控制

通常用反冲洗闸阀控制反冲洗强度的大小。操作人员用掌握反冲洗闸阀开启度方法,使反冲洗强度达到设计要求。

2. 反冲洗顺序

反冲洗顺序如下:

(1)关闭进水闸阀与水头损失仪测压管处闸阀,将滤池水位降到冲洗排水槽以下;

(2)打开排水闸阀,使滤池水位下降到池料面以下 10～20 cm;

(3)关闭滤后水出水闸阀,打开放气闸阀;

(4)打开表面冲洗闸阀,当表面冲洗 3 min,即打开反冲洗闸阀,闸阀开启度由小至大逐渐达到要求的反冲洗强度,冲洗 2～3 min 后,关闭表面冲洗闸阀,表面冲洗历时总共需 5～6 min,表面冲洗结束后,再单独进行反冲洗 3～5 min,关闭反冲洗闸阀和放气阀;

(5)关闭排水闸阀冲洗完毕。

3. 滤池膨胀率控制

池内反冲洗时,水流由下而上通过承托层、滤料层,而滤料颗粒悬浮于上升水流之中,整个滤料层增大了体积,这种现象叫作滤层膨胀。

膨胀率常用百分率来表示,就是反冲洗时滤料层膨胀这部分高度与未膨胀前滤料层高度之比。膨胀率一般控制在 45%～50%。

4. 反冲洗要求

滤池能否冲洗干净,关键在于正确掌握反冲洗强度。同一滤池在相同水温条件下，用同样的水量进行反冲洗，反冲洗强度不同，效果就不同。

滤池反冲洗后，要求滤料层清洁、滤料面平整、排出水浊度应在 20 NTU 以下。如果排出水浊度超过 20 NTU 时，应考虑适当缩短运行周期；当超过 40 NTU 以上时，滤料层中含泥量会逐渐增多而结成泥球，不仅影响滤速而且还影响出水水质，破坏原有滤层结构。为了保证滤池冲洗干净，必须具有 $12\sim15$ L/(m^2·s) 的反冲洗强度以及 $6\sim8$ min 的冲洗时间。

(二)按滤池的布置分类

按照滤池的布置，可分为普通快滤池、双阀滤池、无阀滤池、虹吸滤池、移动冲洗罩滤池和 V 型滤池等。

1. 普通快滤池

普通快滤池指的是传统的快滤池布置形式，滤料一般为单层细砂级配滤料或煤、砂双层滤料，冲洗采用单水冲洗，冲洗水由水塔(箱)或水泵供给。

普通快速滤池站的设施，主要由以下几个部分组成：

(1)滤池本体，它主要包括进水管渠、排水槽、过滤介质(滤料层)、过滤介质承托层(垫料层)和配(排)水系统。

(2)管廊，它主要设置有五种管(渠)，即浑水进水管、清水出水管、冲洗进水管、冲洗排水管及初滤排水管，以及阀门、一次监测表设施等。

(3)冲洗设施，它包括冲洗水泵、水塔及辅助冲洗设施等。

(4)控制室，它是值班人员进行操作管理和巡视的工作现场，室内设有控制台、取样器及二次监测指示仪表等。

2. 双阀滤池

双阀滤池指的是一种双阀阀门的快滤池，在运行过程中，出水水位保持恒定，进水水位则随滤层的水头损失增加而不断在吸管内上升，当水位上升到虹吸管管顶，并形成虹吸时，即自动开始滤层反冲洗，冲洗废水沿虹吸管排出池外。

虹吸双阀滤池是进水和冲洗水排水的阀门由虹吸管来代替，只用滤后水和反冲洗进水两座阀门，其他构造基本上与普通快滤池相同，其配水、冲洗方式,设计数据等设计要求与普通快滤池相同。

虹吸双阀滤池保持了大阻力配水系统的特点,省去了两座阀门,降低了工程的造价,适用于大中型滤池。

双阀滤池的进水、排水虹吸管可以分设在滤池的两侧,也可以设于滤池的一侧。虹吸管真空形成可以采用真空泵或水射器。虹吸管与真空系统设计要求见虹吸滤池部分。

3. 无阀滤池

无阀滤池是一种不用阀门切换过滤与反冲洗过程的快滤池,由滤池本体、进水装置、虹吸装置三部分组成,不是没有阀门的快滤池。

在运行过程中,出水水位保持恒定,进水水位则随滤层的水头损失增加而不断在吸管内上升,当水位上升到虹吸管管顶,并形成虹吸时,即自动开始滤层反冲洗,冲洗废水沿虹吸管排出池外。

无阀滤池分为重力式无阀滤池和压力式无阀滤池。

(1)重力式无阀滤池。重力式无阀滤池,是因过滤过程依靠水的重力自动流入滤池进行过滤或反洗,且滤池没有阀门而得名的。图 4-25 为重力式无阀滤池结构示意图。

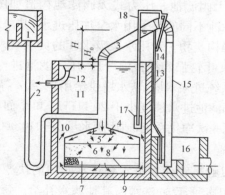

图 4-25　重力式无阀滤池

1—进水分配槽;2—进水管;3—虹吸上升管;4—顶盖;5—挡板;6—滤料层;7—承托层;
8—配水系统;9—底部空间;10—连通架;11—冲洗水箱;12—出水管;13—虹吸辅助管;
14—抽气管;15—虹吸下降管;16—水封井;17—虹吸破坏斗;18—虹吸破坏管

　　含有一定浊度的原水通过高位进水分配槽由进水管经挡板进入滤料层,过滤后的水由连通渠进入水箱并从出水管排出净化水。当滤层截留物多,阻力变大时,水由虹吸上升管上升,当水位达到虹吸辅助管口时,水便从此管中急剧下落,并将虹吸管内的空气抽走,使管内形成真空,虹吸上升管中水位继续上升。此时虹吸下降管将水封井中的水也吸上至一定高度,当虹吸上升管中水与虹吸下降管中上升的水相汇合时,虹吸即形成,水流便冲出管口流入水封井排出,反冲洗即开始。因为虹吸流量为进水流量的 6 倍,一旦虹吸形成,进水管来的水立即被带入虹吸管,水箱中水也立即通过连通渠沿着过滤相反的方向,自下而上地经过滤池,自动进行冲洗。冲洗水经虹吸上升管流到水封井中排出。当水箱中水位降到虹吸破坏斗缘口以下时,虹吸破坏管即将斗中水吸光,管口露出水面,空气便大量由破坏管进入虹吸管,破坏虹吸,反冲洗即停止,过滤又重新开始。

　　重力式无阀滤池的运行全部自动进行,操作方便,工作稳定可靠,结构简单,造价也较低,较适用于工矿、小型水处理工程以及较大型循环冷却水系统中作旁滤池用。

　　(2)压力式无阀滤池。压力式无阀滤池构造如图 4-26 所示。其与重力式无阀滤池不同的是采用水泵加压进水,其净水系统省去了混合、絮凝、沉淀等构筑物。利用水泵吸水管的负压吸入絮凝剂,浑水和絮凝剂经过水泵叶轮强烈搅拌混合后,压入滤池进行絮凝和过滤,滤后水经过集水系统进入水塔,从水塔供给用户。

　　压力式无阀滤池进水浊度小于 20 NTU。单个面积小于 25 m²,通常用于直接过滤一次净化系统,适用于水量小于 10 000 m³/d 的水厂。

4. 虹吸滤池

　　虹吸滤池以虹吸管代替进水和排水阀门的快滤池形式之一。滤池各格出水互相连通,反冲洗水由其他滤水补给。每个滤格均在等滤速变水位条件下运行。

　　一组虹吸滤池由 6～8 格组成,采用小阻力配水系统。利用真空系统控制滤池的进出水虹吸管,采用恒速过滤,变水头的方式。虹吸滤池构造如图 4-27 所示。

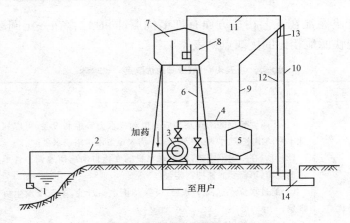

图 4-26　压力式无阀滤池构造

1—吸水底阀；2—吸水管；3—水泵；4—压力管；5—滤池；

6—滤池出水管；7—冲洗水箱；8—水塔；9—虹吸上升管；10—虹吸下降管；

11—虹吸破坏管；12—虹吸辅助管；13—抽气管；14—排水水封井

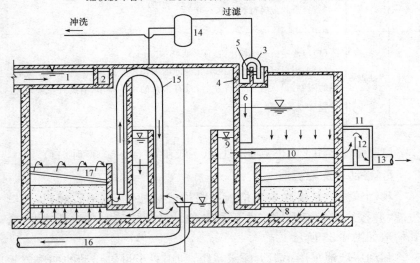

图 4-27　虹吸滤池构造

1—进水槽；2—配水槽；3—进水虹吸管；4—单格滤池进水槽；5—进水堰；6—布水管；

7—滤层；8—配水系统；9—集水槽；10—出水管；11—出水井；12—出水堰；13—清水管；

14—真空系统；15—冲洗虹吸管；16—冲洗排水管；17—冲洗排水槽

虹吸滤池在工艺构造方面有许多优点,同时也存在一定问题,它与普通快滤池相比的优缺点见表 4-8。

表 4-8　虹吸滤池优缺点

序号	特点	内　　容
1	优点	(1)不需要大型的闸阀及相应的电动或水力等控制设备,可以利用滤池本身的出水量,水头进行冲洗,不需要设置洗水塔或水泵; (2)可以在一定范围内,根据来水量的变化自动均衡地调节各单元滤池的滤速,不需要滤速控制装置; (3)滤过水位永远高于滤层,可保持正水头过滤,不至于发生负水头现象; (4)设备简单,管廊面积小,控制闸阀和管路可集中在滤池中央的真空罐周围,操作管理方便,易于自动化控制,减少生产管理人员,降低运转费用; (5)在投资上与同样生产能力的普通快滤池相比能降低造价 20%～30%,且节约金属材料 30%～40%
2	缺点	(1)与普通快滤池相比,池深较大(5～6 m); (2)采用小阻力配水系统单元滤池的面积不宜过大,因冲洗水头受池深的限制,最大在 1.3 m 左右,没有富余的水头调节,有时冲洗效果不理想

虹吸滤池适用于中小型给水处理(一般在 4 000～5 000 吨/日)。

5. 移动冲洗罩滤池

移动罩滤池是由许多滤格为一组构成的滤池,它不设阀门,连续过滤,并按一定程序利用一个可移动的冲洗罩轮流对各滤池格冲洗,其构造如图 4-28 所示。

移动罩滤池采用小阻力配水系统,利用一个可以移动的冲洗罩轮流对各滤格进行冲洗。冲洗方法是:移动罩先移动到待冲洗的滤格处,然后"落床"扣在该滤格上,启动虹吸排水系统(也有采用泵吸式排水系统的)从所冲洗的滤格上部向池外排水,使其他滤格的滤后水从

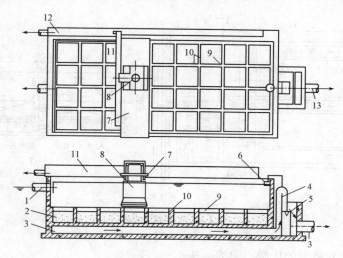

图 4-28　移动罩滤池构造

1—进水管；2—滤层；3—底部集水区；4—出水虹吸管；

5—出水堰口；6—水位恒定器；7—桁车；8—冲洗罩；9—滤格；

10—隔墙；11—排水槽；12—排水总槽；13—出水总管

该滤格下面的配水系统逆向流入,向上冲洗滤格中的滤料层。每个滤间的过滤运行方式为恒水头减速过滤。每组移动罩滤池设有池面水位恒定装置,控制滤池的总出水水量,设计过滤水头可采用 1.2～1.5 m。

移动罩滤池适用于大中型水厂,池深浅,结构简单,造价低。缺点是:移动罩维护工作量大,罩体与隔墙顶部间的密封要求高。

6. V 型滤池

V 型滤池是快滤池的一种形式,因为其进水槽形状呈 V 字形而得名,因为其滤料采用均质滤料,即均粒径滤料,所以也叫作均粒滤料滤池,整个滤料层在深度方向的粒径分布基本均匀;在底部采用带长柄滤头底板的排水系统,不用设砾石承托层。V 型进水槽和排水槽分别设于滤池两侧,池子可沿着长的方向发展,布水均匀,V 型滤池构造如图 4-29 所示。

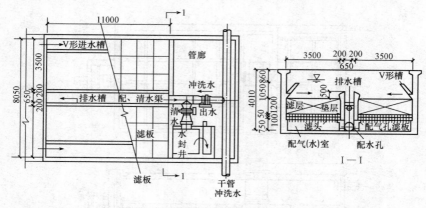

图 4-29　V 型滤池构造

V 型滤池的优缺点见表 4-9。

表 4-9　V 型滤池的优缺点

序号	特点	内　　　容
1	优点	(1)采用的是均粒滤料,含污能力很高; (2)气水反洗、表面冲洗结合,反冲洗的效果比其他滤池的好; (3)反冲洗布气布水均匀; (4)单个池子的面积很大
2	缺点	(1)池体的结构复杂,滤料较贵; (2)增加了反冲洗的供气系统; (3)产水量大时,比同规模的普通快滤池基建投资造价要高

V 型滤池可适用于各种水厂,特别是大型中型的水厂。

(三)按滤池冲洗的配水系统分类

按照滤池冲洗的配水系统,可分为小阻力、中阻力和大阻力配水系统滤池。

滤池配水系统是在滤料层的底部,为使冲洗水在整个滤池平面上均匀分布而设置的布水系统。

四、普通快滤池设计与运行管理

1. 设计要点

（1）滤池数量的布置不得少于 2 个，滤池个数少于 5 个时宜采用单行排列，反之可用双行排列。单个滤池面积大于 50 m² 时，管廊中可设置中央集水渠。

（2）单个滤池的面积一般不大于 100 m²，长宽比大多数在 1.25 ∶ 1～1.5 ∶ 1 之间，小于 30 m² 时可用 1 ∶ 1，当采用旋转式表面冲洗时可采用 1 ∶ 1、2 ∶ 1、3 ∶ 1。

（3）滤池的设计工作周期一般在 12～24 h，冲洗前的水头损失一般为 2.0～2.5 m。

（4）对于单层石英砂滤料滤池，饮用水的设计滤速一般采用 8～10 m/h，当要求滤后水浊度为 1 度时，单层砂滤层设计滤速在 4～610 m/h，煤砂双层滤层的设计滤速在 6～810 m/h。

（5）滤层上面水深，一般为 1.5～2.0 m，滤池的超高一般采用 0.3 m。

（6）单层滤料过滤的冲洗强度一般采用 12～15 L/s · m²，双层滤料过滤冲洗强度在 12～16 L/s · m²。

（7）单层滤料过滤的冲洗时间在 7～5 min，双层滤料过滤冲洗时间在 8～6 min。

2. 设计计算公式

国际标准图集规定的普通快滤池设计数据见表 4-10。

表 4-10　普通快滤池设计数据表

净产水能力(m³/h)	40	80	120	160	240
滤池个数	2	2	3	3	3
正常滤速(m/h)	8	8	10	10	10
每个滤池的平面尺寸 b_1(m)	1.70	2.34	2.10	2.42	2.94
进水槽槽宽(m)	0.75	0.75	0.75	0.75	0.85
滤池至冲洗管的总宽(m)	3.975	4.91	4.69	5.16	6.883

滤池长度(m)	3.53	4.83	6.6	7.56	9.32
地面以上高度(m)	2.60	2.65	2.65	2.65	2.75
地面以下深度(m)	0.25	0.25	0.25	0.25	0.10
滤池总高度(m)	2.85	2.90	2.90	2.90	2.85
进水管(mm)	150	200	200	250	300
出水管(mm)	150	200	200	250	300
冲洗管(mm)	150	200	200	250	300
排水管(mm)	300	400	200	400	500

注:表中数据均按照冲洗强度 15 L/(s·m²),冲洗时间 5～6 min,穿孔管孔眼流速 5～6 m/s,作用水头 3.5～4.5 m 计算得出。

普通快滤池设计计算公式如下:
(1)滤池的总面积。

$$F = \frac{Q}{vT}$$

式中　F——滤池总面积,m²;

　　　Q——设计水量(包括 5%～10%的自用水量),m³/d;

　　　v——设计滤速,m/h;

　　　T——滤池实际工作时间,h。

(2)滤池单池面积。

$$f = \frac{F}{N}$$

式中　f——滤池单池面积,m²;

　　　N——滤池个数;

　　其他符号意义同前。

(3)滤池的高度。

$$H = H_1 + H_2 + H_3 + H_4$$

式中　H——滤池高度,m,一般 3.0～3.5 m;

　　　H_1——滤层以上的水深,m,一般 1.5～2.0 m;

　　　H_2——滤料层厚度,m,不小于 0.7 m;

H_3——承托层厚度，m，因配水系统不同而不同；

H_4——超高 0.25～0.3 m。

（4）管式大阻力配水系统水头损失。

$$h_2=\frac{1}{2g}\left(\frac{q}{10\mu k}\right)^2$$

式中　h_2——孔口平均水头损失，m；

　　　　q——冲洗强度，L/(s·m^2)；

　　　　μ——流量系数，一般为 0.65；

　　　　k——孔眼总面积与滤池面积之比，采用 0.25%～0.3%；

其他符号意义同前。

（5）承托层水头损失。

$$h_3=0.22H_1q$$

式中　h_3——砾石承托层水头损失，m；

　　　　H_1——承托层厚度，m；

其他符号意义同前。

（6）滤料层水头损失。

$$h_4=\left(\frac{\gamma_1}{\gamma}-1\right)(1-m_0)H_2$$

式中　h_4——滤料层水头损失，m；

　　　　γ_1——滤料容重，g/cm^3；

　　　　γ——水的容重，g/cm^3；

　　　　m_0——滤料膨胀前的孔隙率，石英砂为 0.41；

　　　　H_2——滤料膨胀前的厚度，m。

（7）三角形断面的洗砂排水槽的槽顶距离滤料表面的高度。

$$H=eH_2+2.5\chi+\delta+0.07$$

式中　H——三角形断面的洗砂排水槽的槽顶距离滤料表面的高
　　　　　度，m；

　　　　e——冲洗时滤层膨胀度；

　　　　H_2——滤料层厚度，m；

　　　　χ——排水槽断面模数，m；

δ——排水槽底厚度,0.05~0.08 m;

0.07——排水槽超高。

(8)冲洗水箱底高出洗砂排水槽的垂直高度。

$$H_0 = h_1 + h_2 + h_3 + h_4 + h_5$$

式中　H_0——冲洗水箱底高出洗砂排水槽的垂直高度,m;

h_1——冲洗水箱至滤池大阻力配水系统间的水头损失,m;

h_2——配水系统水头损失,m;

h_3——承托层水头损失,m;

h_4——滤层水头损失,m;

h_5——富余水头,1~2 m。

(9)冲洗水泵出水量。

$$Q = qf$$

式中　Q——冲洗水泵出水量,m³;

q——反冲洗强度,L/s;

f——单个滤池面积,m²。

(10)冲洗水泵所需扬程。

$$H = H_1 + h_0 + h_1 + h_2 + h_3 + h_4 + h_5$$

式中　H——冲洗水泵所需扬程,m;

H_1——洗砂排水槽与清水池最低水位的高差,m;

h_0——清水池与滤池间冲洗管的沿程与局部水头损失之和,m;

其他符号意义同前。

3. 普通快滤池运行管理

(1)清除滤池内杂物,检查各部管道和闸阀是否正常,滤料层表面是否平整,高度是否足够,一般初次使用时滤料比设计要加厚 5 cm 左右。

(2)试运行管理。

1)测定初滤时水头损失与滤速:打开进水闸阀,沉淀(澄清)水进入滤池,出水闸阀的开启度应根据水头损失值进行控制,一般先开到水头损失为 0.4~0.6 m 并测定滤速,看是否符合设计要求。如不符合,则再按水头损失大小调整出水闸阀,并再次测定滤速,直到符合设计要求为止。从中找出冲洗后的滤池水头损失和滤速之间的规律。每个滤池都必须进行测定。

2)水头损失增长过快的处理：如进水浊度符合滤池要求，而出现水头损失增长很快，运行周期比设计要求短得多的现象，这种情况可能是由于滤料加工不妥或粒径过细所致。处理办法可将滤料表面3～5 cm厚的细滤料层刮除。这样可延长运转周期，而后需再重新测定滤速与水头损失的关系，直至满足设计要求。

3)运转周期的确定根据设计要求的滤速进行运行，并记下开始运行时间，在运行中出水闸阀不得任意调整。水头损失随着运行时间的延长而增加，当水头损失增加到2～2.5 m时，即可进行反冲洗。从开始运行至反冲洗的时间即为初步得出的运转周期。

(3)正常运行管理。经过一段时间试运行后，即转为正常运行，须做到以下几点：

1)严格控制滤池进水浊度，一般以10 NTU左右为宜。进水浊度如过高，不仅会缩短滤池运行周期，增加反冲洗水量，而且对于滤后水质有影响。一般应1～2 h测定1次进水浊度，并记入生产日报表。

2)适当控制滤速。刚冲洗过的滤池，滤速尽可能小一点，运行1h后再调整至规定滤速。如确因供水需要，也可适当提高滤速，但必须确保出水水质。

3)运行中滤料面以上水位宜尽量保持高一点，不应低于三角配水槽，以免进水直冲滤料层，破坏滤层结构，使过滤水短路，造成污泥渗入下层，影响出水水质。

4)每小时观察一次水头损失，将读数记入生产日报表。运行中一般不允许产生负水头，决不允许空气从放气阀、水头损失仪、出水闸阀等处进入滤层。当水头损失到达规定数值时即应进行反冲洗。

5)按时测定滤后水浊度，一般1～2 h测1次，并记入生产日报表中。当滤后水浊度不符合水质标准要求时，可适当减小滤池负荷，如水质仍不见好转，应停池检查，找出原因及时解决。

6)当用水量减少，部分滤池需要停池时，应先把接近要冲洗的滤池冲洗清洁后再停用，或停用运行时间最短、水头损失最小的滤池。

7)及时清除滤池水面上的漂浮杂质,经常保持滤池清洁,定期洗刷池壁、排水槽等,一般可在冲洗前或冲洗时进行。

8)每隔2~3个月对每个滤池进行一次技术测定,分析滤池运行状况是否正常。对滤池的管配件和其他附件,要及时进行维修。

(4)凡滤池停止工作或放空后都应该做排除空气工作。

(5)日常保养。每日检查阀门、冲洗设备、管道、电气设备、仪表等的运行状态,并相应加注润滑油和清扫等保养,保持环境卫生和设备清洁。

(6)定期维护。

1)每月对阀门、冲洗设备、管道、仪表等维修一次,对阀门管道漏水要及时修理,对滤层表面进行平整。

2)每年对上述设备做一次解体修理,或部分更换;金属件油漆一次。要清洗或更换滤层表面细滤料(发现泥球和有机物严重时)。

五、虹吸滤池设计与运行管理

1. 设计要点

(1)过滤速度、滤料、冲洗强度。虹吸滤池的过滤速度、滤料和冲洗强度与普通快滤池相同。工作周期为12~24 h。虹吸滤池冲洗水头一般为1.0~1.2 m,并应有冲洗水头的设施。过滤时最大水头损失一般为1.1~2.0 m。

(2)滤池面积。虹吸滤池平面可以布置成圆形或矩形、多边形,一般以矩形较好。滤池分格数按一格滤池冲洗水量不超过其余各格的过滤水量来确定,并考虑一格检修时和低水量运行时仍能满足冲洗水量的要求。

(3)配水系统。虹吸滤池采用小阻力配水系统,较多使用钢筋混凝土孔板。每块滤板应小于800 mm×800 mm。滤板上设有孔眼,开孔率为1%左右,孔眼水头损失0.1~0.3 m。

(4)虹吸系统。虹吸系统设计要点见表4-11。

表 4-11 虹吸系统设计要点

序号	项目		内　容
1	水力自动控制装置	进水虹吸	(1)进水辅助虹吸管管径为 40~50 mm,垂直安装,出口对准排水槽,顶端安装孔板,其孔口直径为 0.6~0.7 倍管径。 (2)抽气管直径一般为 15~20 mm,尽量少转弯。 (3)破坏管直径采用 15~20 mm
		排水虹吸	(1)排水辅助虹吸管管径为 50 mm,进口在冲洗水位以下[出口的水封高度+(0.1~0.15)]m,出口在排水井固定堰顶以下 0.1~0.15 m。如果为压力排水渠,应该加套管,并伸入排水渠内 0.1 m。辅助虹吸管顶端安装孔板。 (2)抽气管管径为 15~20 mm。 (3)破坏管管径为 20~25 mm,下端伸入计时水箱内
2	强制操作		每组滤池设一套抽气装置,通过抽气管强制形成虹吸

(5)气水反冲洗设备。

1)气水反冲洗时,空气和水的冲洗强度为 7~9 L/(s·m²)。排水槽口高出滤层表面 0.3~0.4 m。反冲洗时,清水虹吸管中的流速应小于 0.7 m/s。

配气干管直径为 50~100 mm,起端空气流速为 20~25 m/s。配气支管间距 250 mm,直径为 15~20 mm,起端空气流速为 15~20 m/s。孔口空气流速为 60~65 m/s。配气系统总水头损失为 0.74~0.87 m。

2)贮气罐的有效容积等于一格滤池冲洗 1~2 min 所需的空气量。贮气罐到滤池的输气干管管径为 50~100 mm,空气流速为 40~50 m/s,压力坡降为 12%~30%。到各个滤池的输气支管直径可与配气支管的直径相同。

空气压缩机设 2 台,其中 1 台备用。额定压力为 0.6~0.9 MPa,排气量为 0.3~6 m³/min。

2. 设计计算公式

(1)滤池面积。

$$F = \frac{24}{23} \times \frac{Q}{v}$$

$$f = \frac{F}{N}$$

式中　F——滤池总面积，m^2；

　　　Q——滤池处理水量（包括自用水量），m^3/h；

　　　v——设计滤速，m/h；

　　　f——滤池单格面积，m^2，一般宜小于 $50\ m^2$；

　　　N——滤池格数，取 $6 \sim 8$ 个。

　（2）滤池高度。

$$H = H_0 + H_1 + H_2 + H_3 + H_4 + H_5 + H_6 + H_7 + H_8 + H_9 + H_{10}$$

式中　H——滤池高度，m，取 $5.0 \sim 5.5\ m$；

　　　H_0——集水室高度，m，取 $0.4\ m$ 左右；

　　　H_1——滤板厚度，m，取 $0.1 \sim 0.2\ m$；

　　　H_2——承托层厚度，m，取 $0.2\ m$；

　　　H_3——滤料厚度，m，取 $0.7 \sim 0.8\ m$；

　　　H_4——洗砂排水槽底至砂面距离，m；

　　　H_5——洗砂排水层高度，m；

　　　H_6——洗砂排水槽堰上水头，m，取 $0.05\ m$；

　　　H_7——冲洗水头，m，取 $1.0 \sim 1.2\ m$；

　　　H_8——清水堰上水头，m，取 $0.1 \sim 0.2\ m$；

　　　H_9——过滤水头，m，取 $1.2 \sim 1.5\ m$；

　　　H_{10}——滤池超高，m，取 $0.15 \sim 0.2\ m$。

　（3）滤板孔眼流速。

$$v_1 = qf/(1\ 000\omega_1)$$

式中　v_1——滤板孔眼流速，m/s；

　　　q——冲洗强度，$L/(s \cdot m^2)$；

　其他符号意义同前。

　（4）滤板孔眼面积。

$$\omega_1 = fa/100$$

式中 ω_1——滤板孔眼面积,m^2;

  a——开孔比;%;

  其他符号意义同前。

(5)滤板水头损失。

$$h_1 = v_1^2/(\mu^2 2g)$$

式中 h_1——滤板水头损失,m;

  μ——孔口流量系数,$0.65\sim0.79$。

  其他符号意义同前。

(6)滤速为 10 m/s,冲洗强度 15 L/(s·m^2),冲洗水头 1.2 m 时,矩形虹吸滤池的主要设计尺寸见表4-12。

表 4-12 虹吸滤池设计数据表

<table>
<tr><td colspan="2">净产水量(m³/h)</td><td>320</td><td>430</td><td>600</td><td>800</td><td>1800</td><td>2400</td></tr>
<tr><td colspan="2">滤池个数(个)</td><td>6</td><td>8</td><td>6</td><td>8</td><td>6</td><td>8</td></tr>
<tr><td colspan="2">滤池总平面尺寸(m)</td><td>10.4×6.8</td><td>10.4×9.0</td><td>11.6×9.8</td><td>11.6×13.0</td><td>16×19.0</td><td>16.8×25.3</td></tr>
<tr><td colspan="2">单格滤池尺寸(m)</td><td colspan="2">3.0×2.0</td><td colspan="2">3.5×3.0</td><td colspan="2">6.0×5.5</td></tr>
<tr><td rowspan="3">滤池</td><td>地面以下深度(m)</td><td colspan="2">2.50</td><td colspan="2">2.50</td><td colspan="2">2.50</td></tr>
<tr><td>滤池总高度(m)</td><td colspan="2">5.15</td><td colspan="2">5.15</td><td colspan="2">5.25</td></tr>
<tr><td>滤池水位标高(m)</td><td colspan="2">5.00</td><td colspan="2">5.00</td><td colspan="2">5.10</td></tr>
<tr><td rowspan="4">进水槽</td><td>最高水位(m)</td><td colspan="2">5.50</td><td colspan="2">5.57</td><td colspan="2">5.80</td></tr>
<tr><td>常水位(m)</td><td colspan="2">5.26</td><td colspan="2">5.28</td><td colspan="2">5.45</td></tr>
<tr><td>水封槽水位(m)</td><td colspan="2">5.20</td><td colspan="2">5.22</td><td colspan="2">5.35</td></tr>
<tr><td>配水堰高度(m)</td><td colspan="2">5.10</td><td colspan="2">5.10</td><td colspan="2">5.25</td></tr>
<tr><td rowspan="3">排水槽</td><td>高度(m)</td><td colspan="2">2.10</td><td colspan="2">2.10</td><td colspan="2">2.20</td></tr>
<tr><td>宽度(mm)</td><td colspan="2">360</td><td colspan="2">460</td><td colspan="2">460</td></tr>
<tr><td>每格条数</td><td colspan="2">1</td><td colspan="2">1</td><td colspan="2">3</td></tr>
<tr><td rowspan="2">清水渠</td><td>最高水位(m)</td><td colspan="2">3.80</td><td colspan="2">3.80</td><td colspan="2">3.90</td></tr>
<tr><td>最低水位(m)</td><td colspan="2">3.45</td><td colspan="2">3.45</td><td colspan="2">3.60</td></tr>
<tr><td rowspan="2">排水渠</td><td>地面以下深度(m)</td><td colspan="2">3.20</td><td colspan="2">3.20</td><td colspan="2">3.35</td></tr>
<tr><td>宽度(m)</td><td colspan="2">1.80</td><td colspan="2">1.80</td><td colspan="2">2.40</td></tr>
</table>

续表

	单格滤池尺寸(m)	3.0×2.0	3.5×3.0	6.0×5.5
管径	进水管(mm)	400	500	800
	出水管(mm)	400	500	800
	矩形进水虹吸管(mm)	250×160	350×200	550×440
	排水虹吸管(mm)	300	400	700
	排水管(mm)	400	600	800
	放空管(mm)	80	80	80

3. 虹吸滤池运行管理

真空系统在虹吸滤池中占重要地位,它控制着每组虹吸滤池的运行(过滤、反冲洗等),如果发生故障就会影响整组滤池的正常运行,为此,虹吸滤池的运行管理应做到:

(1)在运行中,必须维护好真空系统,真空泵(或水射器)、真空管路及真空旋塞等都应保持完好,防止一切漏气现象,寒冷地区做好必需的防冻工作,做到随时可以工作。

(2)当要减少滤水量时,可破坏进水小虹吸,停用一格或数格滤池。

(3)当沉淀(澄清)水质较差时,应适当降低滤速,可以采取减少进水量的方法,在进水虹吸管出口外装置活动挡板,用挡板调整进水虹吸管出口处间距来控制水量。

(4)冲洗时要有足够的水量。如果有几格滤池停用,则应将停用滤池先投入运行后再进行冲洗。

六、无阀滤池设计与运行管理

(一)重力式无阀滤池

1. 设计要点

(1)无阀滤池的滤速、滤料级配、承托层、冲洗强度的设计要求可以参照普通快滤池进行。

（2）进水系统。

1）滤池采用双格组合时，进水分配箱也采用 2 格，每格大小一般为(0.6 m×0.6 m)~(0.8 m×0.8 m)。为了使配水均匀，进水分配水箱每格的配水堰口的标高、厚度、粗糙度应相同。一般进水箱底与滤池冲洗水箱平。

2）堰口标高等于虹吸辅助管口标高、进水管及虹吸上升管内的水头损失和堰上流出水头（0.1~0.15 m）之和。

3）从进水分配水箱接到各格滤池的进水管内流速一般为 0.5~0.7 m/s。进水管与出水管的直径相同。

4）进水 U 形存水弯的底部位于排水井水面以下。进水挡板直径比虹吸上升管管径大 10~20 cm，距离管口 20 mm。

（3）滤水系统。

1）滤水系统中的顶盖上下不能漏水，顶盖面与水平面夹角为 10°~15°。浑水区高度一般按反冲洗时滤料层的最大膨胀高度增加 10 cm。

2）冲洗前的期终水头损失等于辅助管口到冲洗水箱最高水位的高差，一般采用 1.5~2.0 m。

（4）虹吸管计算。

1）虹吸管管径取决于冲洗水箱平均水位与排水井水封水位的高差和冲洗过程中平均冲洗强度下各项水头损失值的总和。虹吸下降管的管径比上升管的管径小 1~2 级。虹吸破坏管管径为 15~20 mm。

2）虹吸管的管径一般采用试算法确定：即初步选定管径，算出总水头损失 $\sum h$，当 $\sum h$ 接近平均冲洗水头时，所选管径适合，否则重新计算。

2. 设计计算公式

（1）滤池净面积。

$$F = 1.04Q/v$$

式中　F——滤池净面积，m^2；

Q——设计水量,考虑冲洗水量 4%,m^3/h;

v——滤速,m/h。

（2）配水室高度。

$$\frac{\Delta v}{v} = (M\alpha\beta/2H)^2$$

式中　Δv——孔口平均出流速度差,m/s;

v——孔口平均出流速度,m/s;

M——滤池长度,m;

H——配水室高度,m;

α——流量系数;

β——开孔比,%。

（3）冲洗水箱容积。

$$V = 0.06qFt$$

式中　V——冲洗水箱容积,m^3;

q——平均冲洗强度,采用 15 $L/(m^2 \cdot s)$;

t——冲洗历时,采用 4～6 min;

F——滤池净面积,m^2。

（4）冲洗水箱高度（双格组合时）。

$$H_{冲} = \frac{V}{2F}$$

$$F' = F + f_2$$

式中　$H_{冲}$——冲洗水箱高度,m;

V——水箱容积,m^3;

F'——冲洗水箱净面积,m^2;

f_2——连通渠及斜边壁厚面积,m^2。

（5）虹吸管中的流量。

$$Q' = Q_1 + Q_2$$

$$Q_1 = qF$$

式中　Q_1——平均冲洗流量,L/s;

q——平均冲洗强度,$L/(m^2 \cdot s)$;

Q'——虹吸管中的计算流量,L/s;

Q_2——原进水流量,L/s;

其他符号意义同前。

(6)总水头损失。

$$\sum h = h_1 + h_2 + h_3 + h_4 + h_5 + h_6$$

式中 h_1——连通渠水头损失,m(沿程水头损失可按水力学中谢才公式 $i = \dfrac{Q_1^2}{A^2 C^2 R}$ 计算;进口局部阻力系数取 0.5,出口局部阻力系数为 1);

h_2——小阻力配水系统水头损失,m;

h_3——承托层水头损失,m;

h_4——滤料层水头损失,m;

h_5——挡板水头损失,一般取 0.05 m;

h_6——虹吸管沿程和局部水头损失之和,m。

(二)压力式无阀滤池

1. 设计要点

(1)压力式无阀滤池滤速为 6～10 m/h;冲洗强度为 15 L/(s·m²),冲洗时间一般大于 6 min,冲洗前最大水头损失为 2～2.5 m。滤料一般采用双层,级配参照普通快滤池,每层厚度可以适当加大 100～200 mm。

(2)滤池多采用圆筒形钢结构,筒顶盖和筒底成圆锥形。锥角一般为 20°～25°。池内压力一般为 0.2 MPa。筒体上半部设置人孔,其直径为 500 mm 左右。顶部有排气阀,底部设放水阀。进水管口设置挡板,挡板直径为进水管径的 2.5 倍。底部冲洗水进水口设置配水板,直径为冲洗水管管径的 2.5 倍。

(3)水塔高度及容积计算可以参照普通快滤池的冲洗水箱。

2. 主要设计尺寸规格

压力式无阀滤池已经编入标准图集,表 4-13 列出四种规格的滤池主要尺寸。如果需要供水量大于 45 m³/h 时,可以多只滤池并列使用。

表 4-13　　压力式无阀滤池主要尺寸规格

净产水量(m³/h)		10	20	30	40
滤池直径 D(mm)		1 200	1 600	2 000	2 400
滤池筒深度 H(mm)		2 644	2 810	2 966	3 108
冲洗水量(L/s)		6.1	10.9	16.9	24.4
冲洗流量(m³)		17.0	30.3	47.2	67.8
管道直径 (mm)	水泵吸水管	70	80	100	125
	水泵压水管	50	70	80	100
	虹吸上升管	100	125	150	200
	虹吸下降管	80	100	125	150
	冲洗水管	100	125	150	200
	虹吸辅助管	20	25	32	32
	虹吸破坏管	15	15	20	20
	抽气管	20	20	25	25
进水水泵型号(参考)		IS65-50-160	IS80-65-200	IS80-50-200	IS80-50-200

(三)无阀滤池运行管理

(1)重力式无阀滤池一般设计为自动冲洗,因此滤池的各部分水位相对高程要求较严格,工程验收时各部分高程的误差应在设计允许范围内。

(2)滤池反冲洗水来自滤池上部固定体积的水箱,冲洗强度与冲洗时间的乘积为常数。因此如若想改善冲洗条件,只能增加冲洗次数,缩短滤程。

(3)滤池除应保证自动冲洗的正确运行外,还应建立必要的压力水或真空泵系统,并保证操作方便、随时可用。

(4)滤池在试运行时应依据试验的方法逐步调节,使平均冲洗强度达到设计要求。

(5)重力无阀滤池的滤层隐蔽在水箱下,因此滤层运行后的情况不可知晓,应谨慎运行,一切易使气体在滤层中出现的情况和操作都要避免。更应制订操作程序和操作规程,运行人员应严格执行。

（6）初始运行时，应先向冲洗水箱缓慢注水，使滤砂浸水，滤层内的水缓慢上升，形成冲洗并持续 10～20 min；再向冲洗水箱的进水加氯，含氯量大于 0.3 mg/L，冲洗 5 min 后停止冲洗，以此含氯水浸泡滤层 24 h，再冲洗 10～20 min 后，方可进沉淀池正常运行。

（7）重力式无阀滤水池未经试验验证，不得超设计负荷运行。

（8）滤池出水浊度大于 1 NTU 时，尚未自动冲洗时，应立即人工强制冲洗滤池。

（9）滤池停运一段时间，如池水位高于滤层以上，可启动继续运行；如滤层已接触空气，则应按初始运行程序进行，是否仍需加氯浸泡措施应视出水细菌指标决定。

七、移动罩滤池设计与运行管理

1. 设计要点

移动罩滤池设计要点见表 4-14。

表 4-14　移动罩滤池设计要点

序号	项目	设计要点
1	滤池分格数及滤格面积	（1）水厂内的滤池不少于可独立运行的 2 组，每组滤池的格数不得少于 8 格，一般在 12～40 格。单个滤格的面积为 1.5～12 m²。虹吸式单格滤池面积受罩体构造的限制，一般宜小于 10 m²。 （2）泵吸式的滤格面积由水泵限定，目前约为 2 m²
2	滤池进水布置	一般滤池进水布置有堰板出流，中央渠进水，穿孔进水槽。穿孔进水槽的孔口流速小于 0.5 m/s
3	滤水系统	（1）滤池过滤水头采用 1.2～1.5 m；滤料层粒径与厚度参照普通快滤池；承托层和小阻力配水系统参照无阀滤池。 （2）集水区高度一般为 0.4～0.7 m；每格滤池砂面以上的直壁高度应等于冲洗时滤料膨胀高度再加保护高
4	出水布置	出水用水位恒定器和虹吸管，出水虹吸管的流速为 1.0～1.5 m/s。虹吸管顶一般在滤池水位以下约 0.1 m。出水堰口标高在滤池水位下 1.2～1.5 m

序号	项目	设计要点
5	反冲洗设备	虹吸式反冲洗时，排水虹吸管的口径按照堰板高度与排水水位的高程差计算。泵吸式反冲洗时，水泵扬程按照堰口标高与滤池水位的高程差计算。水泵流量按照滤池面积与冲洗强度计算

2. 设计计算公式

(1)滤池总面积。

$$F = \frac{1.05Q}{v_{\text{平}}}$$

式中　　F——滤池总面积，m^2；

　　　　Q——净产水量，m^3/h；

　　　　$v_{\text{平}}$——平均设计滤速，m/h。

(2)每滤格净面积。

$$f = \frac{F}{n}$$

式中　　f——每滤格净面积，m^2；

　　　　F——滤池总面积，m^2；

　　　　n——滤格数。

3. 移动罩滤池运行管理

(1)移动罩滤池反冲洗时来自邻近滤格的滤后水，通过砂层进行反冲洗，经移动冲洗罩从排水管流入排水槽(井)。

(2)移动罩滤池罩体定位必须正确，罩体材质要注意防腐，采用钢板外涂聚酯玻璃钢可以满足要求。

(3)滤池冲洗要求有较大的水量和较小的水头，因而水泵一般选用轴流泵或混流泵。

(4)移动罩滤池冲洗罩在运行时，必须使罩体下缘与分隔墙顶分离，而罩体定位后必须保持下缘与墙顶密封。

(5)移动罩滤池维护管理：

1)每日检查进水池、虹吸管、辅助吸管的工作状况，保证虹吸管不漏气;检查强制冲洗设备,高压水有足够的压力,真空设备的保养,补水、阀门的检查保养。

2)保持滤池工作环境整洁、设备清洁。

3)每半年至少检查滤层情况一次,检查时放空滤池水,打开滤池顶上人孔,运行人员下到滤层上检查滤层是否平整,滤层表面积泥球情况,有无气喷扰动滤层情况发生。发现问题,及时处理。

4)每1~2年清出上层滤层清洗滤料,去除泥球。

5)运行3年左右要对滤料、承托层、滤板进行翻修,部分或全部更换,对各种管道、阀门及其他设备解体恢复性修理。

6)每年对金属件油漆一次。

7)如发现平均冲洗强度不够,应设法采取增加冲洗水箱容积的措施。

八、V型滤池设计与运行管理

1. 设计要点

(1)滤水系统。

1)滤料采用石英砂,有效粒径 $d_{10}=0.95\sim1.50$ mm,不均匀系数 K_{80} 为 $1.3\sim1.4$,不超过 1.6。滤料层厚度为 $1.0\sim1.3$ m,粒径粗、滤速大时采用较厚的滤层。

2)长柄滤头配气、配水系统需要根据滤头形式和滤头间距,综合考虑是否设置较薄的承托层或不设承托层。承托层一般为粒径 $1\sim2$ mm,厚 100 mm 的粗砂。

3)过滤速度一般为 $8\sim15$ m/h。滤层上的水深一般大于 1.2 m。反冲洗时水位下降到排水槽顶,水深只有 0.5 m。

(2)配水、配气系统。目前,气水反冲洗滤池中应用最普遍的配水、配气系统是长柄滤头。

1)冲洗时空气从滤柄上部进入,水从滤柄下部的缝隙和底部进入。

2)长柄滤头配气、配水系统的滤帽缝隙总面积与滤池过滤面积之比一般为 1.5% 左右。

3)长柄滤头在滤板上均匀布置,每平方米布置 50~60 个。

4)冲洗水通过长柄滤头的水头损失和空气通过长柄滤头的压力损失可以按产品实测资料确定。冲洗水和气同时通过长柄滤头时的水头损失可以按照实测资料确定,无资料时按设计计算公式计算。

5)滤头固定板下的气水室高度为 700~900 mm。

6)向气水室配气的配气干管(渠)的进口流速为 5 m/s 左右;配气支管或孔口流速为 10 m/s 左右;配水干管(渠)进口流速为 1.5 m/s 左右;配水支管或孔口流速为 1~1.5 m/s。

(3)反冲洗设备。

1)冲洗水的供应设备可以用水泵或水箱供应。其流量根据反冲洗水量确定。

2)冲洗空气的供应可以用鼓风机供给,也可以采用空气压缩机和储气罐供给,鼓风机输出的气流量为单格滤池冲洗气流量的 1.05~1.1 倍。

3)排水槽内的水面应低于排水槽顶面 0.05 m。排水槽顶面一般应高出滤料层表面 0.5 m。

表面扫洗配水孔口至排水槽边缘的水平距离一般小于 3.5 m,最大不超过 5 m;表面扫洗配水孔低于排水槽顶面 0.015 m。

2. 设计计算公式

鼓风机出口的静压力计算公式如下。

(1)水头损失增量。

$$\Delta h = 981 \times (0.01 - 0.01v_1 + 0.12v_1^2)$$

式中　　Δh——气水同时通过长柄滤头时比单一通过时的水头损失增量,Pa;

　　　　n——气水比;

　　　　v_1——滤头柄中的水流速度,m/s。

(2)水泵的扬程。

$$H_p = H_0 + h_1 + h_2 + h_3 + h_4 + h_5$$

式中　　H_p——水泵扬程,m;

H_0——冲洗水排水槽顶至吸水池水面的高度，m；

h_1——水泵吸水口至滤池的输水管道的总体水头损失，m；

h_2——配水系统的总体水头损失，m；

h_3——承托层的水头损失，m；

h_4——滤料层的水头损失，m；

h_5——富余扬程，1～2 m。

（3）冲洗水箱底高出滤池冲洗水排水槽顶面的高度。

$$H_t = h_1 + h_2 + h_3 + h_4 + h_5$$

式中　H_t——冲洗水箱底至滤池冲洗水排水槽顶面的垂直高度，m；

h_1——冲洗水箱至滤池的冲洗水输水管道的总水头损失，m；

h_2、h_3、h_4——注释同前；

h_5——富余水头，1～2 m。

（4）鼓风机出口的静压力。

$$H_y = h_1 + h_2 + 9\ 810Kh_3 + h_4$$

式中　H_y——鼓风机出口出的静压力，Pa；

h_1——输气管道的压力总损失，Pa；

h_2——配齐系统的压力损失，Pa；

K——系数，1.05～1.10；

h_3——配齐系统出口至空气溢出面的水深，m；

h_4——富于压力，4 900 Pa。

3. V 型滤池运行管理

（1）采用在池的两侧壁的 V 型槽进水和池中央的尖顶堰溢流排水。

（2）采用较粗而厚的单层均匀颗粒的砂滤层。

（3）采用滤床在不膨胀的状态下进行低反冲洗强度的气、水同时反冲洗，并兼有原水的表面扫洗。

（4）滤速控制系统。在保持滤池水位不变的情况下，随着滤层阻力的增大，相应使出水管道系统的阻力减少，以保持滤池出水量不变，达到等速过滤运行的目的。

九、滤池设计实例

(1)已知条件。

1)设计水量。净产水量 41.7 m³/h,滤池分两格,每格净产水量 20.85 m³/h。滤池冲洗耗水量按产水量的 4% 计,则每格设计水量为:

$$Q = 20.85 \times 1.04 = 21.68 \text{ m}^3/\text{h} = 6.02 \times 10^{-3} \text{m}^3/\text{s}$$

2)设计参数。主要设计参数见表 4-15。

表 4-15　设计参数

参数名称	单位	数值
流速	m/h	$v = 10$
平均冲洗强度	L/(s·m²)	$q = 15$
冲洗历时	min	$t = 4$
期终允许水头损失	m	$H_终 = 1.7$
排水井堰口标高	m	-0.9
滤池入土深度	m	-0.7

(2)设计计算。

1)滤池面积。计算见表 4-16。

表 4-16　滤池面积计算

项　目	关系式	计算值
所需过滤面积(m²)	$F_1 = Q/v$	2.17
以 0.3 m 为腰长的等腰直角三角形联通管的面积(m²)	$F_2 = 0.3^2/2$	0.045
所需滤池总面积(m²)	$F = F_1 + 4F_2$	2.35
正方形滤池的边长(m)	$L = \sqrt{F}$	1.53

2)滤池高度。计算见表 4-17。

表 4-17　滤池高度计算

项　目	单位	计算值
底部集水区高度	m	0.30
滤板厚度	m	0.12
承托层厚度	m	0.10

续表

项　目	单位	计算值
滤料层厚度	m	0.70
浑水区高度	m	0.38
顶盖高度	m	0.35
冲洗水箱高度(两格合用) $(qF_1 t \times 60)/(F_1 \times 2 \times 1\,000) = (15 \times 4 \times 60)/(2 \times 1\,000) = 1.80$ 考虑到冲洗水箱隔墙上连通孔的水头损失 0.05 m,水箱高取	m	1.85
超高	m	0.15
滤池总高度	m	3.95

3)进水分配箱。

流速采用 0.05 m/s

面积 $F_分 = Q/0.05 = 0.006\,02/0.05 = 0.120\,4 \text{ m}^2$

采用正方形,边长 0.35 m×0.35 m。

4)进水管。

流量 $Q = 6.02(\text{L/s})$

5)几个控制标高。

①滤池出水口标高。

$$滤池出水口标高=滤池总高度-滤池入土深度-超高$$
$$=3.95-0.70-0.15=3.10 \text{ m}$$

②虹吸辅助管管口标高。

$$虹吸辅助管管口标高=滤池出水口标高+期终允许水头损失$$
$$=3.10+1.70=4.80 \text{ m}$$

③进水分配箱底标高。

进水分配箱底标高=虹吸辅助管管口标高-防止空气旋入的保
护高度

$$=4.80-0.50=4.30 \text{ m}$$

④进水分配箱堰顶标高。

进水分配箱堰顶标高＝4.30＋0.29＋0.11＝4.70 m

6)虹吸管管径。

采用反算法,计算结果为:虹吸上升管采用 $DN250$,虹吸下降管采用 $DN200$,即可满足要求。

滤池出水管管径:

采用与进水管相同之管径 $DN150$。

排水管管径:

采用 $DN350$,则此时:

流速 $v_{排}$＝1.2 m/s

水利坡降 $i_{排}$＝5.5‰

充满度＝h/D＝0.75

其他管径:

虹吸辅助管管径采用 32 mm×40 mm。虹吸破坏管和强制冲洗管管径均采用 15 mm。

第四节　消　　毒

水源水、生活污水、工业废水中含有大量的细菌和病毒,一般的处理工艺不能将其灭绝。为了满足水质要求,防止疾病的传播,须对水进行消毒处理。

小城镇给水系统的消毒,仍以加氯消毒为主。主要含氯药剂有液氯、漂白粉、次氯酸钠液体和电解食盐水的商品次氯酸钠发生器。

一、消毒剂的投加

消毒剂加入净化水中后应充分混合均匀,并要求有 30～60 min 的接触反应时间,以达到杀菌的目的。保证这一接触时间一般由清水池、高位水池或水塔贮水时间来实现。

为加注消毒剂数量计算的方便起见,一般反算其用量,以便于运行人员掌握。消毒剂量的多少,应根据净化构筑物净化水的数量,四季各不相同,经消毒,最终以水厂出厂水中游离余氯不少于 0.3 mg/L 为合格。夏季应增加投氯量,使出厂水中游离余氯可掌握在0.5 mg/L。每座水厂水源水条件各异,都应尽快摸索出投氯量与出水厂余氯合格标准之间关系的规律,以保证出厂水余氯合格。

但是,为了提高自来水的品质、减少出水厂中有害物的含量,应尽量减少有效氯的投加量。净化过程中、加氯后的净化构筑物和配水泵房的运转人员都必须掌握余氯的检测技术,配备检测手段,以保证水质要求。

二、消毒方法

(一)液氯消毒

液氯消毒法指的是将液氯汽化后通过加氯机投入水中完成氧化和消毒的方法。

液氯是迄今为止最常用的方法,其特点是液氯成本低、工艺成熟、效果稳定可靠。由于加氯法一般要求不少于 30 min 的接触时间,接触池容积较大;氯气是剧毒危险品,存储氯气的钢瓶属高压容器,有潜在威胁,需要按安全规定兴建氯库和加氯间;液氯消毒将生成有害的有机氯化物,但是它的持续灭菌能力,让它成为现今水处理行业里比较常用的工艺。

1. 普通氯化消毒

普通氯化消毒是指水的需氯量较低,且基本无氨,用少量氯即可达到消毒目的的一种消毒法。此法产生的主要是游离性余氯,所需接触时间短,效果可靠。但要求原水污染较轻,且基本无酚类物质(否则会产生氯酚臭);原水为地面水时,往往会使饮用水具有致突变性,以及含有三卤甲烷。

2. 氯胺消毒法

氯胺消毒法氨与氯的比例应通过试验确定,其范围一般为 1∶3～1∶6。与普通氯化消毒法相比,本法产生的三卤甲烷明显较低;如先加氨后加氯,则可防止氯酚臭;如先加氯,消毒后再加氨,则可使管网末梢余氯得到保证。但本法的消毒作用较弱,故要求的接触时间较长,余氯浓度较高;费用较贵。

3. 折点消毒法

折点消毒法的优点是:消毒效果可靠;能明显降低锰、铁、酚和有机物含量;并具有降低臭味和色度的作用。缺点是耗氯多,并因而有可能产生较多的氯化副产物;需事先求出折点加氯量,且有时折点不明显;会使水的 pH 过低,故必要时尚需加碱调整。

4. 过量氯消毒法

当有机污染严重,或需在短时间内达到消毒目的时,可加过量氯于水中,使余氯达到 $1\sim5$ mg/L。消毒后的水,需用 SO_2、亚硫酸钠或活性炭脱氯。

(二)二氧化氯消毒

二氧化氯为强氧化剂,杀菌主要是吸附和渗透作用,大量二氧化氯分子聚集在细胞周围,通过封锁作用,抑制其呼吸系统,进而渗透到细胞内部,以其强氧化能力有效氧化菌类细胞赖以生存的含硫基的酶,从而快速抑制微生物蛋白质的合成来破坏微生物。

1. 二氧化氯投加量

二氧化氯投加量应根据实验和相似条件下水厂的运行经验,按照最大用量计算。主要与原水水质和投加用途有关。当二氧化氯仅作为饮用水消毒时,一般投加 $0.1\sim0.5$ mg/L;当用于除铁、除锰、除藻的预处理时,一般投加 $0.5\sim3.0$ mg/L;当兼作除臭时,一般投加 $0.5\sim1.5$ mg/L。投加量须保证管网末端能有 0.05 mg/L 的剩余氯。

2. 二氧化氯投加点的选择

用于预处理时,一般应在混凝剂加注前 5 min 左右投加。用于除臭或饮用水消毒时,可以在滤后投加。

3. 接触时间

用于预处理时,二氧化氯与水的接触时间为 $15\sim30$ min;用于水厂饮用水消毒时为 15 min。

4. 二氧化氯投加方式

采用水射器在管道中投加,水射器尽量靠近加注点。也可以采用扩散器或扩散管在水池中投加。

(三)次氯酸钠消毒

次氯酸钠是一种强氧化剂,其消毒作用仍然依靠 HOCL 进入菌体内部起氧化作用。次氯酸钠溶液是通过发生器将食盐水电解后生成的,无色,无味,消毒效果不如氯强。

一般用次氯酸钠发生器电解食盐水(或海水)制取次氯酸钠溶液。产品含有效氯 $6\sim11$ mg/mL。

次氯酸钠宜边生产边使用,冬天贮存时间不应超过 6 d,须避光保存。

次氯酸钠消毒的缺点是:消毒效果不如氯强;不宜贮运,需现场发生投加;发生器设备整体故障率高,体积大;劳动强度大;电耗、盐耗高。

(四)氯胺消毒

氯胺消毒法指的是氯和氨反应生成一氯胺和二氯胺以完成氧化和消毒的方法。被消毒的水中氨氮含量 0.05 mg/L 时,便在加氯前先加氨或铵盐,再加氯使之生成化合性氯的消毒方法叫氯胺消毒。起主要作用的是一氯胺和二氯胺。

氯胺消毒的优点是:因氯胺与水中腐殖物质作用较小,因此减少了腐殖物质与游离氯所形成的致癌物质(如三卤甲烷);在管网中的氯胺形成的余氯持续时间长,因而能有效地抑制残余细菌的再繁殖;避免了氯引起的臭味。

氯胺消毒的缺点是:氯胺的氧化能力较氯低,因此对病原体的灭活需要更长的接触时间;氯胺作为消毒剂生成不具有消毒效果的有机氯胺;氯胺的自身分解和衰减释放自由氨氮,氨氮可作为自养硝化细菌的底物,参与氮循环。硝化细菌利用氨氮作为能量来源并且生成亚硝酸氮,加速氯胺的衰减,使得异养菌增加。

(五)臭氧消毒

1. 臭氧消毒原理

臭氧是一种强氧化剂,灭菌过程属生物化学氧化反应。O_3 灭菌有以下 3 种形式：

（1）臭氧能氧化分解细菌内部葡萄糖所需的酶，使细菌灭活死亡。

（2）直接与细菌、病毒作用，破坏它们的细胞器和 DNA、RNA，使细菌的新陈代谢受到破坏，导致细菌死亡。

（3）透过细胞膜组织，侵入细胞内，作用于外膜的脂蛋白和内部的脂多糖，使细菌发生通透性畸变而溶解死亡。

2. 臭氧消毒优点

臭氧消毒灭菌方法与常规的灭菌方法相比具有以下特点：

（1）高效性。臭氧消毒灭菌是以空气为媒质，不需要其他任何辅助材料和添加剂。具有包容性好，灭菌彻底的特点，同时还有很强的除霉、腥、臭等异味的功能。

（2）高洁净性。臭氧快速分解为氧的特征，是臭氧作为消毒灭菌的独特优点。臭氧是利用空气中的氧气产生的，消毒过程中，多余的氧在 30 min 后又结合成氧分子，不存在任何残留物，解决了消毒剂消毒方法产生的二次污染问题，同时省去了消毒结束后的再次清洁。

（3）方便性。臭氧灭菌器一般安装在洁净室或者空气净化系统中或灭菌室内（如臭氧灭菌柜、传递窗等）。根据调试验证的灭菌浓度及时间，设置灭菌器的按时间开启及运行时间，操作使用方便。

（4）经济性。通过臭氧消毒灭菌在诸多制药行业及医疗卫生单位的使用及运行比较，臭氧消毒方法与其他方法相比具有很大的经济效益及社会效益。

3. 臭氧消毒的缺点

（1）臭氧消毒会产生醛类及溴酸盐等有毒副产物。

（2）臭氧不易保存，需现场制备及使用。

（3）设备投资昂贵，占地面积大，运转费用高。

（六）紫外线消毒

紫外线消毒是一种物理方法，它不向水中增加任何物质，没有副作用，这是它优于氯化消毒的地方，它通常与其他物质联合使用，这样，消毒效果会更好。

通常紫外线消毒可用于氯气和次氯酸盐供应困难的地区和水处理后对氯的消毒副产物有严格限制的场合。一般认为当水温较低时用紫外线消毒比较经济。

1. 紫外线消毒优点

紫外线消毒的优点如下：

(1)不在水中引进杂质,水的物化性质基本不变;

(2)水的化学组成(如氯含量)和温度变化一般不会影响消毒效果;

(3)不另增加水中的嗅、味,不产生诸如三卤甲烷等类的消毒副产物;

(4)杀菌范围广而迅速,处理时间短,在一定的辐射强度下一般病原微生物仅需十几秒即可杀灭,能杀灭一些氯消毒法无法灭活的病菌,还能在一定程度上控制一些较高等的水生生物如藻类和红虫等;

(5)过度处理一般不会产生水质问题;

(6)一体化的设备构造简单,容易安装,小巧轻便,水头损失很小,占地少;

(7)容易操作和管理,容易实现自动化,设计良好的系统的设备运行维护工作量很少;

(8)运行管理比较安全,基本没有使用、运输和储存其他化学品可能带来的剧毒、易燃、爆炸和腐蚀性的安全隐患;

(9)消毒系统除了必须运行的水泵以外,没有其他噪声源。

2. 紫外线消毒缺点

(1)处理水量较小;

(2)管网中没有持续消毒能力。

(七)微电解消毒

微电解消毒即电化学法消毒,其实质是水流经电场水处理器时,水中细菌、病毒的生态环境发生,导致其生存条件丧失而死亡。

微电解消毒的优点如下:

(1)体积小,易于安装,不需专人管理;

（2）不污染环境；

（3）操作简单，运行可靠，运行费用低；

（4）若安装在循环冷却水处理场合，可同时兼有防垢、除垢及灭藻功能。

三、液氯消毒设施设计与运行管理

（一）液氯消毒设施设计

1. 设计要点

（1）加氯设备。氯瓶中的氯气不能直接用管道加到水中，为了保证加氯消毒时的安全和计量准确，必须经过加氯机投加。

加氯机台数按照最大加氯量选用，至少安装两台，备用台数不少于1台（加氯机的种类很多，常用的有转子加氯机、转子真空加氯机、真空加氯机等）。

（2）加氯间。

1）位置设计要点。

①加氯间靠近加氯点，与氯库毗连或合建，布置在水厂的下风向，与厂外经常有人的建筑尽量保持远的距离；

②加氯间和其他工作间隔开，建筑物应坚固、防火、保温；

③有直接通向外部、向外开的大门；

④有良好的通风，通风设备的排气口设于低处，通风设备按每小时换气 8～12 次设计。

⑤加氯间房屋结构应坚固、防火。

2）加氯间和氯库需设定测定空气中氯气浓度的仪表和报警措施。加氯间内应有吸收设备。加氯间出入处应设置检修工具、防毒面具和抢修设备。照明和通风设备应设有室外开关。加氯间的管线应铺设在管沟内。

氯气管选用紫铜管或无缝钢管，氯水管用橡胶管或塑料管，给水管用镀锌钢管。

（3）氯库。

液氯库的储备量应按生产、运输和使用条件具体确定，一般按照最大投加量 15～30 d 的储量计算。氯库建筑应防止强烈日照，同时必须有独立向外开启的门，大门的尺度要方便氯瓶的运输，氯库内必须有机械搬运设备。

2. 加氯量计算

在水处理中，氯气的投加量应根据相似条件水厂的运行经验或实验而定。自来水厂出水的余氯量应符合生活饮用水标准。一般氯气的投加浓度控制在 1～5 mg/L。水与氯应充分混合，接触时间不小于 30 min。杀菌作用随接触时间增加而增加，接触时间短须增加投氯量。

设计加氯量为：

$$W = 0.011Qq$$

式中　　W——加氯量，kg/h；

　　　　q——最大加氯量，g/m³；

　　　　Q——需消毒的水量，m³/h。

(二)液氯消毒设施运行管理

1. 加氯间安全操作运行管理

有的水厂将加氯操作与加药间操作安排在一起，有的与滤池操作安排在一起，不管加氯操作属于哪个部门管理，为正确控制好加氯量，都需要制定加氯安全操作规程。

（1）为掌握好原水水质的变化，加氯人员要认真做到勤检查，勤化验，掌握好影响加氯的各种因素，及时正确地调整加氯量。

（2）加氯人员要加强前后工序的联系，了解进出水量的变化和水的净化处理效果。一般在开泵前，加氯人员要事先检查好加氯设备，做好加氯前各项准备；接到开泵信号后，能及时加氯；停泵前提前 2～3 min 关闭出氯总阀，停止加氯；当澄清过滤后的浊度、pH 值发生变化时要及时调整加氯量。

（3）控制好余氯量。控制好余氯量是保证水质的关键，控制余氯的常用方法就是定时定点的检测余氯,及时调整加氯量,一般一次加氯时在清水池进出 2 个点,二次加氯时在沉淀池出口、过滤后及清水池出口 3 个点每小时检测余氯 1 次,根据余氯量及时调整加氯量。

(4)严格遵守操作规程,保证加氯安全。

(5)搞好设备维护。加氯间的主要设备是加氯机、氯瓶、磅秤、起重工具以及保安用具,如氨水、防毒面具、通风设施等,对所有设备都要定期检查并加以维护,对各种管道阀门,平时也要有专人维护,一旦发现漏气,立即调换。务必按时做好操作记录,使各种设备处于完好状态。

2. 氯瓶安全操作管理

氯瓶主要有大小两类,大瓶装氯有 500 kg 和 1 000 kg 两种,小瓶装氯有 40～100 kg 多种。装满液氯的氯瓶内压力为 $6.078 \times 10^5 \sim 8.104 \times 10^5$ Pa(6～8 atm)。

(1)氯瓶的搬运和放置。

1)为防氯瓶阀体撞断,氯瓶搬运时顶部必须罩上防护盖。用车装卸时,必须设起吊设备,也可以利用地形高差,当地坪标高与车厢底板相平时,可用滚动法装卸;小瓶可用人工搬运,所用杠棒、绳索、打结必须牢固;在平地上大瓶可用滚的办法搬运,或用撬棍慢慢撬动;也可用手推车进行搬运,既安全又省力。

2)氯瓶进入氯库前,必须检查是否有漏氯现象。如有漏氯必须及时进行处理后才可入库。

3)不同日期到货的氯瓶,应放置不同地方,并记录入库日期,为防止日久氯瓶总阀杆生锈而不易开启,应做到先入库的先使用。如贮存时间过长,每月应试开一次氯瓶总阀(移至室外进行),并在阀杆上加注少量机油。

4)氯瓶应放在通风干燥地方,大氯瓶应横放,小氯瓶应竖放。如放在室外,必须搭有凉棚,严禁太阳曝晒。

(2)氯瓶的使用。

1)氯瓶在使用前,必须先试开氯瓶总阀,先旋掉出氯口帽盖,清除出氯口处垃圾。

2)氯瓶的保温:氯瓶中液氯在汽化过程中要吸收热量,使用氯气的量愈大,吸热量也愈大。如不加保温处理,就会降低液氯汽化的速度,造成加氯量不够。使用中,如果出现氯瓶外充结有霜和冰的情况,可用自来水冲淋氯瓶外壳进行保温。这样既经济、安全,又方便。

3)氯瓶总阀无法开启的处理方法:氯瓶总阀无法开启主要是阀杆腐蚀生锈与阀体黏结造成。处理办法是:旋开压盖相,撬出压盖,撬掉已硬化的旧垫料(油棉线),添加新垫料,放入压盖,旋紧压帽。为了松动阀杆与阀体的黏结,用榔头轻轻敲击阀杆顶端,再用两只榔头相对敲打阀体,敲打时要同时落锤,用力均匀,然后即可试开。

如按上述方法处理总阀还不能开启时,可用热胀冷缩原理进行处理。在阀体四周用毛巾裹住,露出安全塞,用 70 ℃热水浇注毛巾,同时用冷水浸湿的毛巾裹住安全塞,使安全塞温度低于 70 ℃。由于阀杆阀体温不同,产生膨胀程度也不一样,松动了锈蚀处。

进行总阀开启处理时,应事先准备防毒面具、排风扇、铁钎或竹杆等工具和材料,以备安全塞熔化或总阀拆断时应急使用。

(3)氯瓶的维护。使用中,瓶内氯气不能用尽,要有一定的存量,不然氯气抽完瓶内形成负压,在更换氯瓶时潮气就会吸入,腐蚀氯瓶内壁。当加氯机玻璃罩内黄色变淡时,应及时关闭氯瓶总阀,调换氯瓶。使用过的氯瓶必须关紧总阀,并旋紧出氯口盖帽,以防漏氯和吸入潮气。当用自来水对氯瓶进行保温和降温时,切勿将水淋到总阀上,因为总阀的压盖和连接输氯管的连头处最易漏氯,遇水作用后,会腐蚀总阀阀体。当氯瓶外壳油漆剥落时,必须重新进行油漆,一般 1～2 年应油漆 1 次。

四、其他消毒方式的设计与运行管理

(一)设计要点

二氧化氯消毒、漂粉精消毒、次氯酸钠消毒、氯胺消毒、臭氧消毒以及紫外线消毒的设计要点见表 4-18。

表 4-18　其他消毒方式的设计要点

序号	项目	设计要点
1	二氧化氯消毒	(1)二氧化氯投加点的选择。用于预处理时,一般应在混凝剂加注前 5 min 左右投加。用于除臭或饮用水消毒时,可以在滤后投加。 (2)接触时间。用于预处理时,二氧化氯与水的接触时间为15~30 min;用于水厂饮用水消毒时为 15 min。 (3)二氧化氯投加方式。采用水射器在管道中投加,水射器尽量靠近加注点。也可以采用扩散器或扩散管在水池中投加。 (4)二氧化氯制取间及库房设计。目前,常见的二氧化氯的制备方法有电解食盐法和化学法。设置二氧化氯发生器的制取间与储存物料的库房合建时,须设有隔墙。每房间有独立对外的门和便于观察的窗。制取间须有喷淋装置,防止气体泄漏。 (5)库房设计。库房的面积不宜大于30d 的储存量。库房保持干燥,防止强烈的光线直射,有通风设备。需要设置机械搬运装置。制备间和库房按照防爆建筑要求设计,工作区内要有专用通风装置和气体的传感、警报装置。门外应设置防护工具
2	漂粉精消毒	(1)漂粉精消毒可以采用湿式投加或干式投加。 (2)溶药池一般采用两个,便于轮换使用。池底坡度不小于 2%,考虑 15%容积作为沉渣部分,池子顶部应有大于 0.1~0.15 m 的超高。 (3)漂粉精仓库宜与加注室隔开。药剂储备量一般按最大日用量的15~30 d 计算。适当设置机械搬运设备。 (4)仓库应保持阴凉、干燥、通风良好,一般为自然通风
3	次氯酸钠消毒	(1)一般用次氯酸钠发生器电解食盐水(或海水)制取次氯酸钠溶液。产品含有效氯 6~11 mg/mL。 (2)次氯酸钠宜生产边使用,冬天贮存时间不应超过 6 d,须避光保存。 (3)贮液箱有足够高度时,可以罩力投加,通过水封箱加注到水泵吸水管中;也可以用水射器等压力投加,同混凝剂的投加

序号	项目	设计要点
4	氯胺消毒	(1)氯胺消毒时接触时间不小于 2 h。 (2)氯、氨的投加比例应通过试验确定，一般氯和氨的质量比为(3：1)～(6：1)。 (3)氯和氨的投加方法相同。氯和氨的投加顺序按投加目的而定。以消毒为主时可"先氯后氨"；为了减少不良副产物的生成应"先氨后氯"。 (4)加氨间和氨库的设计一定要严格按照防火设计规范的有关防爆防火规定。加氨间应经常换气，进气孔设在外墙的低处，排气孔设在最高处。加氨间的建筑、安全、通风、管线等可以参照加氯间。氨瓶不可以在阳光下曝晒。
5	臭氧消毒	(1)臭氧的 pH 为 6～9 时消毒效率臭氧＞二氧化氯＞氯＞次氯酸钠。 (2)臭氧消毒系统主要由四部分组成，即气源制备、臭氧发生、接触反应、尾气处理
6	紫外线消毒	(1)光照接触时间为 10～100 s。 (2)水层厚度一般不超过 2 cm。 (3)消毒器中的水流速度最好不小于 0.3 m/s，减少套管的结垢。 (4)紫外线灭菌灯的最佳运行温度为 40 ℃，温度更高或更低都会影响紫外光的输出功率。 (5)消毒器前应有净水器或进水经过过滤，以提高杀菌效果。 (6)消毒器可以并联或串联安装

(二)投加量的确定

1. 二氧化氯投加量的确定

二氧化氯投加量应根据实验和相似条件下水厂的运行经验，按照最大用量计算。当二氧化氯仅作为饮用水消毒时，一般投加 0.1～0.5 mg/L；当用于除铁、除锰、除藻的预处理时，一般投加 0.5～3.0 mg/L；当兼作除臭时，一般投加 0.5～1.5 mg/L。投加量须保证管网末端能有 0.05 mg/L 的剩余氯。

2. 漂粉精用量计算

漂粉精的用量按下式计算：

$$W = \frac{Qq}{1\ 000p}$$

式中 W——每日漂粉精的用量，kg/d；

  Q——每日处理水量，m³/d；

  q——加氯量，g/m³；

  p——漂粉精的有效含氯量，%。

(三)消毒设施运行通则

小城镇给水系统的消毒，仍以加氯消毒为主。主要含氯药剂有液氯、漂白粉、次氯酸钠液体和电解食盐水的商品次氯酸钠发生器。小城镇给水系统的消毒设计运行通则如下：

(1)消毒剂加入净化水中后应充分混合均匀，并要求有 30～60 min 的接触反应时间，以达到杀菌的目的。保证这一接触时间一般由清水池、高位水池或水塔贮水时间来实现。

(2)为加注消毒剂数量计算的方便起见，一般反算其用量，以便于运行人员掌握。消毒剂量的多少，应根据净化构筑物净化水的数量，四季各不相同，经消毒，最终以水厂出厂水中游离余氯不少于 0.3 mg/L 为合格。夏季应增加投氯量，使出厂水中游离余氯可掌握在 0.5 mg/L。每座水厂水源水条件各异，都应尽快摸索出投氯量与出水厂余氯合格标准之间关系的规律，以保证出厂水余氯合格。

(3)按国家饮用水卫生标准规定，给水管网末梢水还应保持游离余氯含量不得少于 0.05 mg/L。为此，运行化验人员还应积极认真摸索本水厂管网和水质情况，出厂水余氯与末梢水余氯的关系规律，以末梢水合格时，确定出厂水余氯控制值。城镇给水系统一般管网相对较短，余氯在管网中的消耗一般较少，因此通过摸索就可以减少消毒剂的用量。

(4)为提高自来水的品质，减少出厂水中有害物的含量，应尽量减少有效氯的投加量。

（5）净化过程中、加氯后的净化构筑物和配水泵房的运转人员都必须掌握余氯的检测技术，配备检测手段，以保证水质要求。

五、消毒设计实例

【例 4-5】　液氯消毒设计：设计水量为 $Q=453$ m³/h，计算有关数据。

【解】　加氯量取 4.2 mg/L，总加氯量为：

$$Q_1=0.001\times\alpha\times Q=0.001\times4.2\times453=1.90\text{kg/h}$$

液氯的储备量 G 按照最大用量的 30 天计：

$$G=30\times24\times Q_1=30\times24\times1.90=1\ 368\ \text{kg/月}$$

存储量为 500 的焊接液氯钢瓶 3 个，氯瓶长 $L=1\ 800$ mm，直径 $D=600$ mm。选用两台 ZJ-2 型转子真空加氯机、交替使用。

第五章 小城镇给水厂泵站设计与运行管理

第一节 水泵及其选择

水泵是输送液体或使液体增压的机械。它将原动机的机械能或其他外部能量传送给液体,使液体能量增加,主要用来输送液体(包括水、油、酸碱液、乳化液、悬乳液和液态金属)等,也可输送液体、气体混合物以及含悬浮固体物的液体。

根据不同的工作原理可分为容积水泵、叶片泵等类型。容积泵是利用其工作室容积的变化来传递能量;叶片泵是利用回转叶片与水的相互作用来传递能量,有离心泵、轴流泵和混流泵等类型。

一、水泵工作原理

在小城镇中的小型给水工程中,应用最广泛的是离心泵。离心泵的工作原理及特点如下:

1. 离心泵的工作原理

水泵开动前,先将泵和进水管灌满水,水泵运转后,在叶轮高速旋转而产生的离心力的作用下,叶轮流道里的水被甩向四周,压入蜗壳,叶轮入口形成真空,水池的水在外界大气压力下沿吸水管被吸入补充了这个空间。继而吸入的水又被叶轮甩出经蜗壳而进入出水管。由此可见,若离心泵叶轮不断旋转,则可连续吸水、压水,水便可源源不断地从低处扬到高处或远方。综上所述,离心泵是由于在叶轮的高速旋转所产生的离心力的作用下,将水提向高处的,故称离心泵。

2. 离心泵的一般特点

(1)水沿离心泵的流经方向是沿叶轮的轴向吸入,垂直于轴向流出,即进出水流方向互成 90°。

（2）由于离心泵靠叶轮进口形成真空吸水，因此在启动前必须向泵内和吸水管内灌注引水，或用真空泵抽气，以排出空气形成真空，而且泵壳和吸水管路必须严格密封，不得漏气，否则形不成真空，也就吸不上水来。

（3）由于叶轮进口不可能形成绝对真空，因此离心泵吸水高度不能超过 10 m，加上水流经吸水管路带来的沿程损失，实际允许安装高度（水泵轴线距吸入水面的高度）远小于 10 m。如安装过高，则不吸水；此外，由于山区比平原大气压力低，因此同一台水泵在山区，特别是在高山区安装时，其安装高度应降低，否则也不能吸上水来。

二、水泵的性能

衡量水泵性能的技术参数有流量、扬程、功率、效率等。

1. 流量

流量是泵在单位时间内输送出去的液体量（体积或质量）。体积流量用 Q 表示，单位是：m^3/s，m^3/h，L/s 等；质量流量用 Q_m 表示，单位是：t/h，kg/s 等。

质量流量和体积流量的关系为：

$$Q_m = \rho Q$$

式中　ρ——液体的密度（kg/m^3，t/m^3），常温清水 $\rho = 1\ 000\ kg/m^3$。

2. 扬程

扬程指单位质量水体通过水泵后所获得的机械能。用符号 H 表示，单位 m。一般将水泵轴线以下到吸水井（池）水面高度称为吸水扬程；水泵轴线以上到出水口水面的高度称为压水扬程。吸水扬程与压水扬程之和称为水泵的净扬程。水泵的净扬程与吸、压管道的沿程水头损失和各项局部水头损失之和称为水泵的总扬程，简称为水泵扬程。

用公式表示为：

$$H = H_0 + \sum h$$

式中　H——水泵总扬程，m；

　　　H_0——水泵净扬程，m；

$\sum h$——水泵吸、压水管道的水头损失之和,m。

3. 功率

水泵的功率包括有效功率、轴功率、配套功率。

(1)有效功率。指的是单位时间内流过水泵的液体从水泵得到的能量。用符号 N_e 表示,单位 kW。

水泵的有效功率为:

$$N_e = \gamma QH$$

式中 γ——水的容重,N/m³,常温下 $\gamma = 9\ 800$ N/m³;

  Q——水泵出水量,m³/s;

  H——水泵扬程,m。

(2)轴功率。水泵轴功率就是水泵实际输入的净功率。通俗地讲,就是电机输给水泵的功率。如果不考虑其他因素,它等于电机的输入功率乘以电机的效率。用符号 N 表示,单位 kW。水泵的轴功率包括水泵的有效功率和为了克服水泵中各种损耗的损失功率。这些功率损耗主要是机械磨损、漏泄损失、水力损失等。

(3)配套功率。与水泵配套的电动机功率称为配套功率,用符号 N_m 表示。配套功率要比轴功率大。这是由于一方面要克服传动中损失的功率;另一方面要保证机组安全运行,防止电动机过载,适当留有余地的缘故。

$$N_m = KN$$

式中 K——备用系数,一般取 1.15~1.50。

  N——轴功率,kW。

4. 效率

水泵的效率是泵有效功率与泵轴功率之比,主要说明水泵工作的经济性,用符号 η 表示,单位为%。

$$\eta = N_e / N$$

5. 转速

水泵转速即水泵叶轮的转动速度,通常以每分钟叶轮旋转的次数来表示,符号 n,单位为 r/min。在选用电动机时,应注意电动机的转速和水泵的转速相一致。

三、离心泵的汽蚀现象与允许吸上真空高度

1. 离心泵的汽蚀现象

由离心泵的工作原理可知,在离心泵叶轮中心(叶片入口)附近形成低压区,这一压强与泵的吸上高度密切相关。如图 5-1 所示,当贮液池上方压强一定时,若泵吸入口附近压强越低,则吸上高度就越高。但是吸入口的低压是有限制的,这是因为当叶片入口附近的最低压强等于或小于输送温度下液体的饱和蒸气压时,液体将在该处汽化并产生气泡,它随同液体从低压区流向高压区;气泡在高压作用下迅速凝结或破裂,此时周围的液体以极高的速度冲向原气泡所占据的空间,在冲击点处产生大的冲击压力,且

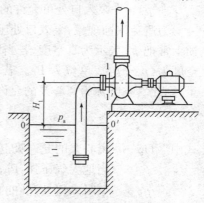

图 5-1　离心泵吸液示意图

冲击频率极高;由于冲击作用使泵体振动并产生噪声,且叶轮和泵壳局部处在极大冲击力的反复作用下,使材料表面疲劳,从开始点蚀到形成裂缝,叶轮或泵壳受到破坏,这种现象称为汽蚀现象。

汽蚀发生时,由于产生大量的气泡,占据了液体流道的部分空间,导致泵的流量、压头及效率下降。汽蚀严重时,泵不能正常操作。因此,为了使离心泵能正常运转,应避免产生汽蚀现象,这就要求叶片入口附近的最低压强必须维持在某一值以上,通常是取输送温度下液体的饱和蒸汽压作为最低压强。应予指出,在实际操作中,不易确定泵内最低压强的位置,而往往以实测泵入口处的最低压强为准。

2. 离心泵的允许吸上高度

离心泵的允许吸上高度又称为允许安装高度,是指泵的吸入口与吸入贮槽液面间可允许达到的最大垂直距离,以 H_g 表示。显然,为了避免汽蚀现象,泵的安装高度必须受到限制。

在图 5-1 中,假设离心泵在可允许的安装高度下操作,于贮槽液面 0—0′ 与泵入口处 1—1′,两截面间列柏努利方程式,可得

$$H_g = \frac{p_0 - p_1}{\rho g} - \frac{u_1^2}{2g} - H_{f,0-1}$$

式中　　H_g——泵的允许安装高度,m;

　　　$H_{f,0-1}$——液体流经吸入管路的压头损失,m;

　　　　p_1——泵入口处可允许的最小压强,也可写成 $p_{1,min}$,Pa。

为避免汽蚀现象,泵入口处压强应为允许的最低绝对压强。但习惯上常把 p_1 表示为真空度,若当地大气压为 p_a,则泵入口处的最高真空度为$(p_a - p_1)$,单位为 Pa。若真空度以输送液体的液柱高度来计量,则此真空度称为离心泵的允许吸入真空度,以 H_s 来表示,即

$$H_s = \frac{p_a - p_1}{\rho g}$$

式中　　H_s——离心泵的允许吸上真空度;

　　　　p_a——当地大气压强,Pa;

　　　　p_1——泵吸入口处允许的最低绝对压强,Pa;

　　　　ρ——被输送液体的密度,kg/m³。

而实际的允许吸上真空高度 H_s 值并不是根据公式计算的值,而是由泵厂实验测定的值,此值附于泵的样本中可供用户查用。应注意的是泵样本中给出的 H_s 值是用清水为工作介质,操作条件为 20 ℃ 及压力为 1.013×10^5 Pa 时的值,当操作条件及工作介质不同时,需进行换算。

四、水泵的选择

1. 水泵的性能曲线

水泵的特性曲线是从水泵厂出厂产品中抽样试验得来的。它是表示在额定转速情况下,流量与扬程($Q-H$),流量与轴功率($Q-N$),流量与效率($Q-\eta$)之间相互关系的曲线。

从曲线上能比较方便地看出水泵流量变化与其他性能参数发生变化的关系,并可以了解水泵最佳的工作区域,最高效率时水泵的流量、扬程,以便合理地选泵、用泵。选择水泵时,应使水泵的设计流量

和扬程都落在高效区范围内。

2. 水泵选择的原则

水泵机组的选择应根据泵站的功能、流量变化、进水含沙量、水位变化，以及出水管路的流量(Q)－扬程(H)特性曲线等确定，即满足供水对象所需的最大流量和最高水压要求，并让所选的泵处于高效区工作。水泵样本上给出了各类水泵的参数范围，选泵时应参阅这些参数的特性曲线和性能表进行。

选择水泵的具体原则包括：

(1)流量变化幅度大的供水水泵，宜选用特性曲线平缓的水泵。

(2)水泵性能和水泵组合，应满足泵站在所有正常运行工况下对流量和扬程的要求，平均扬程时水泵机组在高效区运行，最高和最低扬程时水泵机组能安全、稳定运行。

(3)多种泵型可供选择时，应进行技术经济比较，尽可能选择效率高、高效区范围宽、机组尺寸小、日常管理和维护方便的水泵。

(4)近、远期设计流量相差较大时，应按近、远期流量分别选泵，且便于更换；泵房设计应满足远期机组布置要求。

(5)同一泵房内并联运行的水泵，设计扬程应接近。

(6)设计流量大于 1 000 m³/d 的供水泵站，应采用多泵工作。工作时流量变化较小的泵站，宜采用相同型号的水泵；工作时流量变化较大的泵站，宜采用大、小泵搭配，但型号不宜超过 3 种，且应设备用泵，备用泵型号至少有一台与工作泵中的大泵一致。

(7)设计流量小于 1 000 m³/d 的供水泵站，有条件时宜设 1 台备用泵。电动机选型应与水泵性能相匹配；采用多种型号的电动机时，其电压应一致。

第二节　泵站设计

一、泵站等级

(1)泵站的规模应根据工程任务，以近期目标为主，并考虑远景发展要求,综合分析确定。

（2）泵站等别应按表5-1确定。

表 5-1　泵站等别指标

泵站等别	泵站规模	灌溉、排水泵站		工业、城镇供水泵站
		设计流量（m³/s）	装机功率（MW）	
Ⅰ	大（1）型	≥200	≥30	特别重要
Ⅱ	大（2）型	200～50	30～10	重要
Ⅲ	中型	50～10	10～1	中等
Ⅳ	小（1）型	10～2	1～0.1	一般
Ⅴ	小（2）型	<2	<0.1	—

注：1. 装机功率系指单站指标,包括备用机组在内;

2. 由多级或多座泵站联合组成的泵站工程的等别,可按其整个系统的分等指标确定;

3. 当泵站按分等指标分属两个不同等别时,应以其中的高等别为准。

（3）泵站建筑物应根据泵站所属等别及其在泵站中的作用和重要性分级,其级别应按表5-2确定。

表 5-2　泵站建筑物级别划分

泵站等别	永久性建筑物级别		临时性建筑物级别
	主要建筑物	次要建筑物	
Ⅰ	1	3	4
Ⅱ	2	3	4
Ⅲ	3	4	5
Ⅳ	4	5	5
Ⅴ	5	5	—

（4）泵站与堤身结合的建筑物,其级别不应低于堤防的级别。

（5）对失事后造成巨大损失或严重影响,或采用实践经验较少的新型结构的 2～5 级主要建筑物,经论证后,其级别可提高 1 级;对失事后造成损失不大或影响较小的 1～4 级主要建筑物,经论证后,其级别可降低 1 级。

二、泵站防洪(潮)标准

(1)泵站建筑物防洪标准应按表 5-3 确定。

表 5-3 泵站建筑物防洪标准

泵站建筑物级别	防洪标准[重现期(a)]	
	设计	校核
1	100	300
2	50	200
3	30	100
4	20	50
5	10	30

注:1. 平原、滨海区的泵站,校核防洪标准可视具体情况和需要研究确定;

2. 修建在河流、湖泊或平原水库边的与堤坝结合的建筑物,其防洪标准不应低于堤坝防洪标准。

(2)受潮汐影响的泵站建筑物,其当潮水位的重现期应根据建筑物级别,结合历史最高潮水位,按表 5-4 的规定设计标准确定。

表 5-4 受潮汐影响泵站建筑物的防洪标准

建筑物级别	1	2	3	4	5
防潮标准[重现期(a)]	≥100	100~50	50~30	30~20	<20

三、泵站主要设计参数

1. 设计流量

(1)工业与城镇供水泵站设计流量应根据设计水平年、设计保证率、供水对象的用水量、城镇供水的时变化系数、日变化系数、调蓄容积等综合确定。用水量主要包括综合生活用水(包括居民生活用水和公共建筑用水)、工业企业用水、浇洒道路和绿地用水、管网漏损水量、未预见用水、消防用水等。

(2)二级泵站的设计流量应按最大日用水量变化曲线和拟定的二级泵站工作曲线确定。

二级泵站的设计流量与管网中是否设置水塔或高地水池有关。当管网内不需设置水塔进行用水量调节时,二级泵站的设计供水流量按最大日最高时用水量计算。即

$$Q_h = k_h \frac{Q_d}{24}$$

式中　Q_h——二级泵站的设计流量,m^3/h;

　　　k_h——时变化系数;

　　　Q_d——最高日设计用水量,m^3/d。

当管网中设有水塔或高地水池时,供水泵站供水为分级供水。一般分为高峰、低峰二级供水,最多不超过三级供水。泵站各级供水线尽量接近用水线,这样可减小水塔或高地水池的调节容积,一般各级供水量可取该供水时段用水量的平均值。

2. 特征水位

(1)工业、城镇供水泵站进水池水位应按下列规定采用:

1)防洪水位应按上述"二、泵站防洪(潮)标准"中规定的防洪标准分析确定。

2)从河流、湖泊或水库取水时,设计运行水位应取满足设计供水保证率的日平均或旬平均水位;从渠道取水时,设计运行水位应取渠道通过设计流量时的水位;从感潮河口取水时,设计运行水位应按供水期多年平均最高潮位和最低潮位的平均值确定。

3)从河流、湖泊、感潮河口取水时,最高运行水位应取 10～20 年一遇洪水的日平均水位;从水库取水时,最高运行水位应根据水库调蓄性能论证确定;从渠道取水时,最高运行水位应取渠道通过加大流量时的水位。

4)从河流、湖泊、水库、感潮河口取水时,最低运行水位应取水源保证率为 97%～99% 的最低日平均水位;从渠道取水时,最低运行水位应取渠道通过单泵流量时的水位;受潮汐影响的泵站,最低运行水位应取水源保证率为 97%～99% 的日最低潮水位。

5)从河流、湖泊、水库或感潮河口取水时,平均水位应取多年日平均水位;从渠道取水时,平均水位应取渠道通过平均流量时的水位。

6)上述水位均应扣除从取水口至进水池的水力损失。从河床不稳定的河道取水时,尚应考虑河床变化的影响,方可作为进水池相应特征水位。

(2)工业、城镇供水泵站出水池水位应按下列规定采用:

1)最高水位应取输水渠道的校核水位;

2)设计运行水位应取与泵站设计流量相应的水位;

3)最高运行水位应取与泵站最大运行流量相应的水位;

4)最低运行水位应取与泵站最小运行流量相应的水位;

5)平均水位应取输水渠道通过平均流量时的水位。

3. 特征扬程

(1)设计扬程应按泵站进、出水池设计运行水位差,并计入水力损失确定;在设计扬程下,应满足泵站设计流量要求。

(2)平均扬程可按下式计算加权平均净扬程,并计入水力损失确定;或按泵站进、出水池平均水位差,并计入水力损失确定。在平均扬程下,水泵应在高效区工作。

$$H = \frac{\sum H_i Q_i t_i}{\sum Q_i t_i}$$

式中　　H——加权平均净扬程,m;

H_i——第 i 时段泵站进、出水池运行水位差,m;

Q_i——第 i 时段泵站提水流量,m^3/s;

t_i——第 i 时段历时,d。

(3)最高扬程宜按泵站出水池最高运行水位与进水池最低运行水位之差,并计入水力损失确定;当出水池最高运行水位与进水池最低运行水位遭遇的概率较小时,经技术经济比较后,最高扬程可适当降低。

(4)最低扬程宜按泵站出水池最低运行水位与进水池最高运行水位之差,并计入水力损失确定;当出水池最低运行水位与进水池最高运行水位遭遇的概率较小时,经技术经济比较后,最低扬程可适当提高。

(5)二级泵站的水泵扬程和水塔高度按最大日最高时流量计算。计算水泵扬程时,一般需要考虑一定的富余水头,一般为 1~2 m。

　　1)无水塔或高地水池管网。在最高用水时,二级泵站的水泵扬程应保证管网控制点的最小服务水头。

$$H_p = Z_c + H_c + \sum h_s + \sum h_c + \sum h_n$$

式中　　H_p——二级泵站的设计扬程,m;

　　　　　Z_c——管网控制点的地面标高与清水池最低水位的高差,m;

　　　　　H_c——给水管网中控制点要求的最小服务水头(也称最小自由水头),m;

　　$\sum h_s$——水泵吸水管路的水头损失,m;

　　$\sum h_c$——输水管路的水头损失,m;

　　$\sum h_n$——管网中水头损失,m。

　　2)网前水塔管网。二级泵站供水到水塔,再经管网到用户。水塔的设置高度应保证最高用水时管网控制点的压力要求,水塔的水柜底高出地面高度为:

$$H_t = H_c + \sum h_n - (Z_t - Z_c)$$

式中　　H_t——水塔高度,即水塔水柜底高于地面的高度,m;

　　　　　H_c——控制点要求的最小服务水头,m;

　　$\sum h_n$——按最高时用水量计算时从水塔到控制点的管网水头损失,m;

　　　　　Z_t——水塔处的地面标高,m;

　　　　　Z_c——控制点的地面标高,m。

　　泵站的设计扬程应保证将水送到水塔。

$$H_p = Z_t + H_t + H_0 + \sum h_s + \sum h_c$$

式中　　Z_t——水塔处地面和清水池最低水位的高差,m;

　　　　　H_0——水塔水柜的有效水深,m;

　　　　　H_t——水塔高度,m;

　　$\sum h_s$——水泵吸水管路水头损失,m;

　　$\sum h_c$——二级泵站到水塔的输水管中的水头损失,m。

3)对置水塔管网(又称网后水塔)。在最高用水时,泵站和水塔同时向管网供水,两者有各自的供水区,形成供水分界线。在供水分界线上,水压最低,二级泵站的扬程可按无水塔管网的公式计算。水塔高度计算与网前水塔时相同,只是式中 $\sum h_n$ 为最高时供水量时,由水塔供水量引起的从水塔到分界线控制点的水头损失。

当二级泵站供水量大于用水量时,多余水量流入水塔,这种流量称转输流量。在最大转输时水泵扬程是

$$H'_p = Z_t + H_t + H_0 + \sum h'_s + \sum h'_c + \sum h'_n$$

式中
$$H'_p \text{——最大转输时水泵扬程,m;}$$

$$\sum h'_s、\sum h'_c、\sum h'_n \text{——分别表示最大转输时,水泵吸水管路、}$$
$$\text{输水管和管网的水头损失,m;}$$

其他符号意义同前。

4)网中有水塔管网。水泵扬程 H_p 和水塔高度 H_t 计算,应根据具体情况,参考网前水塔管网和对置水塔管网计算。

四、站址选择

1. 一般规定

(1)泵站站址应根据工业及城镇供水总体规划、泵站规模、运行特点和综合利用要求,考虑地形、地质、水源或承泄区、电源、枢纽布置、对外交通、占地、拆迁、施工、环境、管理等因素以及扩建的可能性,经技术经济比较选定。

(2)山丘区泵站站址宜选择在地形开阔、岸坡适宜、有利于工程布置的地点。

(3)泵站站址宜选择在岩土坚实、水文地质条件有利的天然地基上,宜避开软土、松沙、湿陷性黄土、膨胀土、杂填土、分散性土、振动液化土等不良地基,不应设在活动性的断裂构造带以及其他不良地质地段。当遇软土、松沙、湿陷性黄土、膨胀土、杂填土、分散性土、振动液化土等不良地基时,应慎重研究确定基础类型和地基处理措施。

2. 具体要求

(1)由河流、湖泊、感潮河口、渠道取水的灌溉泵站,其站址宜选择在有利于控制提水灌溉范围,使输水系统布置比较经济的地点。灌溉泵站取水口宜选择在主流稳定靠岸,能保证引水,有利于防洪、防潮汐、防沙、防冰及防污的河段。由潮汐河道取水的灌溉泵站取水口,宜选择在淡水水源充沛、水质适宜灌溉的河段。

(2)供水泵站站址宜选择在受水区上游、河床稳定、水源可靠、水质良好、取水方便的河段。

(3)梯级泵站站址应结合各站站址地形、地质、运行管理、总功率最小等条件,经综合比较选定。

五、泵站总体布置

1. 一般规定

(1)泵站的总体布置应根据站址的地形、地质、水流、泥沙、冰冻、供电、施工、征地拆迁、水利血防、环境等条件,结合整个水利枢纽或供水系统布局、综合利用要求、机组型式等,做到布置合理、有利施工、运行安全、管理方便、少占耕地、投资节省和美观协调。

(2)泵站的总体布置应包括泵房,进、出水建筑物、变电站,枢纽其他建筑物和工程管理用房,内外交通、通信以及其他维护管理设施的布置。

(3)站区布置应满足劳动安全与工业卫生、消防、环境绿化和水土保持等要求。

(4)泵站室外专用变电站宜靠近辅机房布置,满足变电设备的安装检修方便、运输通道、进线出线、防火防爆等要求。

(5)站区内交通布置应满足机电设备运输、消防车辆通行的要求。

(6)进水处有污物、杂草等漂浮物的泵站,应设置拦污、清污设施,其位置宜设在引渠末端或前池入口处。站内交通桥宜结合拦污栅设置。

(7)泵房与铁路、高压输电线路、地下压力管道、高速公路及一、二级公路之间的距离不宜小于 100 m。

(8)进、出水池应设有防护和警示标志。

(9)对水流条件复杂的大型泵站枢纽布置,应通过水工整体模型试验论证。

2. 泵站布置形式

(1)建于堤防处且地基条件较好的低扬程、大流量泵站,宜采用堤身式布置;扬程较高或地基条件稍差或建于重要堤防处的泵站,宜采用堤后式布置。

(2)从多泥沙河流上取水的泵站,当具备自流引水沉沙、冲沙条件时,应在引渠上布置沉沙、冲沙或清淤设施;当不具备自流引水沉沙、冲沙条件时,可在岸边设低扬程泵站。布置沉沙、冲沙及其他排沙设施。

(3)运行时水源有冰冻或冰凌的泵站,应有防冰、消冰、导冰等设施。

(4)在深挖方地带修建泵站,应合理确定泵房的开挖深度,减少地下水对泵站运行的不利影响,并应采取必要的站区排水、泵房通风、采暖和采光等措施。

(5)紧靠山坡、溪沟修建泵站,应设置排泄山洪和防止局部山体滑坡、滚石等工程措施。

(6)受地形条件限制,修建地面泵站不经济时,可布置地下泵站。地下泵站应根据地质条件,合理布置泵房、辅机房以及交通、通风、排水等设施。

(7)从血吸虫疫区引水的泵站,应根据水利血防的要求,采取必要的灭螺工程措施。

六、泵房布置

泵房布置应根据泵站的总体布置要求和站址地质条件,机电设备型号和参数,进、出水流道(或管道),电源进线方向,对外交通以及有利于泵房施工、机组安装与检修和工程管理等,经技术经济比较确定。

1. 泵房布置原则

(1)满足机电设备布置、安装、运行和检修要求。

(2)满足结构布置要求。

(3)满足通风、采暖和采光要求,并符合防潮、防火、防噪声、节能、劳动安全与工业卫生等技术规定。

（4）满足内外交通运输要求。

（5）注意建筑造型，做到布置合理、适用美观，且与周围环境相协调。

2. 泵房布置要求

（1）泵房挡水部位顶部安全加高不应小于表 5-5 的规定。

表 5-5　泵房挡水部位顶部安全加高下限值　　　　　　　　　　（m）

运用情况	泵站建筑物级别			
	1	2	3	4、5
设计	0.7	0.5	0.4	0.3
校核	0.5	0.4	0.3	0.2

注：1. 安全加高系指波浪、壅浪计算顶高程以上距离泵房挡水部位顶部的高度；

　　2. 设计运用情况系指泵站在设计运行水位或设计洪水位时运用的情况，校核运用情况系指泵站在最高运行水位或校核洪水位时运用的情况。

（2）机组间距应根据机电设备和建筑结构布置的要求确定。

（3）主泵房长度应根据机组台数、布置形式、机组间距、边机组段长度和安装检修间的布置等因素确定，并应满足机组吊运和泵房内部交通的要求。

（4）主泵房宽度应根据机组及辅助设备、电气设备布置要求，进、出水流道（或管道）的尺寸，工作通道宽度，进、出水侧必需的设备吊运要求等因素，结合起吊设备的标准跨度确定。立式机组主泵房水泵层宽度的确定，还应计及集水、排水廊道的布置要求等因素。

（5）主泵房各层高度应根据机组及辅助设备、电气设备的布置，机组的安装、运行、检修，设备吊运以及泵房内通风、采暖和采光要求等因素确定。

（6）主泵房水泵层底板高程应根据水泵安装高程和进水流道（含吸水室）布置或管道安装要求等因素确定。水泵安装高程应结合泵房处的地形、地质条件综合确定。主泵房电动机层楼板高程应根据水泵安装高程和泵轴、电动机轴的长度等因素确定。

（7）安装在机组周围的辅助设备、电气设备及管道、电缆道，其布置宜避免交叉干扰。

(8)辅机房宜设置在紧靠主泵房的一端或出水侧,其尺寸应根据辅助设备布置、安装、运行和检修等要求确定,且应与泵房总体布置相协调。

(9)安装检修间宜设置在主泵房内对外交通运输方便的一端(或一侧),其尺寸应根据机组安装、检修要求确定。

(10)中控室附近不宜布置有强噪声或强振动的设备。

(11)当主泵房分为多层时,各层楼板均应设置吊物孔,其位置应在同一垂线上,并在起吊设备的工作范围之内。吊物孔的尺寸应按吊运的最大部件或设备外形尺寸各边加0.2 m的安全距离确定。

(12)主泵房对外至少应有2个出口,其中一个应能满足运输最大部件或设备的要求。

(13)立式机组主泵房电动机层的进水侧或出水侧应设主通道,其他各层应设置不少于1个主通道。主通道宽度不宜小于1.5 m,一般通道宽度不宜小于1.0 m。卧式机组主泵房内宜在管道顶部设工作通道。斜轴式机组主泵房内宜在靠近电机处设工作通道。贯流式机组主泵房内宜在进、出水流道上部分层设工作通道。

(14)当主泵房分为多层时,各层应设不少于2个通道。主楼梯宽度不宜小于1.0 m,坡度不宜大于40°,楼梯的垂直净空不宜小于2.0 m。

(15)立式机组主泵房内的水下各层或卧式、斜轴式、贯流式机组主泵房内,应设将渗漏水汇入集水廊道或集水井的排水沟。

(16)主泵房顺水流向的永久变形缝(包括沉降缝、伸缩缝)的设置,应根据泵房结构形式、地基条件等因素确定。土基上的缝距不宜大于30 m,岩基上的缝距不宜大于20 m。缝的宽度不宜小于20 mm。

(17)主泵房排架的布置,应根据机组设备安装、检修的要求,结合泵房结构布置确定。排架宜等跨布置,立柱宜布置在隔墙或墩墙上。当泵房设置顺水流向的永久变形缝时,缝的左右侧应设置排架柱。

(18)主泵房电动机层地面宜铺设水磨石。泵房门窗应根据通风、采暖和采光的需要合理布置。严寒地区应采用双层玻璃窗。向阳面窗户宜有遮阳设施。受阳光直射的窗户可采用磨砂玻璃。

(19)泵房屋面可根据当地气候条件和泵房通风、采暖要求设置隔热层。

(20)泵站建筑物、构筑物生产的火灾危险性类别和耐火等级不应低于表 5-6 的规定。泵房内应设消防设施,并应符合国家现行标准《建筑设计防火规范》(GB 50016—2006)和《水利水电工程设计防火规范》(SDJ 278—1990)的有关规定。

表 5-6　泵站建筑物、构筑物生产的火灾危险性类别和耐火等级

	建筑物、构筑物名称		火灾危险性类别	耐火等级
主要建筑物、构筑物	1	主泵房、辅机房及安装间	丁	二
	2	油浸式变压器室	丙	一
	3	干式变压器室	丁	二
	4 配电装置室	单台设备充油量大于或等于 100kg	丙	二
		单台设备充油量小于 100 kg	丁	二
	5	母线室、母线廊道和竖井	丁	二
	6	中控室(含照明夹层)、继电保护屏室、自动和远动装置室、通信室	丙	二
	7	屋外变压器场	丙	二
	8	屋外开关站、配电装置构架	丁	二
	9	组合电气开关站	丁	二
	10	高压充油电缆隧道和竖井	丙	二
	11	高压干式电力电缆隧道和竖井	丁	二
	12	电力电缆室、控制电缆室、电缆隧道和竖井	丁	二
	13 蓄电池室	防酸隔爆型铅酸蓄电池室	丙	二
		碱性蓄电池室	丁	二
	14	贮酸室、套间及通风机室	丙	二
	15	充放电盘室	丁	二
	16	通风机室、空气调节设备室	戊	二
	17	供排水泵房	戊	三
	18	消防水泵房	戊	二

续表

建筑物、构筑物名称		火灾危险性类别	耐火等级
辅助生产建筑物	1　油处理室	丙	二
	2　继电保护和自动装置试验室	丙	二
	3　高压试验室、仪表试验室	丁	二
	4　机械试验室	丁	三
	5　电工试验室	丁	三
	6　机械修配厂	丁	三
	7　水厂观测仪表室	丁	二
附属建筑物、构筑物	1　一般器材仓库	一	三
	2　警卫室	一	三
	3　汽车库(含消防仓库)	一	三

（21）主泵房电动机层值班地点允许噪声标准不得大于 85 dB(A)，中控室和通信室在机组段内的允许噪声标准不得大于 70 dB(A)，中控室和通信室在机组段外的允许噪声标准不得大于 60 dB(A)。若超过上述允许噪声标准时，应采取必要的降声、消声或隔声措施。

七、进出水流道布置

泵站进出水流道型式应结合泵型、泵房布置、泵站扬程、进出水池水位变化幅度和断流方式等因素，经技术经济比较确定。

重要的大型泵站宜采用三维流动数值计算分析，并应进行装置模型试验验证。

1. 进水流道布置

泵站进水流道布置应符合下列规定：

（1）流道型线平顺，各断面面积沿程变化应均匀合理。

（2）出口断面处的流速和压力分布应比较均匀。

（3）进口断面处流速宜取 $0.8\sim1.0$ m/s。

(4)在各种工况下,流道内不应产生涡带。

(5)进口宜设置检修设施。

(6)应方便施工。

(7)肘形和钟形进水流道的进口段底面宜做成平底,或向进口方向上翘,上翘角不宜大于 12°;进口段顶板仰角不宜大于 30°,进口上缘应淹没在进水池最低运行水位以下至少 0.5 m。当进口段宽度较大时,可在该段设置隔水墩。肘形和钟形流道的主要尺寸应根据水泵的结构和外形尺寸结合泵房布置确定。

2. 出水流道布置

泵站出水流道布置应符合下列规定:

(1)与水泵导叶出口相连的出水室形式应根据水泵的结构和泵站总体布置确定。

(2)流道型线变化应比较均匀,当量扩散角宜取 8°～12°。

(3)出口流速不宜大于 1.5 m/s,出口装有拍门时,不宜大于 2.0 m/s。

(4)应有合适的断流方式。

(5)平直管出口宜设置检修门槽。

(6)应方便施工。

八、进水管道及泵房内出水管道布置

(1)离心泵或小口径轴流泵、混流泵的进水管道设计流速宜取 1.5～2.0 m/s,出水管道设计流速宜取 2.0～3.0 m/s。

(2)离心泵进水管件应符合下列规定:

1)水泵进口最低点位于进水池最高运行水位以下时,应设截流设施。

2)进水管进口应设喇叭管,喇叭口流速宜取 1.0～1.5 m/s,喇叭口直径宜等于或大于 1.25 倍进水管直径。

(3)离心泵或小口径轴流泵、混流泵的进水管喇叭口与建筑物距离应符合下列规定。

1)喇叭口中心的悬空高度应符合下列规定:

①喇叭管垂直布置时,宜取(0.6～0.8)D(D 为喇叭管进口直径);

②喇叭管倾斜布置时,宜取$(0.8\sim1.0)D$;

③喇叭管水平布置时,宜取$(1.0\sim1.25)D$;

④喇叭口最低点悬空高度不应小于 0.5 m。

2)喇叭口中心的淹没深度应符合下列规定:

①喇叭管垂直布置时,宜大于$(1.0\sim1.25)D$;

②喇叭管倾斜布置时,宜大于$(1.5\sim1.8)D$;

③喇叭管水平布置时,宜大于$(1.8\sim2.0)D$。

3)喇叭管中心与后墙距离宜取$(0.8\sim1.0)D$,同时应满足管道安装的要求。

4)喇叭管中心与侧墙距离宜取 1.5D。

5)喇叭管中心至进水室进口距离应大于 4D。

6)流量较大,且采用喇叭口进水的水泵装置,应采取适当的消涡措施。

(4)离心泵出水管件应符合下列规定:

1)水泵出口应设工作阀门和检修阀门;

2)出水管工作阀门的额定工作压力及操作力矩,应满足水泵关阀启动的要求;

3)出水管不宜安装普通逆止阀;

4)出水管应安装伸缩节,其安装位置应便于水泵和管路、阀门的安装和拆卸;

5)进水钢管穿墙时,宜采用刚性穿墙管,出水钢管穿墙时宜采用柔性穿墙管。

第三节　泵站内设施、设备的运行维护

一、水泵运行维护

(一)水泵试运行维护

水泵在安装或检修结束以后,投入正常运行之前,必须进行试运行。这项工作一定要在正常运行前一段时间内进行,以便留有余地,来处理在试车中发生的问题。试车中要求机组所有部件都达到正常工作状态,符合质量标准后才能结束。

为了保证水泵的安全运行,试车运行前,应对机组装置进行全面仔细地检查,发现问题及时处理。检查的内容包括:

(1)盘车检查水泵转子转动是否灵活,叶轮转动时有无磨阻的声音;

(2)各轴承中的润滑油是否充足干净,油量是否符合规定要求;

(3)填料压盖的松紧程度是否合适;

(4)水泵和电动机的地脚螺栓以及其他各部件的螺栓有无松动;

(5)前池内是否有杂物,吸水管口有无杂草阻塞;

(6)检查机组上是否有遗留下的工器具等物品;

(7)排空水泵内的空气(高低压全部排完);

(8)打开冷却水阀门,并观察管路是否畅通。

(二)水泵正常运行维护

1. 水泵运行通则

(1)运行人员必须熟悉运行水泵的特性、参数和地位,并可熟练操作。

(2)水泵运行应调节好工况点,尽量使水泵工作在高效区范围内。

(3)运行时,泵进口处有效汽蚀余量应大于水泵规定的必需汽蚀余量,或进水水位不应低于规定的最低水位。

(4)在水泵出水阀关闭情况下,离心泵和混流泵连续工作时间不应超过 3 min,电机功率 110 kW 以上时不宜超过 5 min。

(5)泵运行时振动不应超过国家标准的《泵的振动测量与评价方法》(JB/T 8097—1999)振动烈度 C 级的规定。

(6)泵轴承温升不超过 35 ℃,滚珠或滚柱轴承内极限温度不得超过 75 ℃,滑动轴瓦温度不得超过 70 ℃。

(7)水泵填料室应有水滴出,宜为每分钟 30~60 滴。

(8)轴承冷却箱中冷却水温升不应大于 10 ℃,进水温度不应超过 28 ℃。

(9)输送介质含有悬浮物质的水泵的轴封水,应用单独的清洁水源,其压力应比泵的出水压力高 0.05 MPa 以上。

2. 离心泵运行维护

(1)润滑。离心泵在运行过程中,由于被输送的介质、水以及其他物质可能窜入油箱内,影响泵的正常运行,因此,要经常检查润滑剂的质量和油位。检查润滑剂的质量,可用肉眼观察和定期取样分析。润滑油的油量,可从油位标记上看出。

新泵运行一周以后应换油一次,大修时换了轴承的泵也应换油。因为新的轴承和轴运行跑合时有异物进入油内,必须换油。以后每个季度换一次油。化工泵所用的润滑脂合润滑油,要符合质量要求。

(2)振动。泵在运行中,由于零配件质量和检修质量不好,操作不当或管道振动影响等原因,往往会产生振动。如果振动超过允许值,应停车检修,以免使机器遭受损害。

(3)轴承温升。泵在运行过程中,如果轴承温升很快,温升稳定后轴承温度过高,说明轴承在制造或安装质量方面有问题;或者轴承润滑油质量、数量或润滑方式不符合要求。若不及时处理,轴承有烧坏的危险。离心泵轴承温度允许值为:滑动轴承 <65 ℃;滚动轴承 <70 ℃。该允许值是指在运行一段时间后轴承温度的允许范围。新换上的轴承,运行初期,轴承温度会升得较高,运行一段时间后,温度会下降一些,并稳定在某一数值。

(4)离心泵的运行性能。泵在运行过程中,如果液体来源无变化,进出口管线上阀门的开度未变,而流量或进出口压力变化了,说明泵内或管道内有故障。要迅速查明原因,及时排除。否则,将造成不良后果。

1)管道离心泵在启动时,为了避免电动机超载,应将出口阀门关闭,在泵启动后再慢慢地打开。这样,可以避免电机启动时,大的启动载荷与出口阀门全开时泵所需要的大功率相叠加,而引起电机超载。

2)只有泵腔中充满液体(避免密封环、轴封和机械密封干摩擦),离心泵在出口阀门关闭时,允许短时间的运行,除非泵腔内的有限液体,在旋转叶轮的作用下,温升很快而给泵带来一些不良影响外,对电机没有什么不良作用,这时电机的负荷最轻。

3)运行中,可以通过调节出口阀门开度而得到离心泵性能范围内的任意一组流量与扬程,不过,泵在设计工况点运行时,其效率最高;离开设计工况点越远,效率越低。

3. 深井泵运行维护

(1)电泵运行中要经常观察电流、电压表和水的流量力求电泵在额定工况下运行。

(2)应用阀门调节流量、扬程,不得超载运行。有下列情况之一应立即停止运行:

1)额定电压时电流超过额定值。

2)额定扬程下流量较正常情况下降低较大。

3)绝缘电阻低于 0.5 MΩ。

4)动水位降至泵吸入口时。

5)电器设备及电路不合规定时。

6)电泵有突然声响或较大的振动时。

7)保护开关频繁跳闸时。

(3)要经常不断地观察仪表,检查电器设备,每半个月测一次电机绝缘电阻,电阻值不低于 0.5 MΩ。

(4)每排灌期 2 500 小时进行一次检修保护,更换损坏的易损件。

(5)电泵的起吊与装卸应符合下列要求。

1)拆开电缆断离电源。

2)用安装工具逐步拆卸出水管、闸阀、弯管,并用夹板将泵吊起,取出井盖并用另一副夹板夹紧下一节输水管,这样依次逐节拆卸将泵吊出井外。在吊拆过程发现有卡住,不能强行起吊,应上下左右活动克服卡点安全吊卸。

3)拆下护线板滤水网,并从引线和三芯电缆或扁电缆接头处剪断电缆。

4)取出联轴器上锁圈,拧下固定螺钉,拆下连接螺栓,使电机、水泵分离。

5)放出电机内充水。

　　6)水泵的拆卸。用拆装扳手卸下进水节,用拆装筒在泵下部冲击锥形套叶轮,松动后取出叶轮、锥形套,卸下导流壳。这样依次卸完叶轮、导流壳、上导流壳、止回阀等。

　　7)电机拆卸。依次拆下底座、止推轴承、推力盘、下导轴承座、连接座、甩水器,取出转子,拆下上导轴承座、定子等。

　　(6)电泵的装配。装配前检查清洗各零部件的铁锈、污泥,各配合面要涂黄油防锈。水泵大螺纹连接处要涂铅油。

4. 立式混流泵运行维护

　　(1)潜污泵在无水的情况下试运转时,运转时间严禁超过额定时间。吸水池的容积能保证潜污泵开启时和运行中水位较高,以确保电机的冷却效果和避免因水位波动太大造成的频繁启动和停机,大中型潜污泵的频繁启动对泵的性能影响很大。

　　(2)当湿度传感器或温度传感器发出报警时,或泵体运转时振动、噪声出现异常时;或输出水量水压下降、电能消耗显著上升时,应当立即对潜污泵停机进行检修。

　　(3)有些密封不好的潜水泵长期浸泡在水中时,即使不使用,绝缘值也会逐渐下降,最终无法投用,甚至在比连续运转的潜污泵在水中的工作时间还短的时间内发生绝缘消失现象。因此潜水泵在吸水池内备用有时起不到备用的作用,如果条件许可,可以在池外干式备用,等运行中的某台潜水泵出现故障时,立即停机提升上来后,将备用泵再放下去。

　　(4)潜水泵不能过于频繁开、停,否则将影响潜水泵的使用寿命。潜水泵停止时,管路内的水产生回流,此时立即再启动则引起电泵启动时的负载过重,并承受不必要的冲击载荷;另外,潜水泵过于频繁开、停将损坏承受冲击能力较差的零部件,并带来整个电泵的损坏。

　　(5)停机后,在电机完全停止运转前,不能重新启动。

　　(6)检查电泵时必须切断电源。

　　(7)潜水泵工作时,不要在附近洗涤物品、游泳或放牲畜下水,以免电泵漏电时发生触电事故。

5. 立式混流泵运行维护

(1)运行中必须观察仪表读数、轴承温度、填料室滴水和发热及泵的振动和声音是否正常,发现问题应及时处理。

(2)检查进水水位,进水水位低于规定水位时,立即停机,待调整水泵位置后再运转。

(3)检查机械密封的漏水量,并由液位仪控制水位,及时开启排水阀排水。

(4)停泵时,向机械密封中的空气围带充气或充水。采用虹吸式的出水管路,在停泵的同时,开启真空破坏阀,防止水倒流入水泵。

(5)在冰冻季度停泵后,泵的叶轮不应泡在水中,以免结冰损坏部件。

(三)水泵日常保养

1. 保养周期

一、二级保养都由值班人员承担,一级保养需每天进行,二级保养每运行 720 h 进行一次。小修由检修人员承担,值班工作人员参加,每运行 1 800 h 进行一次。大修根据小修的工作情况确定大修时间。

2. 保养内容

(1)一级保养。保持水泵整洁,监视水泵油位,掌握水泵运行情况,做好运行记录;检查各个部分的螺丝是否松动,观察真空表和压力表的波动情况。

(2)二级保养。除完成一级保养的全部内容外,还应对真空表、压力表导管进行清理,确保真空表、压力表指示准确、可靠。并且对冷却和密封水管进行清理,以保证水泵运行的冷却和密封。

(3)小修。在完成上述二级保养的基础上,打开泵盖、卸下转子、轴承盖解体,清理、换油、调整间隙,同时对各个部件进行检查,小的缺陷要修理,大的缺陷要更换,紧固其螺丝,调整联轴器的同心度,并确定下次大修时间。

(4)大修。将水泵解体,清洗和检查所有的零件。更换和修理所有损坏和有缺陷的零件,检修或更换压力表,更换润滑油,量测并调整泵体的水平度。

(四)水泵常见故障原因分析及处理方法

1. 水泵振动故障

(1)原因分析。

1)水泵或电动机转子不平衡；

2)联轴器结合不良或不同心；

3)轴承磨损；

4)地脚螺栓松动；

5)轴弯曲；

6)基础不牢固；

7)管路支架不牢；

8)转动部分卡阻；

9)泵内汽蚀严重。

(2)处理措施。

1)叶轮进行动平衡试验,检查水泵与电动机中心是否一致；

2)对水泵电机进行校正,若联轴器部件损坏应立即更换；

3)对轴承加以修理或更换；

4)拧紧螺栓；

5)换轴或对其进行校直；

6)加固基础；

7)检查并加固支架；

8)尽快消除叶轮进出水叶片的杂物或解决扣环抱紧问题；

9)放空泵内空气。

2. 泵内杂音大或不上水

(1)原因分析。

1)流量太大；

2)吸水高度太高或吸水阻力太大；

3)吸入侧有空气进入,泵内汽蚀严重；

4)泵内进杂物。

(2)处理措施。

1)车削叶轮或适当关闭阀门；

2)适当降低吸水高度或检查吸水管内是否有杂物堵塞；

3)检查吸水管路是否有漏气现象或适当压紧填料压盖,放空泵内空气；

4)消除泵内杂物。

3. 轴承过热

(1)原因分析。

1)轴承安装不当或间隙不对；

2)轴磨损或松动；

3)轴承润滑油不良。

(2)处理措施。

1)重新安装或调整间隙；

2)打紧轴承或更换轴承；

3)放出脏油,用汽油清洗后注入合格的新油。

4. 填料漏水过多

(1)原因分析。

1)填料磨损；

2)填料压得不紧；

3)轴弯曲或摆动。

(2)处理措施。

1)更换填料；

2)拧紧填料压盖或再加一根填料；

3)更换新轴或更换轴套。

5. 填料过热

(1)原因分析。

1)填料压得太紧；

2)轴套表面损伤严重,摩擦力太大。

(2)处理措施。

1)适当放松填料；

2)更换轴套。

6. 油量不够

(1)原因分析。

1)吸水管路或叶轮进水,叶片被杂物堵塞；

2)口环磨损严重,使口环与叶轮间隙过大；

3)出水阀门开启不到位；

4)输水管路漏水；

5)水泵淹没深度不够。

(2)处理措施。

1)尽快清除杂物；

2)更换口环；

3)将阀门开到位；

4)堵住漏水处或更换水管；

5)提高前池水位。

7. 水泵窜轴

(1)原因分析。

1)水泵转子不平衡；

2)水泵电机不同心；

3)叶轮口环部位与口环配合间隙两侧不一样；

4)叶轮没有装在泵轴的中心位置；

5)联轴器没有间隙。

(2)处理措施。

1)叶轮进行动平衡试验；

2)对水泵电机进行找正；

3)将两侧口环间隙进行准确的配合；

4)重新装配叶轮；

5)对联轴器间隙进行处理,使其达到规定要求。

8. 水泵过负荷

(1)原因分析。

1)叶轮直径过大；

2)填料压得太紧；

3)泵体内转动部分有摩擦；

4)泵内吸进泥沙或其他杂物；

5)水泵流量增加；

6)轴弯曲或轴线偏移；

(2)处理措施。

1)车削叶轮直径；

2)放松填料；

3)对泵内转动部分进行检查并修理；

4)揭盖进行泵内杂物的清理；

5)适当关闭出水阀门；

6)更换心轴或校正轴线。

二、泵站附属设施运行管理

(一)水泵引水设备

水泵的引水方式有自灌式和非自灌式两种。

1. 自灌式引水

对于大型水泵,自动化和供水安全要求较高泵站,宜采用自灌式引水。自灌式工作的水泵外壳顶点应低于吸水井内的最低水位。

2. 非自灌式引水

非自灌式工作的水泵在启动前必须引水,引水时间一般不得超过5 min。

村镇给水泵房常用的引水方式有底阀引水、抽气引水、真空罐引水等几种。

(1)底阀引水。

1)人工引水:将水从泵顶的引水孔灌入泵内,同时要排气。一般水泵吸水管直径≤300 mm 的,可采用底阀引水启动。

2)压水管中的水倒灌引水:此法设备简单,多被中小型水泵采用。

（2）抽气引水。常用的抽气设备有真空泵和水射器两种。

1）真空泵抽气引水。此法在一般水厂的泵站中采用较为普遍。真空泵启动迅速,效率高,适用于启动各类水泵。

2）水射器抽气引水。水射器是利用空吸原理抽气的一种装置。这种装置借助于压力水在喷嘴处产生的高速流体造成的负压,将水泵内的气体抽走。因此,必须向它提供高压水。如果水泵出水压力符合要求的话,一般可以由本泵站水泵提供。水射器具有结构简单、占地少、安装方便及工作可靠和容易维护等优点,小型水泵比较适用。缺点是效率较低,需供给大量的高压水。

（3）真空罐引水。

1）工作原理。使用前将真空罐充满水,当罐内的水被水泵吸出,罐内产生负压,由于大气压的作用,蓄水池中的水通过吸水管进入真空罐,并通过水泵源源不断的供水。

2）特点及使用范围。真空引水罐适用于无自吸功能的下吸式水泵(水位低于水泵),其优点是水头损失小,工作可靠;启动迅速,效率较高。缺点是装置复杂,造价高。特别适用于大、中型水泵和吸水管较长的水泵。

(二)排水设备

泵房内排除积水的方法取决于泵房的具体条件,基本上可归纳为如下两类。

1. 自流式排水

自流式排水适用于地面式泵房。由于泵房室内地坪高于室外地面,有条件利用自流式排水系统排除泵房的积水。

当泵房中设置管槽时,可利用串联管槽的办法构成自流式排水系统,但要复核下水道的水位标高。如果有倒灌的可能,就应考虑采用提升排水的办法。

2. 提升式排水

提升式排水适用于无法实行自流排水的泵房,例如埋置较深的半地下式泵房,或水管槽底低于下水的水位,都要借助提升设备来排除泵房的积水。常用的提升设备有水射器、手摇泵和水泵三种。

水射器和手摇泵一般都用在排水量不大的小型泵房内,对于大、中型泵房基本上都配专用排水泵。排水泵可采用液位控制自动启闭。

无论采用何种设备,都应在泵房建立集水系统,使提升设备从集水坑中排泄。

(三)通风设施

通风设施是改善泵房的通风条件不能忽视的技术问题。一般采用自然通风或机械通风两种措施。

1. 自然通风

自然通风是利用空气对流作用散发热量的一种方式。对于地面式泵房来说,空气对流条件好,故大都采用自然通风。自然通风的基本要求是开足够的窗户和选择有利的朝向。一般开窗面应不小于平面面积的 1/6;在南方地区可以取 1/4。泵房的朝向要使其纵向轴线与当地夏季主导风向的夹角成 $60°\sim90°$,最小不得小于 $45°$。同时要合理布置热源,小热源应放在上风向,大热源放在下风向。如果总体布置难以满足朝向要求时,则应采取遮阳措施,或者采用机械通风装置来弥补。

2. 机械通风

对于埋入地下很深的泵房或装有大功率机组的泵房,虽有良好的朝向,但仅靠自然通风仍达不到较好效果时,可采用机械通风。

机械通风分抽风式与排风式两种。

(1)抽风式通风。其是将风机放在泵房上层窗户顶上,通过接到电动机排风口的风道将风抽出室外,冷空气自然补充。一般而言,抽风式效果较为合理,因为它可以把热量直接从产生地抽吸出来,通风效果好。

(2)排风式通风。其是在泵房内电动机附近安装风机,将电动机散发的热气通过风道排出室外,冷空气也是自然补进。

(四)通信设备

泵房通信十分重要,一般是在值班室内安装电话机或配有便携式对讲机,供生产调度和通信之用。如果泵房噪声很大,妨碍联系,应考虑设置具有隔音效果的电话间,并在电话铃响的同时能发出闪光信号。

三、变压器运行维护

1. 变压器运行通则

(1)变压器工作电压。一次侧,应在额定值±5%范围内变动;二次侧,应在额定电流内运行。

(2)变压器的工作负荷。

1)运行电源在额定值范围内,油浸风冷式变压器,所带负荷不超过额定负荷的 70%,或变压器顶层油不超过 55 ℃时,可停止风扇运行。

2)变压器的昼夜负荷率小于 1 时,在高峰负荷期间,变压器的允许过负荷倍数和过负荷允许时间如表 5-7 所示。

表 5-7　变压器允许过负荷倍数和过负允许荷时间

允许过负荷时间 (h) 过负荷倍数	负荷率 0.6	0.65	0.7	0.75	0.8	0.85	0.9
1.25	2	—	—	—	—	—	—
1.20	5.5	3	—	2	—	—	—
1.15	9	7	5	3	—	—	—
1.10	12	11	9.5	8	4	—	—
1.05	15	14.5	14	13.5	12.5	8	2

3)夏季最高负荷低于变压器的额定容量时,则每低于 1%,可允许冬季过负荷 1%,但总过负荷不得超过 15%。

4)前述 2)、3)两项中所述过负荷允许值可以相加,但油浸自冷和油浸风冷变压器总的过负荷值不应超过 30%。

(3)变压器运行时上层油温不宜超过 85 ℃。

2. 变压器运行巡视检查

(1)巡视要求。

1)有人值守的变电站每班至少巡视一次,每夜关灯时巡视一次;

2)无人值守的变压器,应每周至少巡视一次,并在每次停运后与投入前进行现场检查;

3)配电变压器每两周至少巡视一次,环境潮湿、脏污或恶劣天气情况下,应增加巡视次数。

(2)例行检查。变压器运行过程中例行检查的内容包括:

1)交接班时,应检查气体保护装置的信号动作,检查油枕和气体继电器的油面。

2)三相电压变化情况。

3)变压器运行温度,各散热器温度是否均匀。

4)变压器运行声响是否变大,声响有无异常。

5)套管表面有无积灰、碎裂和放电痕迹。

6)油位计是否清洁,油位是否符合环境温度下的位置。

7)呼吸器内的吸潮剂是否达到饱和状态,集泥器集积油泥和水的状况。

8)热虹吸过滤器变色硅胶是否有效,系统有无漏油。

9)油箱与附件连接部位有无漏油、渗油。

10)防爆管隔膜有无破损和裂纹。

11)检查变压器通风冷却装置。

12)变压器外壳接地是否完好。

13)检查变压器室。

3. 变压器日常保养

(1)变压器及周围环境应整洁。

(2)油枕油位低于正常范围时应及时补充同牌号合格的绝缘油。

(3)吸潮剂失效时应及时更换。

(4)防爆管有裂纹的应更换。

(5)渗漏油处应及时处理。

4. 变压器定期维护

(1)瓷套管应清除尘土、油垢,并应无裂纹、破损、闪络放电痕迹和松动;密封胶垫应无老化龟裂,渗漏油时应压紧或更换。

(2)对油箱外壳及附属装置进行清扫检查。

1)各个部位以及部分清洁,油漆完好,油箱与油枕、散热器、防爆管和气体继电器等各个接合面紧密。

2)清除油枕集泥器中的水和污泥,油位计玻璃管应清晰透明,无破裂,不渗油;油量不足时应按规定要求加油。

3)气体继电器油路畅通,挡板式气体继电器试验跳闸触点灵活可靠。

4)呼吸器玻璃罩完整清晰,出气瓣不得堵塞。

5)温度计指示正确,温度报警整定值符合要求,测温管内变压器的油应充满,并清除水和污物。

6)各个闸门不堵塞、不渗漏油,转动部分必须灵活,风扇电动机外部清洁无油污。

(3)各个接线处连接应紧密,导线应无损伤、断脱。

(4)接地装置连接应紧固、可靠、无锈蚀,多股导线应无断股。

5. 变压器常见故障及其原因分析

(1)变压器运行声音异常。原因如下:

1)变压器过负荷,发出的声响比平常沉重;

2)电源电压过高,发出的声响比平常尖锐;

3)变压器内部振动加剧或结构松动,发出的声响大而嘈杂;

4)线圈或铁芯绝缘有击穿现象,发出的声响大且不均匀或有爆裂声;

5)套管太脏或有裂纹,发出吱吱声且套管表面有闪络现象。

(2)油面高度不符合要求。原因如下:

1)油温过高,油面上升;

2)变压器漏油、渗油,油面下降(注意与天气变冷而油面下降的区别)。

(3)油温过高。原因如下:

1)变压器过负荷;

2)三相负荷不平衡;

3)变压器散热不良。

(4)变压器油变黑。原因是变压器线圈绝缘击穿。

(5)防爆管薄膜破裂。原因如下:

1)变压器内部发生故障(如线圈相间短路等),产生大量气体;压力增加,致使防爆管薄膜破裂;

2)由于外力作用而造成薄膜破裂。

(6)气体继电器动作。原因如下:

1)变压器线圈匝间短路、相间短路、线圈断线、对地绝缘击穿等;

2)分接开关触头表面熔化或灼伤,分接开关触头放电或各分接头放电。

(7)热电器不动作。原因如下:

1)电流整定值偏大;

2)热元件烧断或脱焊;

3)动作机构卡住;

4)导板脱出;

5)连接导线太粗。

(8)热电器的主电路不通。原因如下:

1)热元件烧断;

2)热继电器的接线螺钉未拧紧。

(9)热元件烧断。原因如下:

1)负载侧短路;

2)操作频率过高。

(10)低压熔丝发生熔断。原因如下:

1)变压器过负荷;

2)低压线路短路;

3)用电设备绝缘损坏,造成短路;

4)熔丝的容量选择不当、熔丝本身质量不好或熔丝安装不当。

(11)高压熔丝发生熔断。原因如下:

1)变压器绝缘击穿;

2)低压设备绝缘损坏造成短路,但低压熔丝未熔断;

3)熔丝的容量选择不当、熔丝本身质量不好或熔丝安装不当;

4)遭受雷击。

四、电动机运行维护

1. 电动机运行通则

(1)电动机运行电压允许在其额定电压的±10%范围内变动;按额定功率运行时,三相最大不平衡电压不得超过5%;运行时任意一相电流不超过额定值时,不平衡电压不应超过10%。

(2)电动机除启动过程外,运行电流不应超过额定值,不平衡电流不得超过10%;在不同冷却空气温度下,其运行电流应符合表5-8规定。

表 5-8　电动机允许运行电流

冷却空气(进风)温度(℃)	25	30	35	40	45	50
允许运行电流(A)相当额定电流(I_w)的倍数	1.100	1.080	1.050	1.000	0.950	0.875

(3)电动机轴承的运行温度,温升不应超过35 ℃,滚珠或滚柱轴承内极限温度不得超过75 ℃,滑动轴瓦温度不得超过70 ℃。

(4)水冷却的轴承,水通过轴承冷却箱的温升不应大于10 ℃,进水水温不应超过28 ℃。

(5)电动机较长时间未运行,在投入运行前,应作绝缘检测,摇测绝缘电阻应大于表5-9规定(25 ℃冷状态条件下)。

表 5-9　电动机允许绝缘电阻

绕组额定电压(kV)	3	0.38	转子
绝缘电阻(MΩ)	50	7	1

(6)电动机在运行时发生突然自动跳闸,在未查明原因时,不得重新启动。

2. 电动机运行要求

(1)启动。

1)电动机启动前,应对三相电源电压、轴承油位及冷却系统、启动装置进行检查。

2)旋转电动机。

3)不同型式的电动机应按规定的操作程序合闸启动。

4)电动机在冷状态下连续启动不得超过 3 次,在热状态下连续启动不得超过 2 次,启动间隔不得小于 5 min。

(2)运行过程检查。电动机运行过程中,应对运行电压、电流变化情况、轴承油位、油色及油环的转动状况、电动机有无异常声音,电动机各个部分温度、振动及轴向窜动的变化情况,开关控制设备状况等进行检查。

(3)停机。电动机停机应注意:

1)鼠笼式异步电动机从电源侧断电。

2)绕组式异步电动机从电源侧断电,变阻器由短路恢复到启动位置。

3. 电动机的日常保养

(1)电动机与附属设备外壳以及周围环境应整洁。

(2)应清楚设备铭牌以及有关标志。

(3)应保持正常油位,缺油时应及时补充同样油质的润滑油,发现漏油、甩油现象及时处理,油质不符合要求时,换用新油。

(4)井用潜水电动机每月应测一次引线及绕组绝缘电阻,绕组 0.38 kV 电压的电动机,绝缘电阻应大于 7 MΩ。

4. 电动机的定期维护

(1)应清除外壳灰尘、油垢,检查机壳、盖有无裂纹、损伤。

(2)引出线接线端不得有过热、烧伤、腐蚀,线间距离应符合安全要求,绝缘子应完好无损,导线绝缘性能应保持良好。

(3)应测量电动机绕组的绝缘电阻,在常温(25 ℃)冷状态下绝缘电阻不得小于 7 MΩ;在热状态(75 ℃)下,定子绕组电阻不低于

1 MΩ,转子绕组电阻不宜小于 0.5 MΩ(测定绝缘电阻值为 1 min 的值)。

(4)轴承与油环和润滑油(脂)的检查以及更换。

1)轴承与轴之间的间隙不得大于允许值。

2)环完好,带油正常。

3)换润滑油(脂)时,必须将油箱、轴承内的油清理干净,并用煤油清洗风干。

4)换的新油应与原用油牌号相同并记录。

5)油加至油杯标线,润滑脂应添加轴承容积的 2/3,防止油滴溅在绕组上。

(5)长轴深井泵电动机的止逆销钉与止逆盘的检查修整。

1)面光洁、无残损。

2)逆销钉在销孔内跳动无阻滞。

3)逆盘上的止逆槽道应光滑无损伤,槽深磨损过大时应更换。

(6)电动机自耦减压启动器及启动电抗器绕组绝缘电阻不得低于 1 MΩ。

(7)电动机外壳接地良好、牢固,不得有氧化或腐蚀现象,接地电阻值不得大于 4 MΩ。

(8)电动机转动正常,盘车轻快,转向必须正确。

5. 电动机常见故障及其原因分析

(1)电动机不能启动。原因如下:

1)电源未接通;

2)定子绕组或外部电路断路;

3)定子绕组间短路;

4)定子绕组接线错误或接地;

5)负载过重或传动机构被卡住;

6)轴承损坏或被卡住。

(2)电动机运行时声响异常。原因如下:

1)定子转子间相擦;

2)电动机缺相运行,有嗡嗡声;

3)转子风叶碰壳；

4)轴承润滑脂过少。

(3)电动机振动过大。原因如下：

1)电动机基座不平或安装不合要求；

2)电动机转子或联轴器转动不平衡；

3)转子铁芯变形或轴变形弯曲；

4)轴承安装不良或损坏。

(4)电动机启动后转速低于额定转速。原因如下：

1)电源电压或频率过低；

2)将三角形接线的电动机错接成星形；

3)负载过重；

4)鼠笼转子断条或脱焊。

(5)电动机温升过高。原因如下：

1)负载过重；

2)电源电压过高或过低；

3)定子绕组匝间及相间短路或接地；

4)定子铁芯部分硅钢片之间绝缘不良；

5)电动机通风不好；

6)环境温度过高。

(6)轴承过热。原因如下：

1)轴承损坏；

2)轴承与轴之间配合过松或过紧；

3)轴承与端盖间配合过松或过紧；

4)润滑脂太少或太脏；

5)电动机两侧端盖或轴承未装平。

五、低压电器运行维护

1. 低压电气运行检查

(1)配电装置运行检查的内容有以下几方面。

1)瓷绝缘有无碎裂、闪络、放电痕迹。

2)油面指示是否正确,油标管等部位是否漏油。

3)真空断路器的真空度。

4)有无异常声响和放电声,有无气味。

5)仪表指示,信号、指示灯、继电器等指示位置是否正确,继电器外壳是否损伤,对限继电器圆盘转动是否灵活。

6)电器设备接地是否完好。

7)电缆沟是否积水。

8)门窗护网、照明设备是否完整,消防器材是否安全有效。

(2)电力电缆检查内容有以下几方面。

1)电缆终端头的绝缘套管是否完整清洁,有无放电痕迹。

2)尾线连接卡子有无发热和变色。

3)电缆终端头有无渗油和绝缘胶漏出。

(3)电容器检查内容有以下几方面。

1)有无鼓肚、喷油、渗油现象;存在这些问题时,电容器应退出运行。

2)外壳温度。接头是否发热;外壳温度超过 60 ℃时,电容器应退出运行。

3)运行电压和电流是否正常,三相电流是否平衡,不平衡电流超过 5%,电容器应退出运行。

4)套管是否清洁,有无放电痕迹;发生严重放电闪络,电容器应立即退出运行。

5)放电装置及其回路是否完好。

6)接地是否完好。

7)通风装置是否完好。室内温度超过 40 ℃时,电容器应退出运行。

2. 低压电器日常保养

(1)保持配电装置区域内整洁。

(2)严格监视其运行状态。

(3)充油设备油量不足应补充,油质变坏应更换。

(4)及时发现故障进行维护。

3. 低压电器定期维护

(1)清除各部位、各部件的积尘、污垢。

(2)软母线应无断股、烧伤,弧垂应符合设计要求。

(3)各部位瓷绝缘应完好,无爬闪痕迹,瓷铁胶合处无松动。

(4)各导电部分连接点应紧密。

(5)充油设备出气孔(或出气瓣)应畅通,油量不够应补充,油变质应更换。

(6)操作和传动机构的各部件应完好,无变形,各部位销子、螺丝等紧固件不得松动和短缺,分合闸必须灵活可靠。

(7)各处接地线应完好,连接紧固,接触良好。

(8)低压电器的检查和清扫。

1)刀开关的刀片与固定触头接触良好,无蚀伤、氧化过热痕迹;双投开关在分闸位置刀片应可固定,不得使刀片有自行合闸的可能。

2)自动开关、交流接触器主触头压力弹簧无过热,动、静触头接触良好,触头有烧伤应磨光,磨损厚度超过 1 mm 应更换;三相应同时闭合,每相接触电阻不应大于 0.5 MΩ,三相之差不应超过 ±10%,分合闸动作灵活可靠,电磁铁吸合无异音、错位现象,吸合线圈绝缘和接头无损伤,清除消弧室的积尘、炭质和金属细末。

3)自动开关、磁力启动器元件的连接处无过热,电流整定值与负荷相匹配,可逆启动器联锁装置必须动作准确可靠。

4)低压电流互感器铁芯无异状,线圈无损伤。

5)测量绝缘电阻。母线相间、对地绝缘电阻不应小于 100 MΩ;刀开关、熔断器、自动开关、接触器和互感器等器件的相间及对地绝缘电阻不应小于 10 MΩ;二次回路对地绝缘电阻不应小于 1 MΩ。

(9)接地装置的检查。

1)接地线应接触良好,无松动脱落、砸伤、碰断及腐蚀现象;地面下 50 cm 以上部分接地线腐蚀严重时,应及时处理;明敷设的接地线或接零线表面涂漆脱落时应补涂。

2)接地体露出地面应及时进行恢复维修,其周围不得堆放有强烈腐蚀性的物质。

3)测量接地电阻值:变电站、车间保护接地和变压器中性点接地电阻不应大于 4 Ω,独立避雷针接地电阻不应大于 10 Ω(工频接地电阻);烟囱和水塔上避雷针接地电阻不大于 30 Ω。

4. 低压电器常见故障及其原因分析

低压电器常见故障及其原因见表 5-10。

表 5-10　低压电器常见故障及其原因

序号	常用电器	常见故障	原因分析
1	热继电器	热继电器动作	1. 电流整定值偏小; 2. 电动机启动时间过长; 3. 操作频率过高; 4. 连接导线太细
		热继电器不动作	1. 电流整定值偏大; 2. 热元件烧断或脱焊; 3. 动作机构卡住; 4. 导板脱出; 5. 连接导线太粗
		热元件烧断	1. 负载侧短路; 2. 操作频率过高
		主电路不通	1. 热元件烧断; 2. 热继电器的接线螺钉未拧紧
2	自动开关	不能合闸	(1)自动操作开关不能合闸的原因如下: 1. 操作电源电压不符; 2. 操作电源容量不够; 3. 电磁铁或电动机损坏; 4. 电磁铁拉杆行程不够; 5. 电动机操作定位开关失灵; 6. 控制器中整流管或电容器损坏; (2)手动操作的自动开关不能合闸的原因:

序号	常用电器	常见故障	原因分析
2	自动开关	不能合闸	1. 失压脱扣器无电压或线圈损坏； 2. 贮能弹簧变形，导致闭合力不足； 3. 释放弹簧的反作用太大； 4. 机构不能复位再扣
		自动开关在工作一段时间后自动分闸	1. 过电流脱扣器长延时整定值不符合要求； 2. 热元件或半导体延时电路元件变质
		自动开关温升过高	1. 触头接触压力太小； 2. 触头表面过分磨损或接触不良； 3. 导电零件的连接螺钉松动
		自动开关在启动电机时自动分闸	1. 电磁式过电流脱扣器瞬动整定电流太小； 2. 空气式脱扣器的阀门失灵或橡皮膜破裂
		有一相触头不能闭合	1. 该相连杆损坏； 2. 限流开关拆开机构可拆连杆之间的角度变大
		分励脱扣器不能使自动开关分闸	1. 线圈损坏； 2. 电源电压太低； 3. 脱扣面太大； 4. 螺钉松动
		失压脱扣器不能使自动开关分闸	1. 反力弹簧的反作用力太大； 2. 贮能弹簧力太小； 3. 机构卡死
		失压脱扣器有噪声或振动	1. 铁芯工作面有污垢； 2. 短路环断裂； 3. 反力弹簧的反作用力太大
		辅助触头不能闭合	1. 动触桥卡死或脱落； 2. 传动杆断裂或滚轮脱落

续表

序号	常用电器	常见故障	原因分析
3	接触器、电磁式继电器、磁力启动器	接触器动作缓慢	1. 动、静铁芯间的间隙过大; 2. 弹簧的作用力过大; 3. 线圈电压不足; 4. 安装位置不正确
		继电后接触器不释放	1. 触头弹簧压力过小; 2. 衔铁或机械部分被卡住; 3. 铁芯剩磁过大; 4. 触头熔焊在一起
		通电后不能合闸	1. 线圈断线或烧毁; 2. 启动按钮触头的接触不良; 3. 衔铁或机械可动部分被卡住; 4. 转轴生锈或歪斜
		通电后衔铁不能完全吸合	1. 电源电压过低; 2. 触头弹簧和释放弹簧压力过大; 3. 触头超程过大
		触头过热或灼伤	1. 触头弹簧压力过小; 2. 触头上有油垢或表面高低不平; 3. 触头超程太小; 4. 触头的分断能力不够
		触头熔焊在一起	1. 触头弹簧压力过小; 2. 触头的分断能力不够; 3. 触头的开断次数过多; 4. 触头表面有金属颗粒凸起; 5. 负载侧短路

续表

序号	常用电器	常见故障	原因分析
3	接触器、电磁式继电器、磁力启动器	线圈过热或烧毁	1. 弹簧的反作用力过大； 2. 线圈额定电压与电路电压不符； 3. 操作频率过高； 4. 线圈匝间短路； 5. 运动部分卡住； 6. 环境温度过高
		电磁铁噪声过大或发生振动	1. 电源电压过低； 2. 弹簧的反作用力过大； 3. 铁芯板面有污垢或磨损过度； 4. 短路环断裂； 5. 铁芯夹紧螺栓松动

第四节 泵站日常管理

一、泵站管理制度

(一)值班人员管理制度

1. 值班长或值班负责人的工作标准

(1)值班长或值班负责人是运行班组的负责人,应带领全班人员严格遵守操作规程,进行安全生产,保证正常运行并对本班人员和设备的安全负责。

(2)带头执行各种规章制度(包括交接班制度),及时向上级领导汇报运行情况,执行调度命令,填写运行报表,作好运行记录。尤其应详细记录故障与事故情况。

(3)在紧急情况下有权停机,并采取应急措施,组织本班人员进行处理,以防止设备或人身事故的发生或恶化。

（4）负责组织机电设备的维护保养，保证设备始终在良好的技术状态下运行。

（5）努力学习科学文化知识，熟练掌握运行和维修技能，不断提高运行质量，搞好文明生产。

（6）爱护国家财产，注意防火、防盗，同各种坏人坏事做斗争。

（7）负责新工人安全教育、技术培训，组织全班政治、技术、安全学习。

（8）由于违章操作、监视不严而造成的事故，要追究值班长的责任。

2. 值班工人的工作标准

（1）在值班长领导下，严格遵守劳动纪律和安全操作规程，搞好安全运行和文明生产，完成厂部规定的各项操作任务。

（2）值班期间要认真操作设备、认真监视、按时巡视、细心测量和记录运行数据，发现问题随时向值班长汇报，要对操作错误、监视不严而造成的事故负责。

（3）努力做好机电设备的维护、保养工作，做到"四不漏"（不漏油、不漏水、不漏气、不漏电）和"四净"（油、水、机泵、电气设备干净），保持设备技术状态完好，室内环境整洁。

（4）如发现紧急情况，有权立即停机，以防人身或设备事故的发生和扩大，停机后应立即向上级汇报。一旦发生重大事故，应保护好现场。若发生触电事故，要设法立即抢救。

（5）努力学习科学文化知识，不断提高思想水平和业务能力，积极参加技术考试，达到机电工人与运转工的应知应会要求。

（6）搞好班内团结，开展批评与自我批评，互相帮助、共同进步。

（二）泵房管理制度

（1）除泵房工作人员外，非工作人员一律不得进入泵房。

（2）严格执行持证入室制度，参观和检查人员除持有有关部门批示的证件，经瓦斯泵房工作人员验证后方可进入泵房，入室后都要在"要害场所登记本"上登记。

（3）非本机房人员不得挪用机房内的一切设备（包括照明、各种开关、灭火器材等）。

（4）参观和实习人员须由有关部门领队，并听从工作人员指挥，参观实习前要提出参观实习项目和内容。

（5）进入泵房的非本岗位人员，严禁触动任何气门（阀门）和停送电装置等。

（6）未经有关部门领导批准，任何人不准在泵房内拍照。

（7）以上制度要严格执行，否则出现事故追究本泵房工作人员的责任。

（8）泵房的环境卫生由值班人员每天至少进行一次全面打扫。

（9）泵房工作人员必须在岗位上交接，接班人员不到，本班人员不准离岗。

（10）泵房工作人员必须把领导指示和工作安排内容向下班人员交接清楚。

（11）泵房工作人员必须将备用设备能否随时运转，工具、器材、油质数量是否齐全，当班任务完成情况，下班工作人员应注意的事项及设备运行中的异常现象全部交接清楚。

（12）泵房工作人员必须做好本泵房的各种记录交接，本管辖区内所发生的一切问题的交接。

（13）泵房工作人员必须在下班工作人员未到之前做好每班运行设备、备用设备及室内外卫生清扫工作。

（14）交接班期间，如果设备出现问题，交接人员必须共同处理，直至问题解决、设备运行正常后，交接人员方可离岗。处理不了时，双方应及时向上级部门汇报，并做好记录。

（三）泵站巡回检查制度

（1）对所有机械、电器设备每 15 min 进行一次巡检，每 30 min 对检查结果记录一次。

（2）巡回检查的内容包括：机电设备的各部温度、声音、器械连接、润滑、循环水池的水位、防爆器内水量、汽水分离器内水量、冷却系统、各管路仪表指示、机电设备情况、瓦斯浓度及正、负压情况等。

（3）巡回检查的方法主要有：看、听、摸、嗅、敲。

（4）巡检时，还要对泵站内外的材料、设施进行详细检查，发现问题及时处理。

（5）开泵试运行 10 min，检查各部运转是否正常、可靠，有无异常现象。

（6）检查各种记录填写情况和零件保管情况，填写好记录。

（四）交接班制度

1. 交接班规定

为了明确责任，水泵站应该建立交接班制度，交接班人员应遵守下列规定：

（1）接班人要提前 15 min 到达工作岗位，做好接班准备工作。

（2）如果接班人未能按时前来接班，交班人不得离开工作岗位。

（3）如果接班人喝醉了酒，或明显身体不好，交班人应拒绝交班。

（4）每班值班人员不止一人者，交接手续由双方班长负责进行。

2. 交接班步骤

（1）交班人和接班人一起，巡视机电设备的运行情况。

（2）查点工具、安全用具、仪表等是否缺损。

（3）将巡夜情况由交班人记入交接班记录，交接班记录格式见表 5-11。

表 5-11　交接班记录格式

交接时间	年　月　日　时　分
机组运行情况	
工具保管情况	
其他交接事项	

（4）凡领导指令、与其他工序或电力部门联系事项，需要接班人知道的，应口头交代清楚，并在交接班记录中写明。

（5）双方签名后，才算完成交接手续。

3. 交接双方责任划分

如在交接过程中需要操作或处理事故,由交班人执行。双方在"交接班记录"上签名后,设备操作或事故处理均由接班人执行。

二、泵站运行日志管理

小城镇给水厂的泵站不管大小都应设立运行日志,由操作管理工人定时记录机组的负荷、温升、出水量、扬程、开泵及停泵时间、电力消耗和保养检修记录。有了这些原始资料,可以经常掌握泵机组的技术状态,为设备维修提供依据;还可根据这些原始资料分析和计算水泵机组的技术经济指标,为技术改造提供依据。运行日志要认真记录,妥善保存。

运行日志式样见表 5-12。

表 5-12　泵站运行日志

＿＿＿＿年＿＿月＿＿日　　　　　　　　　　　　　　　　　　大气＿＿＿

时间	1#机组				2#机组				3#机组				电压(V)	总电流(A)	电度表读数(A)	变压器消湿(℃)	室内温度(℃)	总出水量(L)
	扬程(m)	电流(A)	机组温度(℃)	水泵轴承温度(℃)	扬程(m)	电流(A)	机组温度(℃)	水泵轴承温度(℃)	扬程(m)	电流(A)	机组温度(℃)	水泵轴承温度(℃)						
1:00																		
2:00																		
⋮																		
23:00																		
24:00																		
本日运行小时	h　　min				h　　min				h　　min				本日用电量:kW·h					
													本日出水量:(t)					
值班人员	值班时间								自　时　分至　时　分									
									自　时　分至　时　分									
									自　时　分至　时　分									

注:1. 本日用电量为电度表差额乘以电流互感器的变流比及电压互感器的电压比。

　　2. 本日出水量如无流量计的则按真空与压力表值查找事先制成的水泵出水量表。

　　3. 备注栏中填写开机时间、停机时间、命令人、故障情况等。

三、泵站设备档案管理

为了管好用好泵站设备，应对主要设备建立技术档案。技术档案记录的主要内容包括：设备的规格性能、工作时间记录、检查记录、事故记录、检修记录、试验记录等。有了这些记录，可以了解设备的历史和现状，掌握设备性能，为设备的使用、修理、改造、事故的分析处理，提供了可靠的依据，从而使设备达到安全、高效、低耗的运行。

(1)设备的规格性能。

1)水泵登记卡见表 5-13。

表 5-13　水泵登记卡

水泵编号		水泵型号	
安装位置		额定流量(t/h)	
安装年月		转速(r/min)	
出厂年月		扬程(m)	
制造厂		吸上真空高度(m)	
配套电机型号		配套功率(kW)	

2)电动机登记卡见表 5-14。

表 5-14　电动机登记卡

电动机编号		电动机型号	
安装位置		功率(kW)	
安装年月		额定电压(V)	
出厂年月		接法	
制造厂		转速(r/min)	
温升/℃		额定电流/A	

3)变压器登记卡如表 5-15。

表 5-15　变压器登记卡

变压器编号			型号	
容量(kVA)			连接组	
额定电压(kV)	高压		额定电流（A）	高压
	低压			低压
阻抗电压(%)			空载电流(%)	
空载损耗(W)			短路损耗(W)	
油面最高温度(℃)			线固最高温升(℃)	
油型			油量(kg)	
制造厂			出厂年月	
出厂编号			安装年月	

4)开关柜(配电盘)登记卡见表 5-16。

表 5-16　开关柜(配电盘)登记卡

开关柜编号	型号		
设备名称	型号规格	单位	数量
交流电流表			
电流互感器			
窜刀开关			
空气开放			
启动器			
…			
…			
…			

注：表中设备按实际情况填列。

(2)设备工作时间记录。设备工作时间记录见表 5-17。

表 5-17 设备工作时间记录卡

设备名称		设备编号	
年　　月	本月运行时间 (h　min)	本年累计运行时间 (h　min)	上次大修后累计 运行时间(h　min)

(3)设备检查记录。设备检查记录见表 5-18。

表 5-18 设备检查记录卡

设备名称		设备编号	
检查日期	检查项目及测量数据	处理意见	检查人

(4)设备修理记录。设备修理记录见表 5-19。

表 5-19 设备修理记录卡

设备名称			设备编号	
修理日期	修理类型	上次修理后 工作小时(h)	主要修理内容	修理工

(5)设备事故记录。设备事故记录见表 5-20。

表 5-20　设备事故记录卡

设备名称	设备编号			
事故日期	事故情况	值班人	事故原因	事故处理情况

以上五种卡片装订成册,写明某设备技术档案,认真记录、妥善保存。有关该设备的试验报告附在后面。

此外,还应将本站平面图、水泵安装图、电气接线图、水泵性能曲线等收集齐全、妥善保管,并最好复制一套模拟图张贴在值班室。

第五节　泵站流量测定与节能运行

一、泵站流量测定

准确地掌握水泵出水量是实行水厂经济核算和科学管理的基础。对于已经在泵站总出水管安装了水表或其他计量仪器的都可以根据表针的读数来测量水泵的出水量。对于没有安装计量仪表的水厂来说,只能根据水泵铭牌上的流量和水泵的运行时间进行推算,准确性较差。现介绍两种比较实用的水泵出水量核算方法。

1. 编制水泵流量表

水泵的流量是随着扬程的变化而变化的,如果水泵的转速不变,扬程越高,流量越小;扬程越低,流量越大。

以 8Sh-13 型离心泵为例,其固定转速为 2 950 r/min,铭牌上的扬程是 43 m,铭牌上的流量为 80 L/s;当实际扬程为 35 m 时,流量可达 95 L/s;而实际扬程为 48 m 时,流量只有 60 L/s。

事实上自来水厂的泵站,尤其是二级泵站的扬程是经常变化的,所以只有考虑了水泵的实际扬程变化,才能掌握不同时间的供水量。

　　用编制水泵流量表的方法来推算水泵出水量,就是在水泵进口和出口装上真空表与压力表,利用真空表与压力表的读数,根据事先编制的水泵流量表,查得水泵每小时的供水量。这样可以比较准确地推算出各个泵站每天的出水量。真空泵、压力表安装示意如图 5-2 所示。

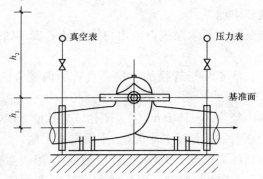

图 5-2　真空泵、压力表安装示意图

　　现将编制水泵流量表的方法、步骤说明如下。

　　(1)估计水泵总扬程。

　　(2)计算并画出 $Q-H$ 对应数值表。利用水泵特性曲线($Q-H$ 曲线),选择几个扬程、流量比较准确的点,利用插入法原理,用相邻两点扬程的差去除流量的差,即得到该两点之间扬程每上升某一高度,流量则减少一定的数量,由此算得各种扬程下的流量。按扬程的大小顺序及对应的流量排列成表。同时,把各流量下测压点处的流速、流速水头及两测压点的流速水头差,也一一计算出来。

　　(3)计算总扬程。水泵进、出口测压点的流速水头和流速水头差,在不同扬程和流量下,有不同的固定值。同时,两测压表的安装高度对特定的水泵来说是不变的。因此,只要把水泵进口的真空表(或压力表)和出口的压力表,可能出现的各种读数下的总扬程一一计算出来,即能得出在一定的真空度及出口表压力下的总扬程。

　　(4)编制水泵流量表。根据一定的真空度和出口表压力下的扬程,就可查出对应的流量,编成"水泵流量表"。在水泵运转期间,只要根据两测压点的读数,就可从表中直接查得水泵的流量。

一般将各台水泵流量表放大,挂在值班室墙上,每小时巡回检查时进行对照,填写各台水泵的出水量。

(5)真空表与压力表的安装要求。为了使水的流速和压力稳定,测压点的安装要求如下。

1)测压点最好在距水泵进口或出口为管径 2 倍、水的流速呈直线方向的直管上。

2)直管的长度不小于管径的 4 倍。直管的内壁应涂油漆或沥青以保持光滑。

3)测压的内径为 3～16 mm,应保证孔口与孔壁光滑,孔壁必须与管壁垂直。引压管的端面应齐平光滑,不得带有毛刺。

4)如果出口压力波动太大,引压管应做成 U 形或盘香形,起缓冲作用,以消除压力指针的摆动。引压管上应装切断阀门,以备检修仪表时使用。

5)真空表必须安装在吸水池最高水位以上,测量时真空表的引压管内应充满气体,不得残留水。而压力表引压管内应充满水,不得存有空气,否则会造成很大的误差。

2. 用堰的方法测量水泵流量

对于小水厂测量水泵流量,如果有条件采用堰箱型式时可以用堰上水位按公式计算,测量的流量为水泵瞬时流量。具体可用直角三角堰公式和矩形堰公式计算。

二、泵站节能运行

提高泵站装置效率,节省能源,降低成本是泵站管理的重要工作。

1. 泵站节能理论基础

泵站对能源的消耗是以能源的单耗为指标的,它具体反映了泵站的机泵配套、设备效率和机组运行工况等,是一项综合性的技术经济指标,其表达式如下:

$$e = \frac{2.72}{\eta_{装}} \quad \text{（以电为能源时）}$$

$$e = \frac{3.7 g_e \eta_{机}}{\eta_{装}} \quad \text{（以柴油为能源时）}$$

式中　　　　e——泵站的能源单耗；

$2.72、3.7 g_e \eta_{机}$——分别为泵站装置效率100％时，每千吨·米的电耗及油耗；

g_e——柴油机每马力·小时的耗油量；

$\eta_{机}$——柴油机的效率；

$\eta_{装}$——泵站装置效率。

由上式可见，水泵的装置效率是衡量水泵能耗的重要标志，也是机组运行性能的综合指标，常以下式表达：

$$\eta_{装} = \eta_{机} \, \eta_{泵} \, \eta_{传} \, \eta_{管}$$

式中　$\eta_{装}$——泵站装置效率；

$\eta_{机}$——动力机效率，取决于设计性能及制造质量；

$\eta_{泵}$——水泵效率，取决于设计性能及制造质量；

$\eta_{传}$——传动销路，取决于传动形式；

$\eta_{管}$——管路及其附件效率，在大型扬程的泵站中，是指进、出水流道的效率，取决于管道或流道的设计与布置。

另外，影响装置效率的一个重要原因还包括进出水流态的影响，故反映一个泵站抽水实际能耗还应包括前池及进水池的损失，其中水头损失尚易获得，而流态对工作性能的影响致装置效率的下降，目前还只能通过模型或现场实测来确定。因此，水泵装置效率应由下式表达：

$$\eta_{装} = \eta_{机} \, \eta_{泵} \, \eta_{传} \, \eta_{管} \, \eta_{池}$$

试验及调查表明，仅前池中的不良流态，可以降低装置效率4％～10％，即 $\eta_{池}$ 为 0.85～0.95。这部分由进水条件引起装置效率的下降，往往不被人们所重视。

2. 提高泵站装置效率的方法

为了做好泵站的节能工作，使泵站装置效率达到部颁标准，应从以下几个方面入手。

（1）正确选型配套。要正确选型配套，使水泵长期在设计工况或设计工况附近工作，关键在于：

1）水泵必须系列化；

2）正确确定泵站的设计扬程。

（2）改善进、出水流态。

（3）提高泵站运行管理水平和维修质量，为此应做到以下几点：

1）增加智力投资，提高泵站管理人员的技术素质，这是一项势在必行的任务。据了解，除个别的大型泵站以下，大部分中、小型泵站管理水平十分落后，许多管理人员缺乏基本的管理知识，因此在开展正规的教育的同时，应该利用泵站检修时间，开办各种类型的技术培训班，以提高管理人员的技术水平。

2）在提高设备完好率的同时，应加强进出水建筑物维修和清理。

3）对泵站实行经济运行。泵的各部分，即水泵、动力机、传动装置、管路及附件、进出水建筑物等的设计安装是保证抽水装置高效运行的重要前提。但因各部分效率间存在着矛盾，所以还应研究泵站的运行理论的方法。

（4）对新建的灌排泵站，除进行全面的规划外，应做到：

1）严格执行泵站技术设计规范；

2）严格执行泵站技术验收规范，保证合理的设计成为现实；

3）执行泵站现场测试规程，同时加强新型的可靠的测试仪表的研究，使泵站现场测试既有章可循又切实可行，进一步完善泵站的设计和运行管理。

（5）积极开发泵站节能经济计算方法的研究，使泵站节能建立在可靠理论基础之上。

（6）提高渠系利用系数。据调查了解，由于我国的各级渠道多为少土修筑，加上维修管理不善，渠系利用系数只有 50% 左右。为解决这一问题，各地做了不少工作，如采用暗管、塑料薄膜衬底等，但总的说来还未得到应有的重视。要提高泵站装置效率，节省更多的能源，不提高渠系利用系数，前面所谈的一切都将由此付之东流。

3. 泵站节能的方法

水泵是将电能转变成水的压力能的水力机械。其效率的大小直接影响耗能的多少。水泵的节能潜力对于中小自来水厂来说往往是很大的。节能的一般方法如下：

(1)消除机组不配套。中小自来水厂水泵与电动机往往不配套，大马拉小车的现象较多。电动机达不到高载运行，效率就低。因此，应把那些达不到满载的电动机换成与水泵配套的电动机，使其在最高效率下运行。

(2)合理使用水泵。水泵在其特性曲线上有一最佳范围。在使用水泵时，一定要调节工况点，使其在该范围内运行。

调节水泵工况点的办法有：改变水泵的转速、改变水泵的叶轮直径和改变出水闸门的开启度三种。

(3)取消吸水管底阀。目前不少中小自来水厂在水泵吸水管上装有底阀，虽然可以启动方便，但底阀耗电量大，经测算，若取消底阀，每千吨水可以节电 2.95 度，因此在有条件时应尽量采取取消底阀的吸水方法。

(4)加强水泵机组的维修。加强水泵机组的维修一是可以减少水泵的水量损失，即水通过叶轮和扣环间隙返回吸水端及水通过盘根渗漏的水量损失；二是可以减少机械损失。水泵工作时的机械损失，主要有传动机构、轴承、轴封的摩擦损失和叶轮圆盘在泵壳内运行时和流体的摩擦损失。加强水泵机组的维修，校正机组的水平，及时换下弯曲的泵轴和损坏的轴承，保持良好的润滑状态就能减少机械损失，节约电能。

第六章 水厂生产一体化与自动化 设施运行维护管理

第一节 一体化净水构筑物

以地表水为水源的水厂,一般包括取水、混凝、沉淀(或澄清)、过滤、消毒等工艺过程。在农村小型自来水厂中,如上述各个工艺过程所采用的构筑物均分别单独建造,则不仅占地面积大,且厂内连接管道较多,布置复杂,造价也较高。为了减少占地,方便操作管理,促进小城镇给水的普及和发展,近年来,一些地方相继建造或采用了各种综合净水构筑物及装置或一体化净水构筑物。

一、小型净水塔

小型净水塔是按照无阀滤池自动虹吸冲洗排污的原理,将泵房、滤池及水塔合并建造的一种小型净水构筑物。它配有简易的电器自动控制装置。制水量为 $5 \sim 8 \text{ m}^3/\text{h}$,水塔容量为 $10 \sim 12 \text{ m}^3$。供水压力由水塔高度决定,滤池工作为压力过滤和自动冲洗,出水水质能符合国家生活饮用水的卫生标准。它适用于小城镇企业、小型社办工厂、学校、机关等用水。由于小型净水塔的过滤是采用接触过滤的,为了不使滤池负荷过重,原水的浊度以 100 mg/L 以下为宜,上海市的不少郊县农场采用了小型净水塔。

(1)净水塔的构造。

小型净水塔的构造较简单,主要包括水泵、滤池及贮水和反冲洗合用的水箱、加矾(硫酸铝)和加氯设备、简易电器自动控制设备以及一些铁管和阀门零件等。

耗用的材料,据一些农场施工后的决算,32.5 级水泥 2.5 t,42.5

级水泥 2 t,木材 0.7 m³,钢材 1.2 t,黄砂 12 t,统一标准砖 4 800 块,全部设备材料的总投资 4 000～5 000 元。主要构筑物水塔和滤池的材料为砖和钢丝网水泥。

滤池内滤层采用优质无烟煤和石英砂组成的双层滤料,无烟煤粒径为 0.8～1.8 mm,厚度为 500 mm,石英砂粒径为 0.5～1.2 mm,厚度为 500 mm,承托层采用粗砂,粒径为 1.2～2.0 mm,厚度为 100 mm。集水系统采用塑料滤头或滤板。但在实际使用中,塑料滤头易变形,滤板质量不易保证,阻塞较严重,都会影响反冲洗效果。目前,已逐步改成钢筋混凝土孔式滤板,上铺两层尼龙网的集水系统,承托层采用细砾石,粒径为 2～4 mm 和 48 mm,各厚 100 mm。经实践应用,效果较为理想。

(2)工作原理。

1)加药:水泵自水源中吸水,利用吸水管中的负压吸入药剂,药液与浑水经水泵叶轮搅拌后从滤池顶部进入滤池反应。投药量的多少,应视原水浊度而定,一般可预先做一些简单的试验,以确定投加量,在运行中还可根据出水水质予以调整,从实践中摸索规律及可靠的投药量。由于小型净水塔采用的是接触过滤的工艺,投药包括混凝剂和消毒剂两部分,均加注在水泵吸水管上。消毒剂可采用漂白粉或漂粉精(漂粉液调制浓度按 0.5%～1.0% 的含氯量考虑)。

2)过滤:原水与药液混合后,从顶部进入滤池,经布水板均匀地分布到整个滤层表面,进行接触过滤。经过滤的清水通过塑料滤头和集水室经管路升至顶部的水箱内。一方面为用户供水,另一方面为滤池冲洗供水。

3)虹吸自动冲洗:滤池在过滤过程中,由于滤料层不断截留杂质,使滤层的阻力不断增加,为了克服阻力,水泵扬程逐步提高,此时虹吸上升管内的水位也相应随之升高。当水位超过虹吸上升管顶部下的辅助虹吸管口时,水流即从辅助虹吸管中下落。利用这一流速,借助抽气管不断地将虹吸管内的空气带走,当管内真空度到达一定值时,水流溢过上升管顶部,自虹吸下降管中出流,即产生虹吸作用,滤池开始冲洗。由于冲洗时排水井中的水位抬高,浮球也随之上升,从而切断电源,水泵停止进水,冲洗水从顶部水箱经反冲洗管(兼清水管)进入滤池底部进行反冲洗。随着冲洗的进行,水箱内水位不断下降,当下降至虹吸破坏口以下时,空气进入虹吸管,虹吸作用破坏,滤池反冲洗结束,排水井中的水位又恢复原位,浮球下降接通水泵电源,重新过滤。

(3)优缺点。

由于小型净水塔构造简单,采用砖砌塔身,钢丝网水泥的滤池和水箱,因此施工方便,造价低,容易就地取材,在整个工作过程中操作方便,自动化程度高。

目前使用的有些小型净水塔,经过实践,发现也还存在一些问题,如水箱无盖,易污染;水箱内冲洗水量与用户的用水量未分开,导致冲洗水量得不到保证,影响冲洗效果和滤池的正常运行;一些自动控制装置由于露天易失灵等。但经过不断实践、改进,上述缺点已得到不同程度的克服。

二、组合式净水构筑物

组合式净水构筑物,是根据所采用的工艺流程和主要净水构筑物组合建造而成。其组合的情况将随净水构筑物的形式不同而不同。下面介绍几种不同形式的组合式净水构筑物。

1. 由机械加速澄清池和虹吸滤池组合而成的净水构筑物

净水能力为 5 000 m^3/d,适用于原水浊度小于 3 000 m/L 的水质条件。处理后的清水经消毒后可符合国家生活饮用水水质标准。

(1)构造要求。组合式净水构筑物的内圈为机械加速澄清池,清水集水区上部采用穿孔集水管,清水经集水管汇集,至环形集水槽。外圈为虹吸滤池。滤池进水采用虹吸管,自环形集水槽配水至滤池配水斗。滤池共分八格,每格池内设洗砂排水槽,内设虹吸排水管,供滤池反冲洗使用。同时洗砂排水槽也起了滤池配水时的缓冲井作用,使滤池配水时,不致产生砂层冲刷现象。

(2)工作原理。虹吸滤池一般由数格滤池组成一个整体。每格滤池均有一组进水管和排水管。进、排水管均布置成虹吸管形式。在管顶处关小闸门,并用管道分别和抽吸真空设备或大气相连。开启抽吸真空设备及相应的小闸门,即能分别启动进、排水虹吸管。

启动进水虹吸管,即向滤池配水,过滤水经清水集水区汇流至清水井,用管道送至清水池。待滤池到达规定工作周期,启动排水虹吸管,滤池内水位随即下降,当水位低于排水槽顶时,清水集水区的水就通过滤板、滤料自下而上进行反冲洗,反冲洗水污水经洗砂水槽被虹吸排水管排除,直至符合冲洗要求。只要开启排水虹吸管泄气阀,破坏虹吸,反冲洗随即停止,滤池又可重新运行。

2. 由穿孔旋流反应池、木质斜管沉淀池、重力式无阀滤池和清水池组合而成的净水构筑物

适用于原水浊度小于 1 000 m/L 的水质条件,处理后的清水浊度小于 5 m/L,经消毒后可符合国家生活饮用水水质标准。

(1)构造要求。反应池和沉淀池置于清水池顶盖上,无阀滤池与清水池毗邻并置于同一底板上。反应沉淀池的容积为 13 m³,过滤面积 4 m³,清水池容积 100 m³。整个构筑物占地仅 9 m²。

(2)工作原理。原水在泵前投加混凝剂,经水泵混合后,进入穿孔旋流反应池。在反应池内,水流由快到慢地进行絮凝反应,逐渐生成颗粒较大的絮粒。然后从反应池末端进入木质斜管沉淀池的下部,水流由下而上通过斜管沉淀区,使水得到澄清。从斜管沉淀区出流的澄清水,经集水槽汇集后,进入无阀滤池,滤后水通过滤池底部集水区,经连通管至上部水箱,然后溢流入清水池。清水由水泵提升加压,供用户使用或进入调节水塔。

3. 由增设斜板的水力循环澄清池和泵吸式移动冲洗罩滤池组合而成的净水构筑物

净水能力为 2 500 m³/d,处理后的清水浊度小于 5 m/L,经消毒后可符合国家生活饮用水水质标准。

(1)构造要求。构筑物内圈为水力循环澄清池,为了提高出水能力和改善出水水质,在澄清区增设了斜板。外圈为滤池,分隔成 10格。滤池的反冲洗由泵吸式移动冲洗罩进行。在滤池出水系统中,设虹吸出水管、溢流井和溢流堰,使滤池的工作水头稳定。在虹吸出水

管的顶端,安装水位稳定器,以保证滤池砂面有足够的水深,不使砂面产生冲刷和外露现象。

(2)工作原理。通过斜板沉淀的水,经集水槽汇集后,流入外圈滤池部分。滤池的过滤机理与其他快滤池一致。由于滤池的工作水头是某恒定值,它的过滤状态是恒水头作用下的变速过滤。即随着过滤时间的延续,滤速逐渐降低,出水量也随之减少。到规定的工作周期,即需进行反冲洗。

反冲洗时,先把移动冲洗罩移到需冲洗的一格滤池就位,使罩体的密封圈与该格滤池四周的墙肩对准。随即启动安装于罩体内的水泵,使滤池内的水被提升到箱体上端的水斗。由于水斗被水充满,使箱体重量增加到超过空心箱体在水中的浮力,而下沉就位。此时罩体下缘正好在端肩上,由于罩体下缘密封圈的作用,使罩体内外水流被隔断。但罩体内的水泵仍在工作,水泵抽升的水量,从清水集水区通过滤板和滤料层,由下而上向罩体内补充,这就起到了反冲洗作用。冲洗后的洗砂污水,通过水泵抽升经水斗溢流排除。待达到滤池冲洗要求后,切断水泵电源,反冲洗结束。

反冲洗后,水斗内的水在重力作用下,仍流回滤池,同时打开箱体上的活动门,清除箱内外水位差,利用空心箱体浮力使箱体复位,使滤池又处于正常水位的过滤状态,重新投入下一周期的运行。移动冲洗罩在原位停留一定时间后,即移至下一格,准备为下一格滤池冲洗时使用。因此,只要按滤池运行周期,根据每组滤池的格数,均匀安排各格滤池的冲洗间隔时间,就能使各格滤池逐一得到反冲洗,从而保证整组滤池的正常运行。

第二节　一体化净水装置

一体化净水装置集絮凝、沉淀、排污、反冲洗、集水过滤等工艺中的精华之大成,无须人员操作而能达到单体全自动运行的系列净水装置,是实现水厂自动化管理的重要单元,再配以本公司生产的 JY 型自动加药装置及消毒设备,即可成为一个具有全套功能的净水站(厂)。

一、一体化净水装置工作原理

一体化净水装置和城市供水厂的净化流程一样,具有混凝池、沉淀池、过滤池、水质稳定装置、反冲洗装置、水泵及电气控制柜。现分别介绍如下:

1. 混凝池

投加混凝剂的原水由进水管进入混凝池内,用特制的搅拌机搅动,使水中的悬浮物和混凝剂充分接触反应形成矾花。一般净水装置是采用涡流反应来使水和混凝剂混合,但效果受水量的变化而不稳定。该净水装置则用搅拌机混合,不受水量变化而影响效果。

2. 沉淀室

水经加混凝剂混凝后形成矾花,流到设备的沉淀池内进行沉淀,沉淀池采用斜管沉淀法,经过梯形斜板沉淀室沉淀完成固液分离,沉淀下来的污泥排入泥斗。

3. 过滤池

经沉淀后的水流到过滤池过滤。滤池结构:底部为布水管,中部为石英砂,上部为无烟煤。过滤速度为 10 m/h,最后清水流到清水池内消毒处理后饮用。过滤池反冲周期为 12 h 左右,反冲时间为 5~10 min。

二、一体化净水装置性能优点与适用范围

1. 一体化净水装置性能优点

(1)除了对一级泵房及加药系统的管理外,净水装置本身从反应、絮凝、沉淀、集泥、排泥、集水、配水、过滤、反冲、排污等一系列运行程序,达到了自动运行的要求,值班人员除定时作水质监视测定工作外,无需对净水装置操作管理。

(2)高浓度的絮凝层,能使原水中的杂质颗粒,在其间得到充分的碰撞接触、吸附的概率,因而能适应各种原水的水温和浊度,杂质颗粒去除率高。在一定使用条件时,还具有除藻功能。

（3）迅捷的泥渣浓缩室及可调式自动排泥系统，能保证多余的泥渣杂质及时排除，从而保证稳定的杂质颗粒去除率。

（4）高效的絮凝及沉淀效果，使沉淀出水水质一直保持良好状态。

（5）新颖独创的集水系统及最低的集水水头，使集水更均匀有效，不仅提高了体积利用系数，因其集水水头极小，累积的省电效果也很可观。

（6）净水系统自动化，既保证了净水系统的高效过滤，又能自动反冲洗，不需另设反冲洗水泵或空压机等电器设备，可节省大量的基建投资及日常运行、维修、保养费用。

（7）自耗水率低，在 5% 左右，对节省有限的水资源起着积极的作用。

（8）占地面积小，与一般净水构筑物相比，可节省占地 50% 以上，高度在 4.10 m 左右，室内外均可安置。

（9）便于扩建、改造、再用，便于搬迁或易地再用。

2. 一体化净水装置适用范围

（1）适用于水浊度小于 3 000 mg/L 的各类江、河、湖、水库等为水源的农村、城镇、工矿企业的水厂，作为主要的净水处理装置。

（2）对于低温、低浊、有季节性藻类的湖泊水源，有其特殊的适应能力。

（3）对高纯水、饮料工业用水、锅炉用水等作前置水处理的预处理设备。

（4）用于各类工业循环水系统，可有效而大幅度地提高循环用水水质。

三、一体化净水装置设计

1. 一体化净水装置设计参数要求

（1）适用原水浊度：≤3 000 mg/L。

（2）适用原水温度：常温。

（3）净水出水浊度：≤3 mg/L。

（4）沉淀区设计表面负荷：7～8 m/(h·m)。

(5)过滤区设计滤速：7～10 m/h。

(6)滤池冲洗强度：14～16 L/(s·m)。

(7)冲洗历时：4～6 mim(可调)。

(8)总停留时间：40～45 mim。

(9)进水压力：≈0.06 MPa。

2. 主要设计型号尺寸

一体化净水装置主要设计型号尺寸见表 6-1。

表 6-1　一体化净水装置主要设计型号尺寸

型号	主体平面尺寸 $a×g$		基础平面尺寸 $h×b$		反冲洗管尺寸及个数			管道平面尺寸		
	a	g	h	b	e	f	n	c	D	j
FA-10	1 700	2 100	2 300	2 300	350	700	3	200	600	300
FA-30	3 100	3 000	3 200	3 700	500	1 000	3	300	1 180	300
FA-50	3 850	4 000	4 200	4 500	500	1 000	4	400	1 430	325
FA-100	4 600	6 800	7 000	5 300	850	1 700	4	500	1 700	350
FA-200	4 600	13 600	13 800	5 300	850	1 700	8	500	1 700	350

四、典型一体化净水装置应用

1. 压力式综合净水器

压力式综合净水器是一种将混凝、澄清、过滤三道工艺综合在一个装置内的一元化净水装置，其工作原理是：原水在泵前投加混凝剂，经水泵混合后送入综合净水器底部的瓷球或卵石反应室进行接触反应，反应后的水向上经过泥渣悬浮层至澄清区，并继续通过过滤层过滤后，过滤层的滤料为聚苯乙烯泡沫珠，经过滤后的水由顶部的集水滤头集水，利用剩余压力经由出水管将清水送给用户或水塔。

压力式综合净水器的特点如下：

(1)由于混凝、澄清、过滤三道工艺综合在一个构筑物内，它简化了工艺流程，省去了构筑物，因而投资较省。

(2)其在压力条件下工作，出水具有剩余压力，可直接供应用户或至水塔，省去了清水泵房，因此管理较简单。

（3）由于全部处理净化工艺在一个构筑物内进行，因此设备简单，便于迁移。

（4）由于是在压力状态下工作的，因此多采用钢板焊制的外壳。

（5）采用新型滤料——挥发性聚苯乙烯泡沫颗粒（塑料珠），但价格较其他滤料为高。

（6）单个压力式综合净水器的产水量一般小于 20 m^3/h（如10 m^3/h 可采用直径 $D=1.6$ m；16 m^3/h 可采用直径 $D=2.0$ m）。

压力式综合净水器适用于分散、小型的给水工程，特别适用于原水悬浮物含量一般低于 500 mg/L 的场合，出水浊度可降低至 5 mg/L 以下，能符合国家生活饮用水的标准。

2. JCL 型净水器

JCL 型净水器，是将混凝、澄清和过滤等工艺组合而成的净水设备。由泥渣循环回流反应区、斜管沉淀区、聚苯乙烯泡沫塑料滤珠过滤区及水力旋转冲洗装置等部分组成。原水在泵前投加混凝剂，经水泵混合后，通过喷嘴进入第一反应室，经第二反应室，然后进入斜管沉淀区，经斜管沉淀后的水，继续向上通过泡沫塑料滤珠层，水被进一步净化。清水由塔式尼龙滤头汇集进入环形集水槽，输入清水池。经水泵提升加压，供用户使用或进入水塔。

常见 JCL 型净水器规格见表 6-2。

表 6-2　常见 JCL 型净水器规格

型号	外形尺寸(m) 直径×高度	重量(kg)		处理水量(m³/h)
		设备自重	运行时重量	
JCL-D100	1.0×3.0	900	3 000	5
JCL-D150	1.5×3.2	1 200	6 000	15
JCL-D200	2.0×3.6	2 300	10 000	25
JCL-D300	3.0×4.2	5 300	10 000	50

JCL 型净水器适用于原水浊度不超过 500 mg/L、短时间达 1 500 mg/L 的水质条件。处理后的清水浊度小于 5 mg/L，经消毒后可符合国家生活饮用水水质标准。

3. JS 型一体化净水器

JS 型一体化净水器是将混凝、沉淀和过滤等工艺组合而成的净水设备。JS 型一体化净水器分压力式和重力式两种。压力式和重力式的工艺流程和构造都基本相同,由泥渣回流与悬浮泥渣反应相结合的反应区、斜管沉淀区和石英砂滤料过滤区等三部分组成。其反应和沉淀部分与水力循环澄清池和斜管沉淀池的相应部分的工作原理相同。过滤部分与一般滤池的工作原理相同。

压力式净水器的压力式过滤是在压力状态下工作,滤后清水尚有足够的剩余压力,可直接供用户使用或送入水塔。它的反冲洗需由高位水塔供给的压力水来完成。

重力式净水器的滤池采用无阀滤池形式,过滤后水需输入清水池,然后由水泵提升加压供用户使用或送入水塔。它的反冲洗的工作原理与无阀滤池相同。

常见 JS 型一体化净水器规格见表 6-3。

表 6-3　常见 JS 型一体化净水器规格

型号	工作状态	外形尺寸(mm) 直径×高度:长×宽×高	承压 (kg/cm²)	设备自重 (kg)	处理水量 (m³/d)
JS-100	压力	$\phi 1\ 200 \times 2\ 300$	3.0	1 500	100
JS-300	压力	$\phi 1\ 800 \times 2\ 300$	3.0	2 500	300
JS-500	重力	2 500×2 000×2 700	—	4 500	500
JS-1 000	重力	3 600×2 500×2 700	—	5 000	1 000

JS 型一体化净水器适用于原水浊度不超过 1 500 mg/L 的水质条件,处理后的清水浊度小于 5 m/L,经消毒后可符合国家生活饮用水水质标准。

五、净水器维护管理

1. 净水器操作要求

(1)在实际运转中,应根据原水水质条件和浊度变化,并结合不同净水器的特点选择混凝剂的种类与确定投加量。

（2）操作时务必注意净水器产品说明书中规定的正常工作压力或安全运行的额定压力，运转中控制在要求范围内。

（3）净水器的排泥周期与次数要根据原水浊度的变化适时调整，在保证正常运行效果的条件下，做到勤排少放。絮凝沉淀区宜定时排泥，一般排泥周期为：原水浊度不大于 100 mg/L 时为 24 h；浊度不大于 200 m/L 时为 8 h；浊度不大于 500 m/L 时为 3～4 h。排泥历时一般为 1～3 min。

（4）净水器一般可根据出水浊度或根据经验定时进行反冲洗。

（5）净水器运行中应定时检查水质由专人操作管理，并建立必要的规章制度，确保净水器的正常运行。

2. 净水器维护管理

（1）净水器一般每年要停机保养一次，主要内容包括：全面检查并调换机体内损坏的零部件；检查和补充滤料；清洗和进行防腐维护。

（2）根据净水器运行经验，一般应在 3～5 年进行大修一次，主要内容包括：更换和修理各种已损坏或已淘汰的配套设备、零部件以及更新滤料等；彻底清扫和重新精心防腐处理。涂刷前应先去除表面的氧化皮、油污等，然后干刷、吹净灰尘。内表面涂层，必须采用对水质无污染，对人体无害的防腐涂料。净水器外表面应涂 1～2 道底漆，刷漆 2～3 道或喷涂 2～4 道面漆，并要求涂层外观均匀、光亮、平整等。

（3）对于长期停用的净水器，应取出全部滤料予以清洗、干燥，存放于通风干燥的场所。

3. 净水器常见故障及其排除方法

（1）沉淀区絮体异常。

1）表现。

①絮体松散上飘，颜色发白；

②絮体松散，颜色发红；

③絮体细小，澄清水浑浊；

④絮体上升，澄清水浊度大于 20 mg/L。

2）原因分析及排除方法。造成上述①②现象的原因主要是混凝剂投加量过大,应适当减少投加量;造成上述③现象的原因主要是凝聚剂投加量不足,应适当增加投加量;造成上述④现象的原因主要是进水量过大或泥渣过多,应调整进水量或及时排泥。

(2)进水量、投药量正常,但出水不清。

1)原因分析。造成这一现象的原因主要是沉淀区积泥或滤料减少。

2)排除方法。应冲洗积泥区或增加滤料。

(3)反冲洗异常。

1)现象。

①反冲洗周期缩短,冲洗次数频繁;

②反冲洗滤料时,旋转管不动或转速较慢。

2)原因分析及排除方法。造成上述①现象的原因主要是进水量过大或滤料层积泥堵塞,应稳定和控制流量,翻洗滤料;造成上述②现象的原因主要是喷嘴堵塞或轴承卡住或反冲压力不够,应检查旋转管喷嘴与轴承增加反冲水头。

(4)絮凝室絮体稀而小,甚至无絮体。

1)原因分析。造成这一现象的原因包括:

①凝聚剂投加量太少;

②中断投药。

2)排除方法。

①增加投药量,待絮凝到絮体正常后恢复正常投药量;

②检查加药装置。

(5)沉淀区带出明显的絮体。

1)原因分析。造成这一现象的原因包括:

①进水量过大或投药量过大絮体变轻上浮;

②沉淀区局部堵塞。

2)排除方法。

①调整控制流量;

②减少投药量。

(6)冲洗堵塞部分滤料泄漏。

1)原因分析。造成这一现象的原因包括：

①滤头损坏；

②滤板密封不好。

2)排除方法。

①调换滤头；

②封好滤板。

(7)滤池水位上升过快，出水水质恶化。

1)原因分析。造成这一现象的原因包括：

①超过运行周期；

②滤料层积泥严重；

③局部滤料穿透；

④投药过少或中断。

2)排除方法。

①彻底反冲洗；

②翻洗滤料；

③反冲恢复砂面平整；

④调整加药使之恢复正常。

第三节　水厂生产自动化控制

伴随水厂自动化技术、系统控制设备和机电仪表设备的发展，滤池自动化、投加自动化、泵站自动化、水质检测自动化技术逐步成熟，计算机应用日益普及，这标志着自动化水厂已具备较好的技术环境。随着经济技术的发展，水厂自动化控制是水厂今后发展的方向之一。

净水厂的自动化首先需要仪表化，自动化仪表是生产过程自动化的重要组成部分。自动化仪表有一次仪表和二次仪表。一次仪表包括感受器和变送器，感受器测定各项参数，变送器把感受到的参数值变为电流或电压，传送到控制中心。二次仪表用于把测得的参数再显示出来。

一、水厂自动化管理一般规定

（1）依靠自己的技术力量，完成安装调试任务，为投产后的生产管理奠定了技术基础；

（2）不断熟悉引进设备的技术性能，提高对系统的开发能力；

（3）建立自动化控制系统的管理规程；

（4）做好自动化控制系统的防雷保护；

（5）建立一支专业化的管理队伍。

二、水厂自动化控制系统设计的主要模式

可编程序控制器和计算机的应用，是水厂自动化的典型特征。现在国内多采用三种控制系统：SCADA（Supervisory control and Data Acquisition）、DCS（Disturbed control system）、PLC＋PC。其中 PLC＋PC 控制系统比较流行。

1. SCADA 控制系统

SCADA 系统，即数据采集与监视控制系统。SCADA 系统是以计算机为基础的 DCS 与电力自动化监控系统，主要用于监控整个城市供水系统的运行情况。

2. DCS 控制系统

DCS 系统又称为分散控制系统，以集中检测为主，分散控制为辅。在水厂的中控室中可对水厂的各工况实现实时监控。生产的工艺过程自动控制采用就地独立控制的原则。

（1）控制原则。对水厂 DCS 系统，出于安全生产的考虑，通常要求设立三级控制层：就地手动、现场监控和远程监控。

（2）系统结构。水厂 DCS 系统所采用的结构一般为：IPC（工业级 PC）＋PLC（可编程控制器）＋SLC（小 PLC）。在网络配置上一般最下层为 SLC 所用的 DH⁺ 网，第二层为连接各现场 PLC 监控站 DH⁺ 网或 Control NET 网，最高层为连接中控室内监控 DCS 工作站及管理 PC 工作站的局域网。

（3）系统组成。根据水厂的生产工艺要求和需要，一般在水厂

DCS 中设置 PLC 子站、原水取水泵站、加药加氯系统、滤池、配电站、出水泵站等现场控制站。

（4）系统简介。

1）原水取水泵站 PLC 子站对原水进水的浊度、氨氮、溶解氧、酸碱度（pH 值）、温度等水质参数进行检测，对取水泵的开停、进水阀门的调节以及它们的运行状态等情况进行监测和控制。

2）加药、加氯 PLC 子站。加药控制比较常规的方式基本上有以下两种：

①原水流量比例作前馈控制，沉淀池出口浊度反馈调节，如图 6-1 所示。

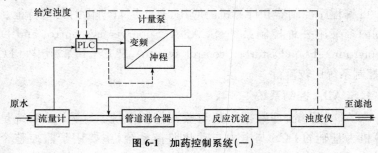

图 6-1　加药控制系统（一）

②原水流量比例作前馈控制，SCD 反馈调节等复合型控制系统，如图 6-2 所示。

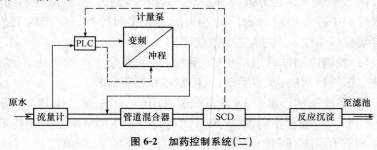

图 6-2　加药控制系统（二）

余氯是自来水水质的一个很重要的指标。目前大多数水厂多采用二次加氯方式，即前加氯和后加氯。前加氯为原水流量比例投加，后加氯为流量比例和出厂水余氯反馈构成的复合环。加氯控制系统如图 6-3 所示。

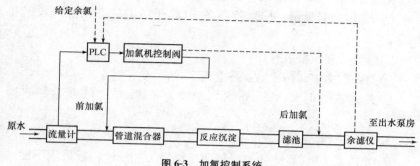

图 6-3 加氯控制系统

3）滤池 PLC 子站。滤池 PLC 子站一般分为公共 PLC 子站和各组滤池就地控制 SLC 从站。有些水厂也采用了用一个 PLC 子站控制所有滤池运行的方案。滤池 PLC 子站的主要功能是实现各组滤池运行和反冲洗的自动控制，并将各组滤池的运行状态及相关设备如卒压机、鼓风机等设备和滤后水质参数等有关数据传送到水厂中控室。

4）配电 PLC 子站。主要用于监测水厂配电站内高、低压开关柜，具有对主变、厂变等配电系统的有关数据（如电压、电流、有功功率、功率因素等）和状态（如开关和断路器位置和状态）信息的采集、处理、保护、监测或控制功能。以及各种故障记录和报警等功能。对配电 PLC 子站一般不要求远控或遥控功能。

5）出水泵站 PLC 子站。目前出水泵的控制技术既有定速泵结合出水阀控制，也有采用先进的变频调速自控技术。控制方式既有恒压控制，也有变压变流量控制。水泵的开停及调整由 PLC 程序自动控制。出水泵站 PLC 子站的主要功能是监测和控制所有泵的运行状态（如开、停、自动、手动等），并将出厂水的有关参数（如状态、电流、电压、功率等）和报警信号处理后传送至外厂中控室。

6）水厂中控室。水厂中控室是水厂生产的控制中心，也是系统核心设备所在的关键场所。一般中控室由操作员站、工程师站等 DCS 工作站、管理工作站、历史服务器打印机等附属设备以及网络设备组成。

中控室 DCS 工作站的主要功能和要求是：

①整个水厂 DCS 系统进行组态管理，系统监控；

②实时监测、显示、处理、控制各 PLC 子站的状态、通信、数据和信息；

③报警处理和报表打印；

④动态数据库和历史数据库管理；

⑤实现与上级 SCADA 系统以及水厂 MIS 系统的通信和数据交换。

3. PLC＋PC 系统

采用 PLC＋PC 系统的水厂自动化控制工艺设计一般采用下面的模式。

(1)通信主站。对于大中型水厂主站，设置 3 台监控计算机，1 台处理生产数据报表，2 台生产监控(1 用 1 备)。生产监控计算机应配置故障报警打印功能，实时打印报警项目。

(2)投加站。由于投加站设备以投加自动化设备、仪表为主，所以该站 PLC 主要负责完成投加站设备数据采集工作。投加站包括两大部分，即投加自动化生产设备和原水水质仪表。

(3)反应站、沉淀池站。该站控制设备包括水池排泥阀、排泥机两部分，其中水池排泥阀可实现自动周期排泥、计算机遥控排泥两种方式。

(4)滤池及反冲站。主要完成滤水及协调风机房反冲两项控制任务，一般将滤池工作状态分为停池、滤水、反冲 3 种。主要采集滤池水位、水头损失信号、处理反冲排队、最大工作周期设置等工作。

(5)一、二级泵站。两座泵站分别是水厂两座小型变电站，泵站自动化首先要采集足够的生产电量数据。另外，两座泵站还承担监控水泵电机运行和采集出厂水质数据的任务。

三、净水厂各构筑物的自动控制

1. 取水泵房的自动控制

取水泵房机组一般由净水厂控制，有远距离控制和自动控制两种情况。

取水泵房机组主要控制水泵机组的开停、出水电动阀及进水电动阀的启闭。当采用真空泵引水时则还应包括真空泵的开停及真空管道的通断。

自动控制目前大都根据清水油水位来进行。比较简单的控制方式是：泵房内有一定数量的基本水泵在经常运行，根据清水池水位的高低由水位继电器发信号控制机动水泵的开停。

在采用自动控制时，清水池的容量应适当放大，以免水位涨落过大，水泵开停频繁，对设备不利。

泵房内的排水泵可采用干簧式水位继电器进行自动控制。在大型半地下式或地下式水泵房内，一般设有两台容量不同的排水泵，小容量排水泵作经常排水之用，大容量排水泵作事故排水之用，因此水位继电器应按两个水位考虑。

2. 沉淀池自动控制

(1)水平沉淀池自动控制。一般采用桁架式移动吸泥机，经常运行的吸泥机可无人管理，由装于池两端的终端开关控制吸泥机的运行，也可利用时间继电器作定时运作。移动吸泥机一般采用移动式软电缆供电，移动式软电缆装置在沉淀池池壁外侧的吊索上（在排水槽一侧）。如沉淀池不高出地面时，则采用架空吊索作装置电缆之用。

(2)斜管沉淀池自动控制。一般采用底部刮泥机，将泥集中到池两端的集泥槽内，通过槽内穿孔管上的电动阀定时排放，这种排泥阀可采用装在后束绞盘上的终端开关来自动控制其启闭。

3. 澄清池自动控制

澄清池的排泥可按规定时间由继电器发出信号，采用长延时的时间继电器控制开阀，采用短延时的时间继电器控制关阀，时间的整定应由值班人员根据水质情况及时调整。

4. 快滤池自动控制

快滤池冲洗过程自动控制，一般是按照滤池的水头损失达到规定需要冲洗的限值时开始进行，因此是由滤池的水头损失仪（差压计）发出冲洗信号。在采用冲洗水塔的情况下，其必要的条件是水塔内有足够冲洗一个滤池的水量,因此经常利用弹簧式水位继电器来进行闭锁。

在某些净水厂中,也有根据预先规定的冲洗周期来进行自动冲洗的,这就需要用延长时间继电器来发出冲洗信号。

四、投药自动控制

1. 混凝剂投加自动控制

通过对历史资料的系统分析,找出了混凝剂投加的规律,并导出一个数学模型,即

$$Y = A + B_1 x_2 + B_2 x_w + B_3 x_{pH} + B_4 x_e + B_5 x + E$$

式中　Y——混凝剂加注率,以 Al_2O_3 计,mg/L;

A——截距常数;

$B_1 \sim B_5$——每一独立变数的回归系数;

x_2——浊度;

x_w——水温;

x_{pH}——pH 值;

x_e——流量;

x——碱度;

E——方程常数。

混凝剂加注控制时,可利用上述数学模式,由加注器简单求出 Y 值后,操作人员即可根据这一读数给定加注率,并按沉淀水浊度予以校正,进行开环控制。

当采用电子计算机或积分调节器时,计算机能按编制程序译出由水质传感器来的输入码,然后把控制信号传输到混凝剂加注器,进行自动调节,并打印成表。混凝剂加注的控制方式有调节加注控制阀、改变加注泵的转速和应用计量泵控制几种。

2. 自动投氯控制

根据水中剩余氯的数量来控制投氯的加注量是比较理想的方法,但这要求有精密可靠的余氯连续测定仪表,投氯自动调节系统方块图如图 6-4 所示。

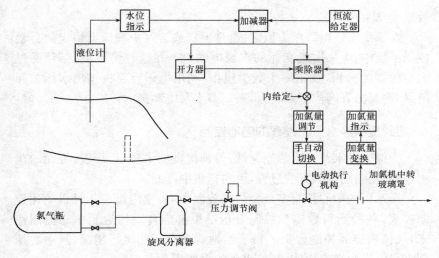

图 6-4　投氯自动调节系统方块图

3. 二级泵房控制

二级泵房水泵机组的自动控制可以根据送水管道中水压的高低逐步开启或停止各台水泵。运行的水泵机组发生故障时,备用机组能自动开启。送水管道中的水压采用电接点压力表或压力继电器发出信号。水泵机组的控制(包括真空引水控制、阀门启闭控制等)相同于取水泵房的机组控制。

二级泵房的出水压力或流量的调节应采用变速电动机。近年来,采用较多的是可控硅串级调速的滑环电动机。这种调速电机具有恒转矩调速特性,符合水泵负载特性。调速范围一般在电机额定转速的50%～100%,有的更小些。速率降低后多余的能量仍反馈回电网中去,而不是消耗在调速设备上,因而在这一范围内电机效率还是很高的。

水泵机组功率较小(0.6～200 kW)时也可采用一种转差离合器自动控制装置实现对电磁调速电动机(或称滑差电动机)的恒转矩交流无级调速。调速范围为 10∶1,这种电动机虽然在低速运行时涡流损耗较大,效率较低,但对于通风机及泵类负载来说,即使在低速时的效率也是很高的。

　　在需要保证出口压力恒定、流量恒定或管网末端压力恒定的自动控制系统中,应采用可变速的水泵电动机。在这种情况下,必须通过大量数据的分析,找出一个数学模型,利用电子计算机按出水压力和流量,演算出管网控制点压力,来调节水泵电动机的转速。

五、复杂净水工艺过程的自动控制

　　为保证净水及输水的连续性,得到优良的水质以及经济方面的优越性,对复杂的净水工艺过程,可实行集中控制。

　　净水厂的中心控制室是全厂的控制中心,室内设置各种自动化控制仪表,各种运行数据和控制分析结果都应自动传送到中心控制室来,从仪表屏和控制台上一目了然地看到全厂的运行情况,从中心控制室可以发出净水操作、开停水泵的操作指令。

第七章　给水管网的日常养护与技术管理

第一节　给水管网日常养护

一、给水管网日常养护工作内容

为了维持管网的正常工作,保证安全供水,必须做好日常的管网养护管理工作,内容包括:

(1)建立技术档案;

(2)检漏和修漏;

(3)水管清垢和防腐蚀;

(4)用户接管的安装、清洗和防冰冻;

(5)管网事故抢修;

(6)检修阀门、消火栓、流量计和水表等。

二、管网养护所需技术资料

(1)管线图。表明管线的直径、位置、埋深以及阀门、消火栓等的布置,用户接管的直径和位置等,它是管网养护检修的基本资料。

(2)管线过河、过铁路和公路的构造详图。

(3)阀门和消火栓记录卡,包括安装年月、地点、口径、型号、检修记录等。

(4)竣工记录和竣工图。

第二节　给水管网技术管理

一、检漏

检漏是管线管理部门的一项日常工作。减少漏水量既可降低给水成本,也等于新辟水源,具有很大的经济意义。

1. 水管漏水原因分析

水管损坏引起漏水的原因很多,常见的原因包括:

(1)因水管质量差或使用期长而破损;

(2)由于管线接头不密实或基础不平整引起的损坏;

(3)因使用不当,例如阀门关闭过快产生水锤以致破坏管线;

(4)因阀门锈蚀、阀门磨损或污物嵌住无法关紧等。

2. 检漏方法

应用较广且费用较省的检漏方法有实地观察法、听漏法及分区检漏法,可根据具体条件选用先进且适用的检漏方法。

(1)实地观察法是从地面上观察漏水迹象,如排水窨井中有清水流出,局部路面发现下沉,路面积雪局部融化,晴天出现湿润的路面等。本法简单易行,但较粗略。

(2)听漏法使用最久,听漏工作一般在深夜进行,以免受到车辆行驶和其他杂声的干扰,所用工具为一根听漏棒,使用时棒一端放在水表、阀门或消火栓上,即可从棒的另一端听到漏水声。这一方法的听漏效果凭各人经验而定。

(3)分区检漏。分区检漏法是用水表测出漏水地点和漏水量,一般只在允许短期停水的小范围内进行。方法是把整个给水管网分成小区,凡是和其他地区相通的阀门全部关闭,小区内暂停用水,然后开启装有水表的一条进水管上的阀门,使小区进水。如小区内的管网漏水,水表指针将会转动,由此可读出漏水量。水表装在直径为 $10\sim20$ mm 的旁通道上,如图 7-1 所示。查明小区内管网漏水后,可按需要再分成更小的区,用同样方法测定漏水

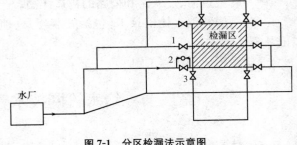

图 7-1　分区检漏法示意图
1—水表;2—旁通管;3—阀门

量,这样逐步缩小范围,最后用听漏法找出漏水地点,并做好标记,以便于检修。

二、管网水压测定

管网水压的测定有利于了解管网的工作情况和薄弱环节。

1,测压点的选定

测定管网的水压,应在有代表性的测压点进行。测压点的选定既要能真实反映水压情况,又要均匀合理布局,使每一测压点能代表附近地区的水压情况。

测压点以设在大中口径的干管线上为主,不宜设在进户支管上或有大量用水的用户附近。

2. 测压要求

测压时可将压力表安装在消火栓或给水龙头上,定时记录水压,能有自动记录压力仪则更好,可以得出 24 h 的水压变化曲线。

按 0.5～1.0 m 的水压差,在管网平面图上绘出等水压线,由此反映各条管线的负荷。整个管网的水压线最好均匀分布。如某一地区的水压线过密,表示该处管网的负荷过大,因而指出所用的臂径偏小。水压线的密集程度可作为今后放大管径或增敷管线的依据。

由管水压线标高减去地面标高,得出各点的自由水压,即可绘出等自由水压线圈。

三、管网流量测定

管网流量测定时,将毕托管(图 7-2)插入待测水管的测流孔内。毕托管有两个管嘴,一个对着水流,另一个背着水流,由此产生的压差 h 可在 U 形压差计中读出。

根据毕托管管嘴插入水管中的位置,可测定水管断面内任一测点的流速,并按下式计算流速

$$v = k \sqrt{2gh(\rho_1 - \rho)}$$

式中　　v——水管断面内任一测点的流速,m/s;

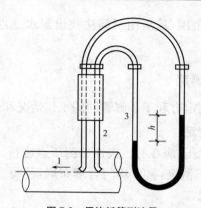

图 7-2　用毕托管测流量
1—待测水管;2—毕托管;3—U 形压差计

k——毕托管系数;

g——重力加速度,$9.81m/s^2$;

h——压差计读数,m;

ρ_1——压差计中的液体密度,kg/L;

ρ——水的密度,kg/L。

设 k 值为 0.866,代入上式,可得测点的流速

$$V=0.866\sqrt{2\times9.8\times(1.224-1)h}=1.81\sqrt{h}$$

实测时,需先测定水管的实际内径,然后将该管径分成上下等距离的 10 个测点(包括圆心共 11 个测点),用毕托管测定各测点的流速。因圆管断面各测点的流速为不均匀分布,可取各测点流速的平均值 v_a,再乘以水管断面积即得流量。用毕托管测流量的误差一般为 3%～5%。

四、给水管防腐蚀

腐蚀是金属管道的变质现象,其表现方式有生锈、坑蚀、结瘤、开裂或脆化等。

按照水管腐蚀过程的机理,可分为化学腐蚀和电化学腐蚀。给水管在水中和土壤中的腐蚀,以及流散电流引起的腐蚀,都属于电化学腐蚀。

1. 给水管腐蚀原因分析

造成给水管发生电化学腐蚀的因素很多，主要包括：

（1）钢管和铸铁管氧化时，管壁表面可生成氧化膜，腐蚀速度因氧化膜的作用而越来越慢，有时甚至可保护金属不再进一步腐蚀，但是氧化膜必须完全覆盖管壁，并且在附着牢固、没有透水微孔的条件下，才能起保护作用。

（2）水中溶解氧可引起金属腐蚀，一般情况下，水中含氧越多，腐蚀越严重，但对钢管来说，此时在内壁产生保护膜的可能性越大，因而可减轻腐蚀。

（3）水的 pH 值明显影响金属管的腐蚀速度，pH 值越低腐蚀越快，中等 pH 值时不影响腐蚀速度，pH 值高时因金属管表面形成保护膜，腐蚀速度减慢。

（4）水的含盐量对腐蚀的影响是含盐量越高则腐蚀越快。

（5）流速和腐蚀速度的关系是流速越大腐蚀越快。

2. 给水管防腐蚀的方法

防止给水管腐蚀的方法有如下两种。

（1）采用非金属管材，如预应力或自应力钢筋混凝土管、玻璃钢管、塑料管等。

（2）在金属管表面上涂油漆、水泥砂浆、沥青等，以防止金属和水相接触而产生腐蚀。

（3）阴极保护。阴极保护是保护水管的外壁免受土壤侵蚀的方法。根据腐蚀电池的原理，两个电极中只有阳极金属发生腐蚀，所以阴极保护的原理就是使金属管成为阴极，以防止腐蚀。

阴极保护有两种方法：一种是消耗性的阳极材料，如铝、镁、锌等，隔一段距离用导线连接到管线（阴极）上，在土壤中形成电路，结果阳极发生腐蚀，管线得到保护；另一种方法是通入直流电的阴极保护法，埋在管线附近的废铁和直流电源的阳极连接，电源的阴极接到管线上，已达到防腐蚀的目的。

两种方法中：前者常在缺少电源、土壤电阻率低和水管保护涂层良好的情况下使用；后者在土壤电阻率高（约 2 500 Ω·cm）或金属管外露时使用。

五、清垢与涂料

1. 管线清垢

（1）原因分析。导致给水管线产生积垢的原因很多，主要包括：

1）金属管内壁被水侵蚀；

2）水中的碳酸钙沉淀；

3）水中的悬浮物沉淀；

4）水中的铁、氧化物和硫酸盐的含量过高；

5）铁细菌、藻类等微生物的滋长繁殖等。

（2）清垢方法。金属管线清垢的方法很多，应根据积垢的性质来选择。

1）水力法。松软的积垢，可提高流速进行冲洗。冲洗时流速比平时流速提高 3～5 倍，但压力不应高于允许值。每次冲洗的管线长度为 100～200 m。冲洗工作应经常进行，以免积垢变硬后难以用水冲去。用压缩空气和水同时冲洗，效果更好，其优点是：

①清洗简便，水管中无须放入特殊的工具；

②操作费用比刮管法、化学酸洗法为低；

③工作进度较其他方法迅速；

④用水流或气一水冲洗并不会破坏水管内壁的沥青涂层或水泥砂浆涂层。

水力法清管时，管垢随水流排出。起初排出的水浑浊度较高，以后逐渐下降，冲洗工作直到出水完全澄清时为止。用这种方法清垢所需的时间不长，管内的绝缘层不会破损，所以也可作为敷设新管线的清洗方法。

2）气压脉冲射流法。如图 7-3 所示，贮气罐中的高压空气通过脉冲装置 1、橡胶管 3、喷嘴 6 送入需清洗的管道中，冲洗下来的锈垢由排水管 5 排出。

气压脉冲射流法的设备简单，操作方便，成本不高。进气和排水装置可安装在检查井中，因而不需断管或开挖路面。

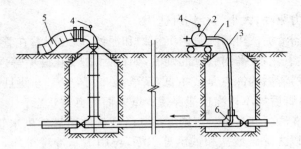

图 7-3　气压脉冲射流法清垢示意图

1—脉冲装置；2—贮气罐；3—橡胶管；4—压力表；5—排水管；6—喷嘴

3）刮管法。对于坚硬的积垢需用刮管法清除。刮管法是用钢丝绳绞车等工具使刮管器在积垢的水管内来回拖动而达到清垢的目的。其优点是工作条件好，刮管速度快。缺点是刮管器和管壁的摩擦力很大，往返拖动费力，且不易刮净管垢。

常用的刮管器有两种：

一种是如图 7-4 所示的刮管器，是用钢丝绳连接到绞车，往返移动。适用于刮除小口径水管内的积垢，它由切削环、刮管环和钢丝刷组成。使用时，先由切削环在水管内壁积垢上刻划深痕，然后刮管环把管垢刮下，最后用钢丝刷刷净。

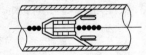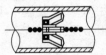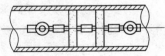

图 7-4　刮管器示意图

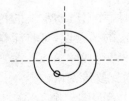

图 7-5　旋转法刮管器

另一种是如图 7-5 所示的旋转法刮管器，适用于大口径水管刮管。刀具可用与螺旋桨相似的刀片，也可用装在旋转盘上的链锤，刮垢效果较好。

4）清管器清垢。即用软质材料制成的清管器清通管道。清管器用聚氨酯泡沫制成，其外表面有高强度材料的螺纹，外形如炮弹，外径比管道直径稍大，清管操作由水力驱动,大小管径均可适用。

清管器清垢法可清除管内沉积物和泥沙,以及附着在管壁上的铁细菌、铁锰氧化物等,对管壁的硬垢,如钙垢、二氧化硅垢等也能清除。

清管器清垢的优点是成本低,清管效果好,施工方便且可延缓结垢期限,清管后如不衬涂也能保持管壁表面的良好状态。

5)酸洗法。其是将一定浓度的盐酸或硫酸溶液放进水管内,浸泡14~18 h以去除碳酸盐和铁锈等积垢,再用清水冲洗干净,直到出水不含溶解的沉淀物和酸为止。由于酸溶液除能溶解积垢外,也会侵蚀管壁,所以加酸时应同时加入缓蚀剂,以保护管壁少受酸的侵蚀。

酸洗法清垢的缺点是酸洗后,水管内壁变为光洁,如水质有侵蚀性,以后锈蚀可能更快。

2. 涂料

管壁积垢清除以后,应在管内衬涂保护涂料,以保持输水能力和延长水管寿命。

(1)涂料配制。常用的涂料为水泥砂浆和聚合物改性水泥砂浆。前者涂层厚度为 3~5 mm,后者约为 1.5~2 mm。

1)水泥砂浆配制。水泥砂浆用 M50 硅酸盐水泥或矿渣水泥和石英砂,按水泥:沙:水=1:1:(0.37~0.4)的比例拌和而成。

2)聚合物改性水泥砂浆由 M50 硅酸盐水泥、聚醋酸乙烯乳剂、水溶性有机硅、石英砂等按一定比例配合而成。

(2)衬涂方法。

1)离心法。在埋管前预先衬涂可用离心法,即用特制的离心装置将涂料均匀地涂在水管内壁上。

2)压缩空气设备衬涂法。对已埋管线衬涂时,可用压缩空气的衬涂设备,利用压缩空气推动胶皮涂管器,由于胶皮的柔顺性,可将涂料均匀抹到管壁上。涂管时,压缩空气的压力为 29.4~49.0 kPa。涂管器在水管内的移动速度为 1~1.2 m/s;不同方向反复涂两次。

3)喷浆机法。在直径 500 mm 以上的水管中,可用特制的喷浆机喷涂水管内壁。根据喷浆机的大小,一次喷浆距离为 20~50 m。

第八章　给水厂试运行及安全管理

第一节　给水厂试运行

在小城镇给水厂的处理构筑物和主要给水设备安装、试验、验收完成之后,正式投入运行之前,都必须进行试运行。

一、试运行的目的

(1)参照设计、施工、安装及验收等有关规程、规范及其他技术文件的规定,结合构筑物的具体情况,对整个构筑物的土建工程及给水排水工程设备的安装进行全面、系统的质量检查和鉴定,以作为评定工程质量的依据。

(2)通过试运行可及早发现遗漏的工作或工程和给水排水工程设备存在的缺陷,以便及早处理,避免发生事故,保证建筑物和给水排水工程设备能安全可靠地投入运行。

(3)通过试运行以考核主、辅机械协联动作的正确性,掌握给水排水工程设备的技术性能,制定一些运行中必要的技术数据及操作规程,为设备正式投入运行作技术准备。

(4)在一些大、中型水处理厂或有条件的水处理厂、站,还可以结合试运行进行一些现场测试,以便对运行进行经济分析,满足设备运行安全、低耗、高效的要求。

通过试运行,确认水厂土建和安装工程质量符合规程、规范要求,便可进行全面交接验收工作,将小城镇给水处理厂由施工、安装单位移交给生产管理单位正式投入运行。

二、试运行的内容

给水排水工程设备试运行工作范围很广,包括检验、试验和监视运行,给水排水工程设备相互联系密切。由于给水排水工程设备为首次启动,而又以试验为主,对运行性能均不了解,所以必须通过一系列的试验才能掌握。

为保证给水设备安全可靠地试运行,并得到完善可靠的技术资料,启动调整必须逐步深入,稳步进行。其内容主要有:

(1)给水排水工程设备机组充水试验。

(2)给水排水工程设备机组空载试运行。

(3)给水排水工程设备机组负载试运行。

(4)给水排水工程设备机组自动开停机试验。

试运行过程中,必须按规定进行全面详细的记录,要整理成技术资料,在试运行结束后,交鉴定、验收、交接组织进行正确评估并建立档案保存。

三、试运行前的准备工作

1. 人员准备

试运行前要成立试运行小组,拟定试运行程序及注意事项,组织运行操作人员和值班人员学习操作规程、安全知识,然后由试运行人员进行全面认真的检查。

2. 现场环境准备

试运行现场必须进行彻底清扫,使运行现场有条不紊,并适当悬挂一些标牌、图表,为给水设备试运行提供良好的环境条件和协调的气氛。

3. 设备的准备

试运行前,应对机械设备进行检查,具体内容见表8-1。

表 8-1 试运行前的机械设备检查内容

序号	检查项目	检查内容
1	设备过流部分检查	设备过流部分的检查,应着重过流部分的密封性检查,其次是表面的光滑性。具体工作有: (1)清除现场的钢筋头,必要时可做表面铲刮处理,以求平滑。 (2)封闭进人孔和密封门。 (3)充水,检查人孔、阀门、混凝土结合面和相关部位有无渗漏。 (4)在静水压力下,检查调整检修闸门的启闭,对快速闸门、工作闸门、阀门的手动、自动做启闭试验,检查其密封性和可靠性
2	机械部分检查	(1)检查转动部分间隙,并做好记录,转动部分间隙力求相等,否则易造成机组径向振动。 (2)渗漏检查。 (3)技术充水试验,检查渗漏是否符合规定,油轴承或橡胶轴承通水冷却或润滑情况。 (4)检查油轴承转动油盘油位及轴承的密封性
3	电动机部分检查	(1)检查电动机空气间隙,用白布条或薄竹片打扫,防止杂物掉入气隙内,造成卡阻或电动机短路。 (2)检查电动机线槽有无杂物,特别是金属导电物,防止电动机短路。 (3)检查转动部分螺母是否紧固,以防运行时受振松动,造成事故。 (4)检查制动系统手动、自动的灵活性及可靠性,复归是否符合要求;定期转子3~5 mm(视不同电机而定),机组转动部分与固定部分不相接触。 (5)检查转子上、下风扇角度,以保证电动机本身提供最大冷却风量。 (6)检查推力轴承及导轴承润滑油位是否符合规定。 (7)通冷却水,检查冷却器的密封性和示流信号器动作的可靠性。 (8)检查轴承和电动机定子温度是否均为室温,否则应予以调整;同时检查温度信号计整定值是否符合实际要求。

序号	检查项目	检查内容
3	电动机部分检查	（9）检查碳刷与刷环接触的紧密性、刷环的清洁程度及碳刷在刷盒内动作的灵活性。 （10）检查电动机的相序。 （11）检查电动机一次设备的绝缘电阻，做好记录，并记下测量时的环境温度。 （12）检查核对电气接线，吹扫灰尘，对一次和二次回路作模拟操作，并整定好各项参数
4	辅助设备的检查与单机试运行	对于设有辅助设备的情况，如泵站中的辅助设备等要进行以下的检查： （1）检查油压槽、回油箱及贮油槽油位，同时试验液位计动作反应的正确性。 （2）检查和调整油、气、水系统的信号元件及运行元件动作的可靠性。 （3）检查所有压力表计（包括真空表计）、液位计、温度计等反应的正确性。 （4）逐一对辅助设备进行单机运行操作，再进行联合运行操作，检查全系统的协联关系和各自的运行特点

四、给水设备及泵站机组空载试运行

1. 给水设备及泵站机组的第一次启动

准备工作就绪并经检查合格后，即可进行第一次启动。

为保证程序和安全方面的需求，第一次启动应采用手动的方式，有些设备还应该轻载或空载启动（如离心泵的启动一定要轻载启动）。空载启动是检查转动部件与固定部件是否有碰撞或摩擦，轴承温度是否稳定，摆度、振动是否合格，各种表计是否正常，油、气、水管路及接头、阀门等处是否渗漏，测定电动机启动特性等有关参数，对运行中发现的问题要及时处理。

2. 给水设备及泵站机组停机试验

机组运行 4～6 h,各项测试工作均已完成,即可停机。机组停机仍采用手动方式,停机时主要记录从停机开始到机组完全停止转动的时间。

3. 机组自动开、停机试验

开机前将机组的自动控制、保护、励磁回路等调试合格,并模拟操作准确,即可在操作盘上发出开机脉冲,机组即自动启动。停机也以自动方式进行。

五、机组负荷试运行

机组负荷试运行的前提条件是轻载试运行合格,油、气、水系统工作正常,各处温升符合规定,振动、摆度在允许范围内,无异常响声和碰擦声,经试运行小组同意,即可进行带负荷运行。

1. 负荷试运行前的检查

负荷试运行前的检查内容包括:

(1)检查进、出口内有无漂浮物,并应妥善处理。

(2)各种阀门操作正常,要求动作准确,密封严密。

(3)油、气、水系统投入运行。

(4)各种仪表显示正常、稳定。

(5)人员就位,抄表。

2. 负载启动

负荷试验前的各项检查工作结束后,即可负载启动。负载启动用手动或自动均可,由试运行小组视具体情况而定。负载启动时的检查、监视工作,仍按轻载启动各项内容进行。

如无通水必要,运行 6～8 h 后,若一切运行正常,可按正常情况停机,停机前抄表一次。

六、给水设备及泵站机组连续试运行

在条件许可的情况下,经试运行小组同意,可以进行给水设备及泵站机组连续试运行。

给水设备及泵站机组连续试运行的要求如下：

(1)给水设备及泵站单台机组运行一般应在 7 天内累计运行 72 h（含全部给水设备及泵站机组联合运行小时数）；

(2)连续试运行期间，开机、停机不少于 3 次；

(3)给水设备及泵站机组联合运行的时间，一般不少于 6 h。

第二节　给水厂运行安全管理

一、水质安全保障制度

供水厂必须建立水质预警系统，应制定水源和供水突发事件应急预案，完善应急净水技术与设施，并定期进行应急演练；当出现突发事件时，应急预案迅速采取有效的应对措施。

(1)当发生突发性水质污染事故，尤其是有毒有害化学品泄漏事故时，检验人员应携带必要的安全防护装备及检验仪器尽快赶赴现场，立即采用快速检验手段鉴别、鉴定污染物的种类，给出定量或半定量的检验结果。现场无法鉴定或测定的项目应立即将样品送回实验室分析。应根据检验结果，确定污染程度和可能污染的范围，并及时上报水质检验情况。

(2)在水源水质突发事件应急处理期间，供水厂应根据实际情况调整水质检验项目，并增加检验频率。

(3)供水厂进行技术改造、设备更新或检修施工之前，应制定水质保障措施；净水系统投产前应严格清洗消毒，经水质检验合格后方可投入使用。

(4)供水厂进行技术改造、设备更新或检修施工之前，应制定水质保障措施；净水系统投产前应严格清洗消毒，经水质检验合格后方可投入使用。

(5)供水厂直接从事制水和水质检验的人员，必须经过卫生知识和专业技术培训，且每年进行一次健康体检，并持证上岗。

二、安全教育培训制度

安全教育与安全生产有着密切的关系，要搞好安全生产必须重视安全教育工作，要充分认识到安全教育在安全生产中的重要性、必要性和强制性，在安全教育培训的过程中不断探索培训的方法和途径，只有真正重视和持久地抓好安全教育培训，才能全面提高职工的综合素质。

抓好安全教育，提高每位工作人员的安全素质，是个事关全厂工作人员安全工作的大事。实践证明，通过安全教育、安全培训，能够使工作人员及时掌握各种安全操作规程、安全生产法规，具备一定的安全素质。

(一)安全生产要素

安全生产需要多因素的协调才能实现，而在众多的因素中，人和物居于主要地位，人的不安全行为和物的不安全状态发生交叉时，就会发生事故。因此，人和物是安全生产的两大要素，而环境的因素同时也包含在物的要素之内。

(1)人的要素。包括人的安全素质(心理与生理、安全能力、文化素质)和人的不安全行为。对安全生产而言，一方面，人的综合能力和意识可以使安全生产向积极方向发展，表现为事故减少的趋势；另一方面，人的不安全行为又是事故发生的最直接因素，同时也是最终受害者。凡是人应尽的责任没有做到而发生事故，应确认为"人"的不安全因素。

(2)物的要素。指物的安全可靠性(设计安全性、制造安全性、使用安全性)和不安全状态。而物的安全可靠性和不安全状态是由人操作的。"人"是安全的决定性因素，一切事故的发生都与人的劳动或管理上的失误、失职行为有必然的因果关系。

因此说，人和物互相影响，构成了人的不安全行为和物的不安全状态，而这一切只有通过教育培训才能提高。从这一点上说，教育培训产生生产力、产生社会和经济效益。

(二)安全教育培训的强制性

国家十分重视安全教育培训工作,并以法律、法规的形式予以明确。例如:

(1)《中华人民共和国安全生产法》第二十条、第二十一条、第二十二条、第二十三条、第二十九条对生产经营单位的主要负责人、安全生产管理人员、从业人员、特种作业人员的教育培训及经费等提出了严格要求;第四十五条对从业人员的教育培训提出要求。

(2)在法律责任上,《中华人民共和国安全生产法》第八十二条对未按规定对从业人员进行教育培训,特种作业人员未经培训持证上岗的生产经营单位提出处罚。《中华人民共和国劳动法》第五十二条、第五十五条也对安全教育培训提出明确要求。

安全教育培训是法律所规定的,因此,我们必须认真贯彻实施,确保安全生产。

(三)班组安全教育的内容

1. 劳动保护方针政策教育

劳动保护方针政策教育,是对广大职工进行党和政府有关安全生产的方针、政策、法令、法规、制度的宣传教育,通过教育提高全体职工对安全生产重要意义的认识,了解和懂得国家有关安全生产的法律、法规和企业各项安全生产规章制度,贯彻执行"安全第一,预防为主"的方针,依法进行安全生产,依法保护自身安全与健康权益。

2. 安全生产情感教育

要根据职工的心理特点,对职工进行安全生产的情感教育,用亲情编织安全网络,用真情教育职工,用感情呼唤安全行为,促使职工树立做好安全生产工作的情感和情绪,使职工明白安全生产与自己的安全、健康及家庭幸福密切相关,与集体的荣誉密切相关,以此来激发职工做好安全生产工作的良好情感和情绪,用心搞好劳动安全。

3. 安全技术知识教育

(1)安全技术知识教育的内容。安全技术知识教育,包括生产技术知识、一般安全技术知识和专业安全技术知识教育,具体内容见表8-2。

表 8-2 安全技术知识教育的内容

序号	项目	内 容
1	生产技术知识	包括班组的基本生产概况,生产技术过程,作业方法或工艺流程,与生产技术过程和作业方法相适应的各种机器设备的性能和有关知识,工人在生产中积累的生产操作技能和经验,以及产品的构造、性能、质量和规格等
2	一般安全技术知识	包括班组内危险设备和区域,安全防护基本知识和注意事项。有关防火、防爆、防尘、防毒等方面的基本知识,个人防护用品性能和正确使用方法,本岗位各种工具、器具以及安全防护装置的作用、性能和使用、维护、保养方法等有关知识
3	专业安全技术知识	专业安全技术知识教育,是指对某一工种的职工进行必须具备的专业安全知识教育。它包括安全技术工业卫生技术方面的内容和专业安全技术操作规程。专业安全技术教育主要有锅炉、压力容器、起重机械、电气、焊接、车辆驾驶等方面的有关安全技术知识。工业卫生技术教育主要有电磁辐射防护、噪声控制、工业防尘、工业防毒以及防暑降温等方面的内容

(2)安全技术知识教育的作用。

1)通过教育,提高生产技能,防止误操作;

2)通过教育掌握一般职工必须具备的安全技术知识,以适应对工厂通常危险因素的识别、预防和处理;

3)对于特殊工种的工人,安全技术知识教育则能够使其进一步掌握专门的安全技术知识,防止受特殊危险因素的危害。

4. 安全管理理论和方法的教育

通过教育使班组长掌握基本的安全管理理论和方法,提高安全管理水平;使员工清楚事故发生的规律,从而增强遵章守纪的自觉性。总结以往安全管理的经验,推广现代安全管理方法的应用。

5. 典型经验和事故教训教育

典型经验教育是在安全生产教育中结合典型经验进行的教育。它具有榜样的作用,有影响力大、说服力强的特点。结合这些典型经验进行宣传教育,可以对照先进找差距,具有现实的指导意义。

　　在安全生产教育中结合厂内外典型事故教训进行教育,可以直观地看到由于事故给受害者本人造成的悲剧,给人民生命财产带来的损失,给国家带来的不良政治影响,使职工能从中吸取教训,举一反三,经常检查各自岗位上的事故隐患。熟悉本班组易发生事故的部位,以及有毒有害因素给人体带来的影响,从而采取措施,避免各种事故的发生。此外,还可以有针对性地开展反事故演习活动,以增强职工控制事故的能力。

　　6. 新职工的"三级安全教育"

　　新入厂职工"三级安全教育"中班组级安全教育由班组长或安全员负责,其主要内容包括:

　　(1)本班组的生产特点、作业环境、危险区域、设备状况、消防设施等。重点介绍高温、高压、易燃易爆、有毒有害、腐蚀、高空作业等方面可能导致发生事故的危险因素,交代本班组容易出事故的部位和典型事故案例的剖析。

　　(2)讲解本工种的安全操作规程和岗位责任,重点讲思想上应时刻重视安全生产,自觉遵守安全操作规程,不违章作业;爱护和正确使用机器设备和工具;介绍各种安全活动以及作业环境的安全检查和交接班制度。告诉新工人出了事故或发现了事故隐患,应及时报告领导,采取措施。

　　(3)讲解如何正确使用、爱护劳动保护用品和文明生产的要求。要强调机床转动时不准戴手套操作,高速切削要戴保护眼镜。女工进入车间戴好工帽,进入施工现场和登高作业,必须戴好安全帽、系好安全带,严禁穿背心、短裤、裙子、高跟鞋等不符合安全要求的衣着上岗,在有毒有害物质场所操作,还应佩戴符合防护要求的面具等。

　　(4)工作场地要文明整洁,原材料、零件、工具夹应摆放得井井有条,物件堆放要整齐,及时清除通道上的油污、铁屑和其他杂物,保持通道畅通。

　　(5)凡挂有"严禁烟火"、"有电危险"、"有人工作切勿合闸"等危险警告标志的场所,或挂有安全色标的标记,都应严格按要求执行。严禁随意进入危险区域和乱动闸门、闸刀等设备。

（6）实行安全操作示范。组织重视安全、技术熟练、富有经验的老工人进行安全操作示范，边示范、边讲解，重点讲安全操作要领，说明怎样操作是危险的，怎样操作是安全的，不遵守操作规程将会造成的严重后果。

进行三级安全教育内容既要全面，又要突出重点，讲授要深入浅出，最好边讲解，边参观。教育后进行考试，以便加深印象。

（四）安全教育要求

安全教育是安全工作的前沿阵地，必须每天进行，安全教育的要求如下：

（1）班前会要讲解一天的工作内容和安全要求，并要求作业人员互相检查、互相监督。提高工作人员"我要安全"的意识及"我懂安全"的技能，落实"我要安全"的责任，完成"我保安全"的任务，实现班组"三无"（个人无违章、岗位无隐患、班组无事故）。

（2）安全培训必须保证质量，切不可形式主义，走过场，应付检查。要采取形式多样，培训对象易于接受的形式，才能起到事半功倍的效果。培训教育应坚持"四化"，即：

1）步骤程序化：制订计划、指定教员备课、实施培训、建立培训档案等，均按步骤进行。

2）内容规范化：做到统一教材、统一教学大纲、统一考核试题、统一考核办法、统一建档保存。

3）形式多样化：课堂培训，电视录像、结合案例讲课宣传违章作业的危害性。启发学员进一步增强责任感。现场讲课，找隐患、找违章，提出整改措施，如何事故应变、急救演习。此外，还利用电视、标语、宣传画等新闻媒介和宣传工具进行教育，利用安全知识竞赛、演讲会、研讨会、座谈会等多种形式进行广泛的连续性的安全教育。

4）考核标准化：统一试卷、统一标准。

（3）班组的安全培训教育应针对本班组生产实际和职工的作业安全需求，采取集中与分散、班前会、专业会、脱产送培等多种形式，分析典型经验或事故案例，对要害岗位、特种作业人员、新上岗或换岗人员进行经常性安全业务和操作技能培训,不断增强职工自保、互保和联保责任意识。提高处理和防范事故能力和自我保护能力,从而避免和杜绝各类事故发生。

三、安全生产技术管理

1. 制水生产工艺安全

为满足连续安全供水的要求,供水厂对关键设备应有一定的备用量,设备易损件应有足够量的备品备件。

(1)制水生产工艺应保证出厂水水质的安全,并应符合下列规定:

1)供水厂根据各自的水源流域内可能的污染源,制定相应的水源污染时期的水处理技术预案。

2)供水厂具备临时投加粉末活性炭和各种药剂的应急设备与设施,落实人员技术培训和相关物料储备。

(2)供水厂应针对地震、台风等自然灾害和大面积传染病流行等突发事件,制定安全生产应急预案。

2. 氯气、氨气、氧气及臭氧使用安全

供水厂为加强气体的安全使用管理,应建立相应的岗位责任制度、巡回检查制度、交接班制度、气体投加车间的安全防护制度和事故处理报告制度。具体规定如下:

(1)供水厂使用各类气体前,应按规定到安全监管部门办理相关许可证件。

(2)供水厂使用的高压气体钢瓶应符合国家有关气瓶安全监察的规定。

(3)氯气、氨气和氧气的运输,应委托具有危险品运输资质的单位承担,并应符合国家现行有关标准的规定。

(4)氯气、氨气钢瓶的进、出库应进行登记。当气瓶外观出现明显变形、针形阀阀芯变形、防振圈不全、无针形阀防护罩时应拒绝入库。

(5)氯气、氨气的使用应先进先出。气体库内钢瓶应按照使用情况分别挂上"在用"、"已用"和"待用"标志,并分区放置。钢瓶必须固定,防止滚动和撞击。

(6)待用氯瓶的堆放不得超过两层。投入使用的卧置氯瓶,其两个主阀间的连线应垂直于地面。

(7)对氯气、氨气阀门,气体输送管道系统阀门、法兰以及接头等部位应经常进行泄漏检查。

(8)使用氯气的供水厂应按照现行国家标准《氯气安全规程》(GB 11984—2008)的有关规定配备防护和抢修器材。使用其他气体也应配备相应的防护和抢修器材。

(9)加氯、氨、臭氧的车间应安装有气体泄露报警装置并应定期检查。

(10)加氯车间应安装与其加氯量相配套的泄氯吸收装置,并应定期检查吸收液的有效性及机电设备的完好性。加氨间应安装氨气泄漏时的吸收和稀释装置。

(11)氧气气源设备的四周应设置隔离区域,除氧气供应商操作人员或供水厂专职操作人员外,其他人员不得进入隔离区域。

(12)距氧气气源设备 30m 半径范围内,严禁放置易燃、易爆物品以及与生产无关的其他物品。不得在任何储备、输送和使用氧气的区域内吸烟或有明火。当确需动火时,应做好相应预案;动火作业前,应检测作业点空气中的氧气浓度,作业期间应派专人进行监管。

(13)所有使用氧气的生产人员在操作时必须佩戴安全帽、防护眼罩及防护手套。操作、维修、检修氧气气源系统的人员所用的工具、工作服、手套等用品,严禁沾染油脂类污垢。

(14)氧气及臭氧设备的紧急断电开关应安装在氧气及臭氧车间内生产人员易于接近的地方。

(15)氧气以及臭氧输送投加管坑应避免与液氯、液氨、混凝剂等投加管坑相通,同时应防止油脂及易燃物漏入管坑内。

(16)氧化气体投加车间应配备急救医药用品和设施。

(17)氯气使用应符合《氯气安全规程》(GB 11984—2008)的规定。

3. 二氧化氯及次氯酸钠使用安全

(1)对稳定性二氧化氯、生产原料中的氧化剂、酸和次氯酸钠溶液等,应选择避光、通风、阴凉的地方分别存放。

（2）稳定性二氧化氯及其生产原料、次氯酸钠溶液等的运输工作应由具有危险品运输资质的单位承担。

（3）反应器、气路系统、吸收系统应确保气密性，并应防止气体逸出。对二氧化氯生产设备应定期进行检修，同时应使生产环境保持通风。

4. 电气安全

（1）电气工作人员应执行现行行业标准《电业安全工作规程（发电厂和变电所电气部分）》（DL 408—1991）的有关规定。

（2）变电站、配电室应建立岗位责任、交接班、巡回检查、倒停闸操作、安全用具管理和事故报告等规章制度。并应做好运行、交接、传事、设备缺陷故障、维护检修以及操作票、工作票等各项原始记录。

（3）变电站、配电室应具备电气线路平面图、布置图、隐蔽工程竣工图以及一、二次系统接线图等有关技术文件。

（4）试验周期应符合《电业安全工作规程（发电厂和变电所电气部分）》（DL 408—1991）的有关规定。

（5）变电站、配电室安全用具必须配备齐全，并应保证安全可靠地使用。变电站、配电室应设置符合一次线路系统状况的显示装置、操作模拟板或模拟图、微机防误装置、微机监控装置。

（6）值班人员应定时进行高压设备的巡视检查。

（7）高压设备巡视检查中应遵守《电业安全工作规程（发电厂和变电所电气部分）》（DL 408—1991）的有关规定。倒闸操作必须符合现行行业标准《电业安全工作规程（发电厂和变电所电气部分）》（DL 408—1991）的规定。

（8）当高压设备全部或部分停电检修时，必须遵守工作票制度、工作许可制度、工作监护制度，工作间断、转移和终结制度；必须按要求在完成停电、验电、装设接地线、悬挂标示牌和装设遮拦等保证安全的技术措施后，方可进行工作。

（9）高压设备和架空线路不得带电作业。低压设备带电工作应符合国家现行有关标准的规定，并应经主管电气负责人批准。同时应设专人监护。

　　(10)遇有五级以上大风以及大雨、雷电等情况,应停止架空线路检修作业。

　　(11)电气设备试验、二次回路上的操作及电力电缆敷设、维护和检修,必须符合《电业安全工作规程(发电厂和变电所电气部分)》(DL 408—1991)的有关规定。

　　(12)临时用电或施工用电,必须符合《电力建设安全工作规程(变电所部分)》(DL 5009.3—1997)的有关规定。

　　(13)当架空线路进行检修时,供水厂变电站、配电室中的操作应符合《电业安全工作规程(发电厂和变电所电气部分)》(DL 408—1991)的有关规定;检修人员必须按照上述(8)条的规定执行。

第九章 小城镇给水厂水质管理

自来水质量直接关系到人民身体健康和工业产品的质量。保证水质、确保供应的自来水符合国家《生活饮用水卫生标准》是自来水企业必须牢固树立的主导思想。各水厂无论大小都要根据当地水源情况和生产条件,做好水质管理。

第一节 水质管理机构及内容

一、水质管理机构与职责

设有科室管理的中小水厂都应设立水质管理科,二级管理的小型水厂也应有专门负责水质管理的人员。

水质管理和水质化验密切相关,水质化验室是水质的检测部门,有条件的水厂都应设立水质化验室。无条件设立水质化验室的水厂也应配备化验人员,进行简单项目的水质化验并要挂靠附近较大的设有水质化验机构的自来水厂或其他卫生部门,定期完成应该进行的各项水质的化验工作。

水质管理机构或专责人员的主要职责如下。

(1)负责贯彻执行国家、省、市、县有关水质的各项政策、法令、标准、规程和制度。

(2)负责水质净化工艺管理和水质化验、分析、监督、管理或委托工作。

(3)配合各级卫生防疫部门,对水源卫生防护状况进行监督,对重大水质事故进行调查处理。

(4)负责水源污染状况的卫生调查。

(5)参与水厂和管网施工过程卫生监督及竣工验收工作。

（6）对危及供水安全的水质事故，有权采取紧急措施，直至通知有关部门停止供水，事后逐级报告。

（7）掌握水质变化动态，分析变化规律，提出水质阶段分析报告及水质升级规划。

二、水质管理主要内容

1. 建立和健全规章制度

（1）建立各项净水设备操作规程，制定各工序的控制质量要求。

（2）健全水源卫生防护、净化水质管理、管网水质管理、水质检验频率、水质化验的有关规定等以工作标准为中心的各项规章制度。

2. 加强卫生防护

（1）制定水源防护条例，对破坏水源卫生防护的行为提出有力的制止措施。

（2）对水源防护地带设置明显的防护标志。

（3）对污染源进行调查和检测，对消除重大污染源提出有效措施。

3. 确保净化处理中的水质控制

（1）确定投药点，及时调整投药量。

（2）监督生产班组对生产过程中的水质检验，确保沉淀水、过滤水、出厂水的余氯、浊度、pH 值（地下水只有余氯），无论何时都要达到规定的要求。

（3）提出净化、消毒设备及其附属设施的维修意见，组织清水池、蓄水池、配水池定期清洗，保持水源、净化构筑物的整洁，严禁从事影响供水水质的活动。

第二节　水厂生产过程检测

对水厂各主要工艺参数的检测有利于生产监视和调度及各种数据的积累和分析，更为水厂的自动化创造条件。

一、水厂检测项目及目的

水厂检测项目及目的见表 9-1。

表 9-1　水厂检测项目及目的

序号	类项	检测项目	检测目的
1	水源水质方面	原水的水温、水位、流量、水质(浊度、碱度、溶解氧等)以及其他气象资料	保证水源水质
2	投药装置反应沉淀或澄清方面	水位、流量、pH 值、碱度、出水浊度、余氯,泥浆浓度、泥位、泥流量等	便于对机械运转、沉淀池水位、投药、排泥等进行自动控制,从而保证水质、降低能耗
3	过滤方面	水位、水头损失、流量、pH 值、余氯、出水浊度、冲洗水箱(水塔)水位等	便于对滤池水位、过滤流量、表耐冲洗流量、反冲洗水量和冲洗泵等进行自动控制
4	清水池和供水方面	水位、流量、浊度、pH 值、余氯、氯检测和报警、出水厂水压、管网水压遥测	便于清水池、供水泵(台数、转速)、配水压力和流量等进行自动控制

二、水厂检测常用仪表

(1)电磁流量计用于对原水、出水的流量进行指示、记录。

(2)电容式压力变送器用于对出厂水的压力进行指示、记录。

(3)电容式液位仪用于对清水池水位进行指示、记录,并带有上、下限报警。

(4)浊度仪用于对原水、沉淀水和滤后水的浊度进行指示、记录。

(5)电容式压差变送器用于对滤池的水头损失进行指示,并带有上限报警。

(6)投入式液位仪用于对冲洗水塔(水箱)、吸水井的水位进行指示,并带有上、下限。

(7)pH 计。

(8)温度计用于对原水温度进行检测。

(9)余氯分析仪用于对出厂水的余氯进行指示、记录。

(10)声波液位仪用于对污泥池、药液池液位进行指示、记录。

第三节　水质要求与监测

供水厂应设立本质化验室,并应配备与供水规模和水质检验要求相适应的检验人员和仪器设备,还应负责检验原水、净化工序出水、出厂水和管网水水质。供水厂水质检验工作可由供水厂化验室单独完成或与其所属单位的水质监测中心共同承担完成。

一、水源水质要求

小城镇供水厂的水源主要是地表水和地下水两种,其水质应符合规范规定的要求,水质不符合要求的水源,不应作为供水水源。当限于条件必须利用时,供水厂必须增加相应的处理工艺,并应加强对相关指标的监测。

1. 地表水要求

当小城镇供水长选择地表水为供水水源时,其水质应符合国家现行标准《地表水环境质量标准》(GB 3838—2002)的要求,即表 9-2～表 9-4。

表 9-2　地表水环境质量标准基本项目标准限值　　　　单位:mg/L

序号	项　　目		Ⅰ类	Ⅱ类	Ⅲ类	Ⅳ类	Ⅴ类
1	水温(℃)		人为造成的环境水温变化应限制在:周平均最大温升≤1,周平均最大温降≤2				
2	pH 值(无量纲)		6～9				
3	溶解氧	≥	饱和率90% (或7.5)	6	5	3	2
4	高锰酸盐指数	≤	2	4	6	10	15
5	化学需氧量(COD)	≤	15	15	20	30	40
6	五日生化需氧量(BOD₅)	≤	3	3	4	6	10

序号	项　目		Ⅰ类	Ⅱ类	Ⅲ类	Ⅳ类	Ⅴ类
7	氨氮(NH₃-N)	≤	0.015	0.5	1.0	1.5	2.0
8	总磷(以 P 计)	≤	0.02(湖、库 0.01)	0.1(湖、库 0.025)	0.2(湖、库 0.05)	0.3(湖、库 0.1)	0.4(湖、库 0.2)
9	总氮(湖、库,以 N 计)	≤	0.2	0.5	1.0	1.5	2.0
10	铜	≤	0.01	1.0	1.0	1.0	1.0
11	锌	≤	0.05	1.0	1.0	2.0	2.0
12	氟化物(以 F⁻计)	≤	1.0	1.0	1.0	1.5	1.5
13	硒	≤	0.01	0.01	0.01	0.02	0.02
14	砷	≤	0.05	0.05	0.05	0.1	0.1
15	汞	≤	0.000 05	0.000 05	0.000 1	0.001	0.001
16	镉	≤	0.001	0.005	0.005	0.005	0.01
17	铬(六价)	≤	0.01	0.05	0.05	0.05	0.1
18	铅	≤	0.01	0.01	0.05	0.05	0.1
19	氰化物	≤	0.005	0.05	0.2	0.2	0.2
20	挥发酚	≤	0.002	0.002	0.005	0.01	0.1
21	石油类	≤	0.05	0.05	0.05	0.5	1.0
22	阴离子表面活性剂	≤	0.2	0.2	0.2	0.3	0.3
23	硫化物	≤	0.05	0.1	0.2	0.5	1.0
24	粪大肠菌群(个/L)	≤	200	2 000	10 000	20 000	40 000

表 9-3　集中式生活饮用水地表水源地补充项目标准限值　单位:mg/L

序号	项目	标准值
1	硫酸盐(以 SO₄²⁻计)	250
2	氯化物(以 Cl⁻计)	250
3	硝酸盐(以 N 计)	10
4	铁	0.3
5	锰	0.1

表 9-4　　集中式生活饮用水地表水源地特定项目标准限值　单位:mg/L

序号	项目	标准值	序号	项目	标准值
1	三甲烷	0.06	21	乙苯	0.3
2	四氯化碳	0.002	22	二甲苯	0.5
3	三溴甲烷	0.1	23	异丙苯	0.25
4	二氯甲烷	0.02	24	氯苯	0.3
5	1,2-二氯乙烷	0.3	25	1,2-二氯苯	1.0
6	环氧氯丙烷	0.02	26	1,4-二氯苯	0.3
7	氯乙烯	0.005	27	三氯苯	0.02
8	1,1-二氯乙烯	0.03	28	四氯苯	0.02
9	1,2-二氯乙烯	0.05	29	六氯苯	0.05
10	三氯乙烯	0.07	30	硝基苯	0.017
11	四氯乙烯	0.04	31	二硝基苯	0.5
12	氯丁二烯	0.002	32	2,4-二硝基甲苯	0.000 3
13	六氯丁二烯	0.000 6	33	2,4,6-三硝基甲苯	0.5
14	苯乙烯	0.02	34	硝基氯苯	0.05
15	甲醛	0.9	35	2,4-二硝基氯苯	0.5
16	乙醛	0.05	36	2,4-二氯苯酚	0.093
17	丙烯醛	0.1	37	2,4,6-三氯苯酚	0.2
18	三氯乙醛	0.01	38	五氯酚	0.009
19	苯	0.01	39	苯胺	0.1
20	甲苯	0.7	40	联苯胺	0.000 2

2. 地下水要求

当小城镇供水选择地表水为供水水源时,其水质应符合国家现行标准《地表水环境质量标准》(GB 3838—2002)的要求。

《地表水环境质量标准》(GB 3838—2002)中,地下水主要分为五类,即:

Ⅰ类主要反映地下水化学组分的天然低背景含量。适用于各种用途。

Ⅱ类主要反映地下水化学组分的天然背景含量。适用于各种用途。

　　Ⅲ类以人体健康基准值为依据。主要适用于集中式生活饮用水水源及工、农业用水。

　　Ⅳ类以农业和工业用水要求为依据。除适用于农业和部分工业用水外,适当处理后可作生活饮用水。

　　Ⅴ类不宜饮用,其他用水可根据使用目的选用。

　　地下水质量分类指标见表9-5。

表9-5　地下水质量分类指标

项目序号	标准值　　项目　　类别	Ⅰ类	Ⅱ类	Ⅲ类	Ⅳ类	Ⅴ类
1	色(度)	≤5	≤5	≤15	≤25	>25
2	嗅和味	无	无	无	无	无
3	浑浊度(度)	≤3	≤3	≤3	≤10	>10
4	肉眼可见物	无	无	无	无	有
5	pH	6.5~8.5			5.5~6.5, 8.5~9	<5.5, >9
6	总硬度(以 $CaCO_3$,计)(mg/L)	≤150	≤300	≤450	≤550	>550
7	溶解性总固体(mg/L)	≤300	≤500	≤1 000	≤2 000	>2 000
8	硫酸盐(mg/L)	≤50	≤150	≤250	≤350	>350
9	氯化物(mg/L)	≤50	≤150	≤250	≤350	>350
10	铁(Fe)(mg/L)	≤0.1	≤0.2	≤0.3	≤1.5	>1.5
11	锰(Mn)(mg/L)	≤0.05	≤0.05	≤0.1	≤1.0	>1.0
12	铜(Cu)(mg/L)	≤0.01	≤0.05	≤1.0	≤1.5	>1.5
13	锌(Zn)(mg/L)	≤0.05	≤0.5	≤1.0	≤5.0	>5.0
14	钼(Mo)(mg/L)	≤0.001	≤0.01	≤0.1	≤0.5	>0.5
15	钴(Co)(mg/L)	≤0.005	≤0.05	≤0.05	≤1.0	>1.0
16	挥发性酚类(以苯酚计)(mg/L)	≤0.001	≤0.001	≤0.002	≤0.01	>0.01
17	阴离子合成洗涤剂(mg/L)	不得检出	≤0.1	≤0.3	≤0.3	>0.3
18	高锰酸盐指数(mg/L)	≤1.0	≤2.0	≤3.0	≤10	>10
19	硝酸盐(以 N 计)(mg/L)	≤2.0	≤5.0	≤20	≤30	>30
20	亚硝酸盐(以 N 计)(mg/L)	≤0.001	≤0.01	≤0.02	≤0.1	>0.1

续表

项目序号	标准值　　类别　项目	Ⅰ类	Ⅱ类	Ⅲ类	Ⅳ类	Ⅴ类
21	氨氮(NH_4)(mg/L)	≤0.02	≤0.02	≤0.2	≤0.5	>0.5
22	氟化物(mg/L)	≤1.0	≤1.0	≤1.0	≤2.0	>2.0
23	碘化物(mg/L)	≤0.1	≤0.1	≤0.2	≤1.0	>1.0
24	氰化物(mg/L)	≤0.001	≤0.01	≤0.05	≤0.1	>0.1
25	汞(Hg)(mg/L)	≤0.00005	≤0.00005	≤0.001	≤0.001	>0.001
26	砷(As)(mg/L)	≤0.005	≤0.01	≤0.05	≤0.05	>0.05
27	硒(Se)(mg/L)	≤0.01	≤0.01	≤0.01	≤0.1	>0.1
28	镉(Cd)(mg/L)	≤0.0001	≤0.001	≤0.01	≤0.01	>0.01
29	铬(六价)(Cr^{6+})(mg/L)	≤0.005	≤0.01	≤0.05	≤0.1	>0.1
30	铅(Pb)(mg/L)	≤0.005	≤0.01	≤0.05	≤0.1	>0.1
31	铍(Be)(mg/L)	≤0.00002	≤0.0001	≤0.0002	≤0.001	>0.001
32	钡(Ba)(mg/L)	≤0.01	≤0.1	≤1.0	≤4.0	>4.0
33	镍(Ni)(mg/L)	≤0.005	≤0.05	≤0.05	≤0.1	>0.1
34	滴滴涕(mg/L)	不得检出	≤0.005	≤1.0	≤1.0	>1.0
35	六六六(mg/L)	≤0.005	≤0.05	≤5.0	≤5.0	>5.0
36	总大肠菌群(个/L)	≤3.0	≤3.0	≤3.0	≤100	>100
37	细菌总数(个/mL)	≤100	≤100	≤100	≤1000	>1000
38	总α放射性(Bq/L)	≤0.1	≤0.1	≤0.1	>0.1	>0.1
39	总β放射性(Bq/L)	≤0.1	≤1.0	≤1.0	>1.0	>1.0

二、给水厂水质控制要求

(1)供水厂应建立健全包括水质、净水药剂及材料、实验室质控在内的质量控制体系。

(2)对水质可实行职能部门、供水厂两级管理,班组、水厂化验室和中心化验室三级检验。

(3)各级化验室应采取有效的质量控制方式进行内部质量控制与管理,并应贯穿于检验的全过程。

（4）中心化验室应进行计量资质认证。

（5）中心化验室应每年至少参加一次由国际、国内有关机构组织的实验室比对或能力验证活动。

（6）化验所用的计量分析仪器必须定期进行计量检定，经检定合格方可使用。计量分析仪器在日常使用过程中应定期进行校验和维护。

（7）供水厂的水质检验及数据报送人员必须经专业培训合格、持证上岗。

三、给水厂水处理设备与材料质量要求

供水厂使用的输配水设备、防护材料、水处理材料、水处理药剂，应具有生产许可证、省级以上卫生许可证、产品合格证及化验报告。并应执行索证及验收制度。

1. 给水厂采用的输水设备及防护材料质量要求

供水厂采用的输配水设备及防护材料应符合《生活饮用水输配水设备及防护材料的安全性评价标准》（GB/T 17219—1998）的规定。

（1）凡与饮用水接触的输配水设备和防护材料不得污染水质，管网末梢水水质必须符合《生活饮用水卫生标准》（GB 5749—2006）的要求。

（2）饮用水输配水设备和防护材料质量应符合表 9-6 和表 9-7 的规定。

表 9-6　饮用水输配水设备浸泡水的卫生要求

项　　目	卫生要求
生活饮用水卫生标准中规定的项目	
色	不增加色度
浑浊度	增加量≤0.5 度
臭和味	无异臭、异味
肉眼可见物	不产生任何肉眼可见的碎片杂物等
pH 值	不改变 pH
铁	≤0.03 mg/L

续表

项　　目	卫生要求
锰	$\leqslant$0.01 mg/L
铜	$\leqslant$0.1 mg/L
锌	$\leqslant$0.1 mg/L
挥发酚类(以苯酚计)	$\leqslant$0.002 mg/L
砷	$\leqslant$0.005 mg/L
汞	$\leqslant$0.001 mg/L
铬(六价)	$\leqslant$0.005 mg/L
镉	$\leqslant$0.001 mg/L
铅	$\leqslant$0.005 mg/L
银	$\leqslant$0.005 mg/L
氟化物	$\leqslant$0.1 mg/L
硝酸盐(以氮计)	$\leqslant$2 mg/L
氯仿	$\leqslant$6 μg/L
四氢化碳	$\leqslant$0.3 μg/L
苯并(a)芘	$\leqslant$0.001 μg/L
其他项目	
蒸发残渣	增加量$\leqslant$10 mg/L
高锰酸钾消耗量[以氧气(O_2)计]	增加量$\leqslant$2 mg/L
与受试产品配方有关成分	(1)根据地面水卫生标准及国内外相关标准判定(不大于限值的1/10)。 (2)无标准可依的,需进行毒理学试验确定限值

表 9-7　与饮用水接触的防护材料浸泡水的卫生要求

项　　目	卫生要求
生活饮用水卫生标准中规定的项目	
色	不增加色度
浑浊度	增加量$\leqslant$0.5 度
臭和味	无异臭、异味

续表

项　目	卫生要求
肉眼可见物	不产生任何肉眼可见的碎片杂物等
pH 值	不改变 pH
铁	≤0.03 mg/L
锰	≤0.01 mg/L
铜	≤0.1 mg/L
锌	≤0.1 mg/L
挥发酚类(以苯酚计)	≤0.002 mg/L
砷	≤0.005 mg/L
汞	≤0.001 mg/L
铬(六价)	≤0.005 mg/L
镉	≤0.001 mg/L
铅	≤0.005 mg/L
银	≤0.005 mg/L
氟化物	≤0.1 mg/L
硝酸盐(以氮计)	≤2 mg/L
氯仿	≤6 μg/L
四氯化碳	≤0.3 μg/L
苯并(a)芘	≤0.001 μg/L
其他项目	
醛类	不得检出
蒸发残渣	增加量≤10 mg/L
高锰酸钾消耗量[以氧气(O_2)计]	增加量≤2 mg/L
与受试产品配方有关成分	(1)根据地面水卫生标准及国内外相关标准判定(不大于限值的 1/10)。 (2)无标准可依的,需进行毒理学试验确定限值
放射性物质	不增加放射性

2. 给水厂采用的水化学处理剂质量要求

供水厂采用的水化学处理剂、输配水设备及防护材料质量要求。

(1)供水厂采用的水化学处理剂应符合《饮用水化学处理剂卫生安全性评价》(GB/T 17218—1998)的规定。

1)饮用水化学处理剂在规定的投加量使用时,处理后水的一般感官指标应符合《生活饮用水卫生标准》(GB 5749—2006)的要求。

2)有毒物质指标应符合下列要求:

①饮用水化学处理剂带入饮用水中的有毒物质是《生活饮用水卫生标准》(GB 5749—2006)中规定的物质时,该物质的容许限值不得大于相应规定限值的10%。有毒物质主要包括表9-8中的四类。

表 9-8　有毒物质分类

序号	类别	内　　容
1	金属	砷、硒、汞、镉、铬、铅、银
2	无机物	取决于产品的原料、配方和生产工艺
3	有机物	取决于产品的原料、配方和生产工艺
4	放射性物质	直接采用矿物为原料的产品测定总 α 放射性和总 β 放射性

②饮用水化学处理剂带入饮用水中的有毒物质在《生活饮用水卫生标准》(GB 5749—2006)中未作规定时,可参考国内外相关标准判定,其容许限值不应大于相应限制的10%。

③如果饮用水化学处理剂带入饮用水中的有毒物质无依据可确定容许限值时,必须按规定确定该物质在饮用水中最高容许浓度,其容许限值不得大于该容许浓度的10%。

(2)每批净水药剂及材料在进厂时、久存后和投入使用前必须按照国家现行有关标准进行抽检;未经检验或者检验不合格的产品,不得投入使用。

(3)主要净水药剂及材料的检验项目和检验方法应符合表9-9的规定。

表 9-9　　净水原材料的检验项目和检验方法

原材料种类	原材料名称	检验项目	检验方法标准
混凝剂、絮凝剂	聚合氯化铝	氧化铝的质量分数、盐基度、密度、水不溶物的质量分数、pH 值、氨态氮的质量分数、砷的质量分数、铅的质量分数、镉的质量分数、汞的质量分数、六价铬的质量分数	《生活饮用水用聚氯化铝》(GB 15892—2009)
	硫酸铝	氧化铝的质量分数、pH 值、不溶物的质量分数、铁的质量分数、铅的质量分数、砷的质量分数、汞的质量分数、铬(六价)的质量分数、镉的质量分数	《水处理剂 硫酸铝》(HG 2227—2004)
	硫酸铝钾	硫酸铝钾含量、重金属(以 Pb 计)含量、铁含量、砷含量、水不溶物含量、水分	《工业 硫酸铝钾》(HG/T 2565—2007)
	氯化铁	氯化铁的质量分数、氯化亚铁的质量分数、不溶物的质量分数、游离酸(以 HCl 计)的质量分数、砷的质量分数、铅的质量分数、汞的质量分数、铬(六价)的质量分数、镉的质量分数	《水处理剂 氯化铁》(GB 4482—2006)
	硫酸亚铁	硫酸亚铁的质量分数、二氧化钛的质量分数、水不溶物的质量分数、游离酸(以 H_2SO_4 计)的质量分数、砷的质量分数、铅的质量分数	《水处理剂 硫酸亚铁》(GB 10531—2006)
	聚合硫酸铁	密度、全铁的质量分数、还原性物质(以 Fe^{2+} 计)的质量分数、盐基度、不溶物的质量分数、pH 值、砷的质量分数、铅的质量分数、汞的质量分数、铬(六价)的质量分数、镉的质量分数	《水处理剂 聚合硫酸铁》(GB 14591—2006)
	聚丙烯酰胺(PAM)	外观、固含量、丙烯酰胺单体含量、溶解时间、筛余物	《水处理剂 聚丙烯酰胺》(GB 17514)

续表

原材料种类	原材料名称	检验项目	检验方法标准
氧化剂、消毒剂	高锰酸钾	高锰酸钾含量、镉含量、铬含量、汞含量、流动性、粒度	《工业高锰酸钾》(GB/T 1608—2008)
	二氧化氯	二氧化氯(ClO_2)的质量分数、密度、pH 值、砷的质量分数、铅的质量分数	《稳定性二氧化氯溶液》(GB/T 20783—2006)
	漂白粉	有效氯、水分、总氯量与有效氯之差、热稳定系数	《漂白粉》(HG/T 2496—1993)
过滤(吸附)材料	无烟煤滤料、石英砂滤料、高密度矿石滤料、砾石承托料、高密度矿石承托料	破碎率、磨损率、密度、含泥量、密度小于 2 g/cm³ 的轻物质含量(石英砂滤料)、灼烧减量(石英砂滤料)、盐酸可溶率、筛分、明显扁平、细长颗粒含量(承托料)、密度大于 1.8 g/cm³ 的重物质含量(无烟煤滤料)、含硅物质(石英砂滤料)	《水处理用滤料》(CJ/T 43—2005)
	木质活性炭	碘吸附值、亚甲基蓝吸附力、强度、表观密度、粒度、水分、pH 值、灰分	《木质净水用活性炭》(GB/T 13803.2—1999)
	煤质颗粒活性炭	外观、孔容积、比表面积、漂浮率、pH 值、苯酚吸附值、水分、强度、碘吸附值、亚甲基蓝吸附值、灰分、装填密度、粒度	《煤质颗粒活性炭净化水用煤质颗粒活性炭》(GB/T 7701.2—2008)

四、给水厂水质监测要求

1. 原水水质要求

(1)城镇供水厂必须按照《生活饮用水卫生标准》(GB 5749—2006)的规定并结合本地区的原水水质特点对进厂原水进行水质监测。当原水水质发生异常变化时,应根据需要增加监测项目和频次。

(2)以地表水为水源的城镇供水厂宜在取水口附近或水源保护区

内建立水质在线监测及预警系统,原水水质在线监测及预警项目可根据当地原水特性和条件选择。未建立原水水质在线监测及预警系统的供水厂应在适当的范围内划定原水水质监测段,在监测段内应设置有代表性的水质监测点。

(3)以地下水为水源的供水厂应在汇水区域或井群中选择有代表性的水源井、补压井(或全部井)作为原水水质监测点。

2. 净化水水质要求

城镇供水厂应在每一个净化工序设置水质检测点。当生产需要、工艺调整或者水质异常变化,可酌情增加工序水质检测点。

五、给水厂水质检验项目与检验频率

城镇供水厂水质检验工作可由水厂化验室单独完成或与其所属单位的中心化验室共同承担完成。城镇供水厂开展的水质检验项目和频率应符合表 9-10 的规定。水质检验项目和频率可在表 9-10 的基础上根据条件和需要酌情增加。对于部分检验频率低、所需仪器昂贵、检验成本较高的水质指标,无条件开展检验的单位可委托具有相关项目检验资质的检验机构进行检验。

表 9-10　水质检验项目和频率

水样		检验项目	检验频率
水源水	地表水、地下水	浑浊度、色度、臭和味、肉眼可见物、COD_{Mn}、氨氮、细菌总数、总大肠菌群、大肠埃希氏菌或耐热大肠菌群[①]	每日不少于一次
	地表水	《地表水环境质量标准》(GB 3838—2002)中规定的水质检验基本项目、补充项目及特定项目[②]	每月不少于一次
	地下水	《地下水质量标准》(GB/T 14848—1993)中规定的所有水质检验项目	每月不少于一次
沉淀、过滤等各净化工序		浑浊度及特定项目[③]	每一至二小时一次

续表

水样	检验项目	检验频率
出厂水	浑浊度、余氯、pH 值	在线检测或每小时一至二次
	浑浊度、色度、臭和味、肉眼可见物、余氯、细菌总数、总大肠菌群、大肠埃希氏菌或耐热大肠菌群①、COD_{Mn}	每日不少于一次
	《生活饮用水卫生标准》（GB 5749—2006）规定的表 1、表 2 全部项目和表 3 中可能含有的有害物质④	每月不少于一次
	《生活饮用水卫生标准》（GB 5749—2006）规定的全部项目⑤	以地表水为水源：每半年检验一次　以地下水为水源：每年检验一次
管网水	色度、臭和味、浑浊度、余氯、细菌总数、总大肠菌群、COD_{Mn}（管网末梢水）	每月不少于两次
管网末梢水	《生活饮用水卫生标准》（GB 5749—2006）规定的表 1、表 2 全部项目和表 3 中可能含有的有害物质④	每月不少于一次

① 当水样检出总大肠菌群时才需进一步检验大肠埃希氏菌或耐热大肠菌群；

② 特定项目的确定按照《地表水环境质量标准》（GB 3838—2002）规定执行；

③ 特定项目由各水厂根据实际需要确定；

④ "表 3 可能含有的有害物质"的实施项目和实施日期的确定按照《生活饮用水卫生标准》（GB 5749—2006）规定执行。

⑤ 全部项目的实施进程按照《生活饮用水卫生标准》（GB 5749—2006）规定执行。

六、给水厂水质检验方法

关于给水厂水质检验方法本节只介绍色度、浑浊度、臭和味、肉眼可见物及 pH 值的检验与测定方法，其他项目（特殊项目）的检测参照《生活饮用水标准检验方法》（GB/T 5750—2006）、行业标准及国际标准执行,尚无标准方法的,可采用其他非标方法,但应经过方法确认。

(一)一般规定

1. 基本术语

水质检验涉及的术语解释见表 9-11。

表 9-11　水质检验涉及的术语解释

序号	术语	定　　义
1	恒重	除溶解性总固体外,系指连续两次干燥后的质量差异在 0.2 mg 以下
2	量取	用量筒量取水样或试液
3	吸取	用无分度吸管或分度吸管(又称吸量管)吸取
4	定容	容量瓶中用纯水或其他溶剂稀释至刻度的操作
5	参比溶液	检验方法中所列项目,除另有规定外,均以溶剂空白(纯水或有机溶剂)作参比

2. 检验方法的选择

(1)同一个项目如果有两个或两个以上检验方法时,可根据设备及技术条件,选择使用,但以第一法为仲裁法。

(2)最低检验质量:方法能够准确测定的最低质量。

(3)最低检测质量浓度:最低检测质量所对应的浓度。

(4)精密度和准确度是定性概念,不宜定量表示,具体参数采用标准偏差、相对标准偏差和回收率等。

3. 试剂及浓度表示

(1)试剂规格。对于未指明规格的试剂,均为分析纯(AR)级。当需要用其他规格时另作说明,但指示剂和生物燃料不分规格。

(2)校准用标准尽可能使用有证书的标准溶液和使用有证标准参考物按标准方法配置。

(3)试剂溶液未指明用何种溶剂配制时,均指用纯水配置。

(4)检验法法中所采用的盐酸、硫酸、氨水等均为浓试剂,以 HCl($\rho_{20}=1.19$ g/mL)、H_2SO_4($\rho_{20}=1.84$ g/mL)等的密度表示。对于配制后试剂的浓度以摩尔每升(mol/L)表示。

（5）所用试剂的配制方法在各检验方法中都有阐述，常用的酸碱浓度和配置稀溶液的配方见表 9-12。

表 9-12　水质检测常用的酸碱浓度和配置稀溶液的配方

名　　称		盐酸	硫酸	硝酸	冰乙酸	氨水
密度(20 ℃)(g/mL)		1.19	1.84	1.42	1.05	0.88
物质的质量分数(%)		36.8～38	95～98	65～68	99	25～28
物质的浓度(mol/L)		12	18	16	17	15
配制每升下列溶液所需浓酸或浓碱的体积[a](mL)	6 mol/L 溶液	500	334	375	353	400
	1 mol/L 溶液	83	56	63	59	67

a. 各种溶液的基本单元分别为：$c(HCl)$、$c(H_2SO_4)$、$c(HNO_2)$、$c(CH_3COOH)$、$c(NH_3 \cdot H_2O)$。

（6）物质 B 的浓度，又称物质 B 的物质的量浓度，是物质 B 的物质的量除以混合物的体积，常用单位：mol/L，计算公式如下：

$$c(B) = \frac{n_B}{V}$$

（7）物质 B 的质量浓度是物质 B 的质量除以混合物的体积，常用单位：g/L 或 mg/L 或 μg/mL，计算公式如下：

$$\rho(B) = \frac{m_B}{V}$$

（8）物质 B 的质量分数是物质 B 的质量与混合物的质量之比，常以%表示浓度值，计算公式如下：

$$w(B) = \frac{m_B}{m}$$

（9）物质 B 的体积分数是物质 B 的体积除以混合物的体积，常以%表示浓度值，计算公式如下：

$$\varphi(B) = \frac{V_B}{V}$$

（10）体积比浓度是两种液体分别以 V_1、V_2 体积相混。凡未注明溶剂名称时，均指纯水。两种以上特定液体与水相混合时，应注明水。

例如：$HCl(1+2)$，$H_2SO_4+H_3PO_4+H_2O=(1.5+1.5+7)$。

4. 试验纯水

(1)检验中所使用的水均为纯水，可由蒸馏、重蒸馏、亚沸蒸馏和离子交换等方法制得，也可采用复合处理技术制取。采用特殊要求的纯水，则另作具体说明。

(2)实验室检验用水应符合《分析实验室用水规格和试验方法》(GB/T 6682—2008)的要求，实验室用水标准见表 9-13。

表 9-13　实验室用水标准

项目名称		一级	二级	三级
pH 值范围(25℃)		—	—	5.0～7.5
电导率(25℃)(μs/cm)	≤	0.1	1	5
比电阻(25℃)(MΩ · cm)	≥	10		0.2
可氧化物质(以 O_2 计)(mg/L)	≤		0.08	0.4
吸光度(254 mm · 1 cm 光程)	≤	0.001	0.01	
溶解性总固体[(105±2)℃](mg/L)	≤		1.0	2.0
可溶性硅(以 SiO_2 计)(mg/L)	<	0.01	0.02	

注：1. 由于在一级水、二级水的纯度下，难于测定其真实的 pH 值，因此，对一级水、二级水的 pH 值范围不做规定。

　　2. 由于一级水的纯度下，难于测定可氧化物质和蒸发残渣，对其限量不做规定，可用其他条件和制备方法来保证一级水的质量。

(3)超痕量分析时使用一级水。对高灵敏度微量分析使用二级水。三级水用于一般化学分析。

(4)各级纯水均应使用密闭、专用的聚乙烯、聚丙烯、聚碳酸酯等类容器。三级水也可使用专用玻璃容器。新容器在使用前应进行处理，常用 20% 盐酸溶液浸泡 2～3 d，再用待测水反复冲洗，并注满待测水浸泡 6 h 以上，沥空后再使用。

(5)由于纯水贮存期间，可能会受到实验室空气中 CO_2、NH_3、微生物和其他物质以及来自容器壁污染物的污染，因此，一级水应在使用前新鲜制备；二级水、三级水贮存时间也不宜过长。

（6）各级用水在运输过程中应避免受到污染。

5. 玻璃仪器与洗涤

（1）玻璃仪器的检定与校正：容量瓶、滴定管、无分度吸管、刻度吸管等应按照《常用玻璃器检定规程》（JJG 196—2006）进行检定与校正。

（2）配制标准色列时，需使用成套的比色管，各管内径与分度高低应该一致，必要时应对体积进行校正。

（3）玻璃器皿须经彻底洗净后方能使用。玻璃仪器的洗涤可先用自来水浸泡和冲洗，再用洗涤液浸泡洗涤，然后用自来水冲洗干净，最后用纯水淋洗 3 次。洗净后的器皿内壁应能均匀地被水润湿，如果发现有小水珠或不沾水的地方，说明容器壁上有油垢，应重新洗涤。

（4）洗涤液的配制和使用。

1）洗涤液由重铬酸钾溶液与浓硫酸配制。称取 100 g 工业用经研细的重铬酸钾于烧杯中，加入约 100 mL 水，沿烧杯壁缓缓加入工业用浓硫酸，边加边用玻璃棒搅动（注意：放热反应，防止硫酸溅出），开始加入硫酸时有红色铬酸沉淀析出，加硫酸至沉淀刚好溶解为止。

2）洗涤液是一种很强的氧化剂，但作用比较慢，因此须使洗涤的器皿与洗涤液充分接触，浸泡数分钟至数小时。用铬酸洗涤液洗过的器皿，要用自来水充分清洗，一般要冲洗 7～10 次，最后用纯水淋洗 3 次。用洗涤液洗过的器皿要特别注意吸附在器皿壁上尤其是磨砂部分沾污铬和其他杂质对试验的干扰。

3）洗涤液应储存于磨口瓶塞的玻璃瓶内，以免吸收水分，用后仍倒回瓶中。多次使用后洗涤液中铬酸被还原变为绿褐色，不再具氧化性，就不能再用。

（5）肥皂液、碱液及合成洗涤剂可用于洗涤油脂和有机物。

（6）氢氧化钾酒精溶液（100 g/L）：称取 100 g 氢氧化钾，加 50 mL 水溶解，加工业酒精至 1 000 mL。适用于洗涤油垢、树脂等。

（7）酸性草酸或酸性羟胺洗涤液：适用于洗涤氧化性物质。如洗涤沾污氧化锰的容器，羟胺作用较快。其配方是：称取 10 g 草酸或 1 g 盐酸羟胺，溶于 100 mL 盐酸溶液中。

（8）硝酸溶液：测定金属离子时需用不同浓度的硝酸溶液浸泡，洗涤玻璃仪器。

（9）洗涤玻璃仪器时应防止受到新的污染，如测铁所用的玻璃仪器不能用铁丝柄毛刷，可用塑料棒栓以泡沫塑料刷洗；测锌、铁用的玻璃仪器用酸洗后不能再用自来水冲洗，应直接用纯水淋洗；测氨和碘化物用的仪器洗净后应浸泡在纯水中。

6. 检测仪器、设备的计量检定与维护

各项测定项目中使用的天平、分析仪器以及与检测数据直接有关的设备，应建立定期的检定和经常的自校与维护，并有详细的记录，以保证仪器和设备在分析工作中正常运行。

（二）水样采集与保存

1. 采样容器及其洗涤

（1）采样容器要求。

1）应根据待测组分的特性选择合适的采样容器。

2）容器的材质应化学稳定性强，且不应与水样中组分发生反应，容器壁不应吸收或吸附待测组分。

3）采样容器应可适应环境温度的变化，抗震性能强。

4）采样容器的大小、形状和重量应适宜，能严密封口，并容易打开，且易清洗。

5）应尽量选用细口容器，容器的盖和塞的材料应与容器材料统一。在特殊情况下需用软木塞或橡胶塞时应用稳定的金属箔或聚乙烯薄膜包裹，最好有蜡封。有机物和某微生物检测用的样品容器不能用橡胶塞，碱性的液体样品不能用玻璃塞。

6）对无机物、金属和放射性元素测定水样应使用有机材质的采样容器，如聚乙烯塑料容器等。

7）对有机物和微生物学指标测定水样应使用玻璃材质的采样容器。

8）特殊项目测定的水样可选用其他化学惰性材料材质的容器。如热敏物质应选用热吸收玻璃容器；温度高、压力大的样品或含痕量有机物的样品应选用不锈钢容器；生物（含藻类）样品宜选用不透明的非活性玻璃容器,并存放阴暗处;光敏物质应选用棕色或深色的容器。

(2)采样容器的洗涤。采样容器洗涤的要求见表9-14。

表9-14 采样容器洗涤要求

序号	项目	要 求
1	测定一般理化指标采样容器的洗涤	将容器用水和洗涤剂清洗,除去灰尘、油垢后用自来水冲洗干净,然后用质量分数10%的硝酸(或盐酸)浸泡8 h,取出沥干后用自来水冲洗3次,并用蒸馏水充分淋洗干净
2	测定有机物指标采样容器的洗涤	用重铬酸钾洗液浸泡24 h,然后用自来水冲洗干净,用蒸馏水淋洗后置烘箱内180 ℃烘4 h,冷却后再用纯化过的己烷、石油醚冲洗数次
3	测定微生物学指标采样容器的洗涤和灭菌	1)容器洗涤:将容器用自来水和洗涤剂洗涤,并用自来水彻底冲洗后用质量分数为10%的盐酸溶液浸泡过夜,然后依次用自来水、蒸馏水洗净。 2)容器灭菌:热力灭菌是最可靠且普遍应用的方法。热力灭菌分干热和高压蒸汽灭菌两种。干热灭菌要求160 ℃下维持2 h,高压蒸汽灭菌要求121 ℃下维持15 min,高压蒸汽灭菌后的容器如不立即使用,应于60 ℃将瓶内冷凝水烘干。灭菌后的容器应在2周内使用

(3)采样器。

1)采样前应选择适宜的采样器。

2)塑料或玻璃材质的采样器及用于采样的橡胶管和乳胶管可按要求洗净备用。

3)金属材质的采样器,应先用洗涤剂清除油垢,再用自来水冲洗干净后晾干备用。

4)特殊采样器的清洗方法可参照仪器说明书。

2. 水样采集

(1)一般要求

1)理化指标。采样前应先用水样荡洗采样器、容器和塞子2~3次(油类除外)。

2)微生物学指标。同一水源、同一时间采集几类检测指标的水样时,应先采集供微生物学指标检测的水样。采样时应直接采集,不得用水样涮洗已灭菌的采样瓶,并避免手指和其他物品对瓶口的沾污。

3)注意事项。

①采样时不可搅动水底的沉积物。

②采集测定油类的水样时,应在水面至水面下 300 mm 采集柱状水样,全部用于测定。不能用采集的水样冲洗采样器(瓶)。

③采集测定溶解氧、生化需氧量和有机污染物的水样时应注满容器,上部不留空间,并采用水封。

④含有可沉降性固体(如泥沙等)的水样,应分离除去沉积物。分离方法为:将所采水样摇匀后倒入筒形玻璃容器(如量筒),静置 30 min,将已不含沉降性固体但含有悬浮性固体的水样移入采样容器并加入保存剂。测定总悬浮物和油类的水样除外。需要分别测定悬浮物和水中所含组分时,应在现场将水样经 0.45 μm 膜过滤后,分别加入固定剂保存。

⑤测定油类、BOD、硫化物、微生物学、放射性等项目要单独采样。

⑥完成现场测定的水样,不能带回实验室供其他指标测定使用。

(2)水源水的采集。

1)水源水是指集中式供水水源地的原水。

2)水源水采样点通常应选择汲水处,具体方法见表 9-15。

表 9-15　水源水采样方法

序号	项目	采样方法
1	表层水	在河流、湖泊可以直接汲水的场合,可用适当的容器如水桶采样。从桥上等地方采样时,可将系着绳子的桶或带有坠子的采样瓶投入水中汲水。注意不能混入漂浮于水面上的物质
2	一定深度的水	在湖泊、水库等地采集具有一定深度的水时,可用直立式采水器。这类装置是在下沉过程中水从采样器中流过,当达到预定深度时容器能自动闭合而汲取水样。在河水流动缓慢的情况下使用上述方法时最好在采样器下系上适宜质量的坠子,当水深流急时要系上相应质量的铅鱼,并配备绞车

续表

序号	项目	采样方法
3	泉水和井水	对于自喷的泉水可在涌口处直接采样。采集不自喷泉水时，应将停滞在抽水管中的水汲出，新水更替后再进行采样。 从井水采集水样，应在充分抽汲后进行，以保证水样的代表性

（3）出厂水的采集。

1）出厂水是指集中式供水单位水处理工艺过程完成的水。

2）出厂水的采样点应设在出厂进入输送管道以前处。

（4）末梢水的采集。

1）末梢水是指出厂水经输水管网输送至终端（用户水龙头）处的水。

2）末梢水的采集：应注意采样时间。夜间可能析出可沉渍于管道的附着物，取样时应打开龙头放水数分钟，排出沉积物。采集用于微生物学指标检验的样品前应对水龙头进行消毒。

（5）二次供水的采集。

1）二次供水是指集中式供水在入户之前经再度储存、加压和消毒或深度处理，通过管道或容器输送给用户的供水方式。

2）二次供水的采集：应包括水箱（或蓄水池）进水、出水以及末梢水。

（6）分散式供水的采集。

1）分散式供水是指用户直接从水源取水，未经任何设施或仅有简易设施的供水方式。

2）分散式供水的采集应根据实际使用情况确定。

3. 采样体积

（1）根据测定指标、测试方法、平行样检测所需样品量等情况计算并确定采样体积。

（2）测试指标不同，测试方法不同，保存方法也就不同，样品采集时应分类采集，表 9-16 提供的生活饮用水中常规检验指标的取样体积可供参考。

表 9-16　　生活饮用水中常规检验指标的取样体积

指标分类	容器材质	保存方法	取样体积(L)	备　注
一般理化	聚乙烯	冷藏	3～5	—
挥发性酚与氰化物	玻璃	氢氧化钠(NaOH)，pH≥12，如有游离余氯，加亚砷酸钠去除	0.5～1	—
金属	聚乙烯	硝酸(HNO₃)，pH≤2	0.5～1	—
汞	聚乙烯	硝酸(HNO₃)(1+9，含重铬酸钾 50 g/L)至 pH≤2	0.2	用于冷原子吸收法测定
耗氧量	玻璃	每升水样加入 0.8 mL 浓硫酸(H_7SO_4)，冷藏	0.2	—
有机物	玻璃	冷藏	0.2	水样应充满容器至溢流并密封保存
微生物	玻璃（灭菌）	每 125 mL 水样加入 0.1 mg 硫代硫酸钠除去残留余氯	0.5	—
放射性	聚乙烯		3～5	—

（3）非常规指标和有特殊要求指标的采样体积应根据检测方法的具体要求确定。

4. 水样的过滤和离心分离

在采样时或采样后不久，用滤纸、滤膜或砂芯漏斗、玻璃纤维等过滤样品或将样品离心分离都可以除去其中的悬浮物、沉淀、藻类及其他微生物。在分析时，过滤的目的主要是区分过滤态和不可过滤态，在滤器的选择上要注意可能的吸附损失，如测有机项目时一般选用砂芯漏斗和玻璃纤维过滤，而在测定无机项目时则常用 0.45 μm 的滤膜过滤。

5. 水样保存

（1）保存措施。水样保存应根据测定指标选择适宜的保存方法，主要有冷藏、加入保存剂等。水样在 4 ℃冷藏保存，贮存于暗处。

（2）保存剂。

1）保存剂不能干扰待测物的测定；不能影响待测物的浓度。如果是液体，应校正体积的变化。保存剂的纯度和等级应达到分析的要求。

2）保存剂可预先加入采样容器中，也可在采样后立即加入；易变质的保存剂不能预先添加。

（3）保存条件。

1）水样的保存期限主要取决于待测物的浓度、化学组成和物理化学性质。

2）水样保存没有通用的原则。表 9-17 提供了常用的保存方法。由于水样的组分、浓度和性质不同，同样的保存条件不能适用于所有类型的样品，在采样前应根据样品的性质、组成和环境条件来选择适宜的保存方法和保存剂。

表 9-17　采样容器和水样的保存方法

项目	采样容器	保存方法	保存时间
浊度[a]	G,P	冷藏	12 h
色度[a]	G,P	冷藏	12 h
pH[b]	G,P	冷藏	12 h
电导[a]	G,P		12 h
碱度[b]	G,P		12 h
酸度[b]	G,P		30 d
COD	G	每升水样加入 0.8 mL，浓硫酸（H_2SO_4），冷藏	24 h
DO[a]	溶解氧瓶	加入硫酸锰，碱性碘化钾（KI）叠氮化钠溶液，现场固定	24 h
BOD_5^b	溶解氧瓶		12 h
TOC	G	加硫酸（H_2SO_4），pH$\leqslant$2	7 d
F[b]	P		14 d
Cl[b]	G,P		28 d
Br[b]	G,P		14 h
I^-	G	氢氧化钠（NaOH），pH＝12	14 h
$SO_4^{2-\,b}$	G,P		28 d
PO_4^{3-}	G,P	氢氧化钠（NaOH），硫酸（H_2SO_4）调 pH＝7，三氯甲烷（$CHCl_3$）0.5％	7 d

续表

项目	采样容器	保存方法	保存时间
氨氮[b]	G,P	每升水样加入 0.8 mL 浓硫酸(H_2SO_4)	24 h
$NO_2^- - N$[b]	G,P	冷藏	尽快测定
$NO_3^- - N$[b]	G,P	每升水样加入 0.8 mL 浓硫酸(H_2SO_4)	24 h
硫化物	G	每 100 mL 水样加入 4 滴乙酸锌溶液(220 g/L)和 1 mL 氢氧化钠溶液(40 g/L),暗处放置	7 d
氰化物、挥发酚类[b]	G	氢氧化钠(NaOH),pH≥12,如有游离余氯,加亚砷酸钠除去	24 h
B	P		14 d
一般金属	P	硝酸(HNO_3),pH≤2	14 d
Cr^{6+}	G,P(内壁无磨损)	氢氧化钠(NaOH),pH 为 7～9	尽快测定
As	G,P	硫酸(H_2SO_4),至 pH≤2	7 d
Ag	G,P(棕色)	硝酸(HNO_3)至 pH≤2	14 d
Hg	G,P	硝酸(HNO_3)(1+9,含重铬酸钾 50g/L)至 pH≤2	30 d
卤代烃类[b]	G	现场处理后冷藏	4 h
苯并(a)芘[b]	G		尽快测定
油类	G(广口瓶)	加入盐酸(HCl)至 pH≤2	7 d
农药类[b]	G(衬聚四氟乙烯盖)	加入抗坏血酸 0.01～0.02 g 除去残留余氯	24 h
除草剂类[b]	G	加入抗坏血酸 0.01～0.02 g 除去残留余氯	24 h
邻苯二甲酸酯类[b]	G	加入抗坏血酸 0.01～0.02 g 除去残留余氯	24 h
挥发性有机物[b]	G	用盐酸(HCD)(1：10)调至 pH≤2,加入抗坏血酸,0.01～0.02 g 除去残留余氯	12 h
甲醛,乙醛,丙烯醛[b]	G	每升水样加入 1 mL 浓硫酸	24 h
放射性物质	P		5 d
微生物[b]	G(灭菌)	每 125 mL 水样加入 0.1 mg 硫代硫酸钠除去残留余氯	4 h
生物[b]	G,P	当不能现场测定时用甲醛固定	12 h

a 表示应现场测定。

b 表示应低温(0～4 ℃)避光保存。

G 为硬质玻璃瓶;P 为聚乙烯瓶(桶)。

6. 样品管理

(1)除用于现场测定的样品外,大部分水样都需要运回实验室进行分析。在水样的运输和实验室管理过程中应保证其性质稳定、完整、不受沾污、损坏和丢失。

(2)现场测试样品:应严格记录现场检测结果并妥善保管。

(3)实验室测试样品:应认真填写采样记录或标记,并粘贴在采样容器上,注明水样编号、采样者、日期、时间及地点等相关信息。在采样时还应记录所有野外调查采样情况,包括采样目的、采样地点、样品种类、编号、数量,样品保存方法及采样时的气候条件等。

7. 样品运输

(1)水样采集后应立即送回实验室,根据采样点的地理位置和各项目的最长可保存时间选用适当的运输方式,在现场采样工作开始之前就应安排好运输工作,以防延误。

(2)样品装运前应逐一与样品登记表、样品标签和采样记录进行核对,核对无误后分类装箱。

(3)塑料容器要塞进内塞,拧紧外盖,贴好密封带,玻璃瓶要塞紧磨口塞,并用细绳将瓶塞与瓶颈拴紧,或用封口胶、石蜡封口。待测油类的水样不能用石蜡封口。

(4)需要冷藏的样品,应配备专门的隔热容器,并放入制冷剂。

(5)冬季应采取保温措施,以防样品瓶冻裂。

(6)为防止样品在运输过程中因振动、碰撞而导致损失或沾污,最好将样品装箱运输。装运用的箱和盖都需要用泡沫塑料或瓦楞纸板作衬里或隔板,并使箱盖适度压住样品瓶。

(7)样品箱应有"切勿倒置"和"易碎物品"的明显标示。

(三)色度检验

1. 铂·钴标准比色法——福尔马肼标准

(1)范围。适用于生活饮用水及其水源水中色度的测定。水样不经稀释,测定范围为5～50度。测定前应除去水样中的悬浮物。

(2)原理。用氯铂酸钾和氯化钴配制成与天然水黄色色调相似的标准色列,用于水样目视比色测定。规定 1 mg/L 铂[以$(PtCl_6)^{2-}$形式存在]所具有的颜色作为 1 个色度单位,称为 1 度。即使轻微的浑浊度也干扰测定,浑浊水样测定时需先离心使之清澈。

（3）试剂。铂-钴标准溶液:称取 1.246 g 氯铂酸钾(K_aPtCl)和 1.000 g±0.001 g 干燥的氯化钴($CoCl_2 \cdot 6H_2O$),溶于 100 mL 纯水中,加入 100 mL 盐酸(ρ_{20}=1.19 g/mL),用纯水定容至 1 000 mL。此标准溶液的色度为 500 度。

（4）仪器。

1）成套高型无色具塞比色管,50 mL。

2）离心机。

（5）分析步骤。

1）取 50 mL 透明的水样于比色管中。如水样色度过高,可取少量水样,加纯水稀释后比色,将结果乘以稀释倍数。

2）另取比色管 11 支,分别加入铂-钴标准溶液 0 mL,0.50 mL,1.00 mL,1.50 mL,2.00 mL,2.50 mL,3.00 mL,3.50 mL,4.00 mL,4.50 mL 和 5.00 mL,加纯水至刻度,摇匀,配制成色度为 0 度,5 度,10 度,15 度,20 度,25 度,30 度,35 度,40 度,45 度和 50 度的标准色列,可长期使用。

3）将水样与铂-钴标准色列比较。如水样与标准色列的色调不一致,即为异色,可用文字描述。

（6）计算。

按下式计算色度:

$$色度(度) = \frac{V_1 \times 500}{V}$$

式中　V_1——相当于铂-钴标准溶液的用量,mL;

　　　V——水样体积,mL。

(四)浑浊度检验

1. 散射法——福尔马肼标准

（1）范围。适用于生活饮用水及其水源水中浑浊度的测定。最低检测浑浊度为 0.5 散射浊度单位(NTU)。

（2）原理。在相同条件下用福尔马肼标准混悬液散射光的强度和水样散射光的强度进行比较。散射光的强度越大，表示浑浊度越高。

（3）试剂。

1）纯水：取蒸馏水经 0.2 μm 膜滤器过滤。

2）硫酸肼溶液（10 g/L）：称取硫酸肼[$(NH_2)_2 \cdot H_2SO_4$，又名硫酸联胺]1.000 g 溶于纯水并于 100 mL 容量瓶中定容。

3）环六亚甲基四胺溶液（100 g/L）：称取环六亚甲基四胺[$(CH_2)_6N_4$]10.00g 溶于纯水，于 100 mL 容量瓶中定容。

4）福尔马肼标准混悬液：分别吸取硫酸肼溶液 500 mL、环六亚甲基四胺溶液 500 mL 于 100 mL 容量瓶内，混匀，在 25 ℃±3 ℃放置 24 h 后，加入纯水至刻度，混匀。此标准混悬液浑浊度为 400 NTU，可使用约一个月。

5）福尔马肼浑浊度标准使用液：将福尔马肼浑浊度标准混悬液用纯水稀释 10 倍，此混悬液浊度为 40 NTU，使用时再根据需要适当稀释。

（4）仪器。散射式浑浊度仪。

（5）分析步骤。按仪器使用说明书进行操作，浑浊度超过40 NTU时，可用纯水稀释后测定。

（6）计算。根据仪器测定时所显示的浑浊度读数乘以稀释倍数计算结果。

2. 目视比浊法——福尔马肼标准

（1）范围。适用于生活饮用水及其水源水中浑浊度的测定。最低检测浑浊度为 1 散射浑浊度单位（NTU）。

（2）原理。硫酸肼与环六亚甲基四胺在一定温度下可聚合生成一种白色的高分子化合物，可用作浑浊度标准，用目视比浊法测定水样的浑浊度。

（3）试剂。纯水、硫酸肼溶液、环六亚甲基四胺溶液及福尔马肼标准混悬液，各试剂的制备及要求同上述"1. 散射法——福尔马肼标准"。

(4)仪器。成套高型无色具塞比色管,50 mL,玻璃质量及直径均须一致。

(5)分析步骤。

1)摇匀后吸取浑浊度为 400 NTU 的标准混悬液 0 mL,0.25 mL, 0.50 mL,0.75 mL,1.00 mL,1.25 mL,2.50 mL,3.75 mL 和 5.00 mL 分别置于成套的 50 mL 比色管内,加纯水至刻度,摇匀后即得浑浊度为 0 NTU,2 NTU,4 NTU,6 NTU,8 NTU,10 NTU,20 NTU, 30 NTU 及 40 NTU 的标准混悬液。

2)取 50 mL 摇匀的水样,置于同样规格的比色管内,与浑浊度标准混悬液系列同时振摇均匀后,由管的侧面观察,进行比较。水样的浑浊度超过 40 NTU 时,可用纯水稀释后测定。

(6)计算。浑浊度结果可于测定时直接比较读取,乘以稀释倍数。不同浑浊度范围的读数精度要求见表 9-18。

表 9-18　不同浑浊度范围的读数精度要求

浑浊度范围(NTU)	读数精度(NTU)
2～10	1
10～100	5
100～400	10
400～700	50
700 以上	100

(五)臭和味检验——臭气和尝味法

(1)范围。适用于生活饮用水及其水源水中臭和味的测定。

(2)仪器。锥形瓶,250 mL。

(3)分析步骤。

1)原水样的臭和味。取 100 mL 水样,置于 250 mL 锥形瓶中,振摇后从瓶口嗅水的气味,用适当文字描述,并按六级记录其强度,见表 9-19。

与此同时,取少量水样放入口中(此水样应对人体无害),不要咽下,品尝水的味道,予以描述,并按六级记录强度,见表9-19。

　　2)原水煮沸后的臭和味。将上述锥形瓶内水样加热至开始沸腾,立即取下锥形瓶,稍冷后按上述方法嗅气和尝味,用适当的文字加以描述,并按六级记录其强度,见表9-19。

表 9-19　臭和味的强度等级

等级	强度	说　　明
0	无	无任何臭和味
1	微弱	一般饮用者甚难察觉,但臭、味敏感者可以发觉
2	弱	一般饮用者刚能察觉
3	明显	已能明显察觉
4	强	已有很显著的臭味
5	很强	有强烈的亚臭或异味

注:必要时可用活性炭处理过的纯水作为无臭对照水。

(六)肉眼可见物——直接观察法

　　(1)范围。适用于生活饮用水及其水源水中肉眼可见物的测定。

　　(2)分析步骤。将水样摇匀,在光线明亮处迎光直接观察,记录所观察到的肉眼可见物。

(七)pH 值测定

1. 玻璃电极法

　　(1)范围。适用于生活饮用水及其水源水中 pH 值的测定。测定的 pH 值可准确到 0.01。

　　(2)原理。以玻璃电极为指示电极,饱和甘汞电极为参比电极,插入溶液中组成原电池。当氢离子浓度发生变化时,玻璃电极和甘汞电极之间的电动势也随着变化,在 25 ℃时,每单位 pH 标度相当于59.1 mV 电动势变化值,在仪器上直接以 pH 的读数表示。在仪器上有温度差异补偿装置。

　　(3)试剂。

　　1)苯二甲酸氢钾标准缓冲溶液:称取 10.21 g 在 105 ℃烘干 2 h

的苯二甲酸氢钾($KHC_8H_4O_4$),溶于纯水中,并稀释至 100 mL,此溶液的 pH 值在 20 ℃时为 4.00。

2)混合磷酸盐标准缓冲溶液:称取 3.40 g 在 105 ℃烘干 2 h 的磷酸二氢钾(KH_2PO_4)和 3.55 g 磷酸氢二钠(Na_2HPO_4),溶于纯水中,并稀释至 1 000 mL。此溶液的 pH 值在 20 ℃时为 6.88。

3)四硼酸钠标准缓冲溶液:称取 3.81 g 四硼酸钠($Na_2B_4O_7 \cdot 10H_2O$,溶于纯水中,并稀释至 1 000 mL,此溶液的 pH 值在 20 ℃时为 9.22。

4)上述三种溶液的 pH 值随温度而稍有变化差异,见表 9-20。

表 9-20　pH 值标准缓冲溶液在不同温度时的 pH 值

标准缓冲溶液 温度(℃)	苯二甲酸氢钾 缓冲溶液 (5.1.3.1)	混合磷酸盐 缓冲溶液 (5.1.3.2)	四硼酸钠 缓冲溶液 (5.1.3.3)
0	4.00	6.98	9.46
5	4.00	6.95	9.40
10	4.00	6.92	9.33
15	4.00	6.90	9.18
20	4.00	6.88	9.22
25	4.01	6.86	9.18
30	4.02	6.85	9.14
35	4.02	6.84	9.10
40	4.04	6.84	9.07

注:配制表中缓冲溶液所用纯水均为新煮沸并放冷的蒸馏水。配成的溶液应储存在聚乙烯瓶或硬质玻璃瓶内。此类溶液可以稳定 1~2 个月。

(4)仪器。

1)精密酸度计:测量范围 0~14 pH 单位;读数精度为小于等于 0.02 pH 单位。

2)pH 玻璃电极。

3)饱和甘汞电极。

4)温度计,0～50 ℃。

5)塑料烧杯,50 mL。

(5)分析步骤。

1)玻璃电极在使用前应放入纯水中浸泡 24 h 以上。

2)仪器校正:仪器开启 30 min 后,按仪器使用说明书操作。

3)pH 定位:选用一种与被测水样 pH 接近的标准缓冲溶液,重复定位 1～2 次,当水样 pH 值<7.0 时,使用苯二甲酸氢钾标准缓冲溶液定位,以四硼酸钠或混合磷酸盐标准缓冲溶液复定位;如果水样 pH>7.0 时,则用四硼酸钠标准缓冲溶液定位,以苯二甲酸氢钾或混合磷酸盐标准缓冲溶液复定位(如发现三种缓冲液的定位值不成线性,应检查玻璃电极的质量)。

4)用洗瓶以纯水缓缓淋洗两个电极数次,再以水样淋洗 6～8 次,然后插入水样中,1 min 后直接从仪器上读出 pH 值。

2. 标准缓冲溶液比色法

(1)范围。适用于色度和浑浊度甚低的生活饮用水及其水源水 pH 值的测定。测定 pH 值可准确到 0.1。

(2)原理。不同的酸碱指示剂在一定的 pH 值范围内显示出不同颜色。在一系列已知 pH 值的标准缓冲溶液及水样中加入相同的指示剂,显色后比对测得水样的 pH 值。

(3)试剂(制备溶液所用的纯水均为新煮沸放冷的蒸馏水)。

1)苯二甲酸氢钾溶液$[c(KHC_8H_4O_4)=0.10$ mol/L]:将苯二甲酸氢钾$(KHC_8H_4O_4)$置于 105 ℃烘箱内干燥 2 h,放在硅胶干燥器内冷却 30 min,称取 20.41 g 溶于纯水中,并定容至 1 000 mL。

2)磷酸二氢钾溶液$[c(KH_2PO_4)=0.10$ mol/L]:将磷酸二氢钾(KH_2PO_4)置于 105 ℃烘箱内干燥 2 h,于硅胶干燥器内冷却 30 min,称取 13.61 g 溶于纯水中,并定容至 1 000 mL,静置 4 d 后,倾出上层澄清液,贮存于清洁瓶中。所配成的溶液应对甲基红指示剂呈显著红色,对溴酚蓝指示剂呈显著紫蓝色。

3)硼酸-氯化钾混合溶液$[c(H_3BO_3)=0.10$ mol/L,$c(KCl)=$

0.10 mol/L]；将硼酸（H_3BO_3）用乳钵研碎，放入硅胶干燥器中，24 h 后取出，称取 6.20 g；另称取 7.456 g 干燥的氯化钾（KCl），一并溶解于纯水中，并定容至 1 000 mL。

　　4）氢氧化钠溶液[$c(NaOH)=0.100\ 0$ mol/L]：称取 30 g 氢氧化钠（NaOH），溶于 50 mL 纯水中，倾入 150 mL 锥形瓶内，冷却后用橡皮塞塞紧，静置 4 d 以上，使碳酸钠沉淀。小心吸取上清液约 10 mL，用纯水定容至 1 000 mL。此溶液浓度为 $c(NaOH)=0.1$ mol/L，其准确浓度用苯二甲酸氢钾标定，方法如下。

　　将苯二甲酸氢钾（$KHC_8H_4O_4$）置于 105 ℃烘箱内烘至恒量，称取 0.5 g，精确到 0.1 mg，共称 3 份，分别置于 250 mL 锥形瓶中，加入 100 mL 纯水，使苯二甲酸氢钾完全溶解，然后加入 4 滴酚酞指示剂，用氢氧化钠溶液滴定至淡红色 30 s 内不褪为止。滴定时应不断振摇，但滴定时间不宜太久，以免空气中二氧化碳进入溶液而引起误差。标定时需同时滴定一份空白溶液，并从滴定苯二甲酸氢钾所用的氢氧化钠溶液毫升数中减去此数值，接下式计算出氢氧化钠原液的准确浓度。

$$c_1(NaOH)=\frac{m}{(V-V_0)\times0.204\ 2}$$

式中　　$c_1(NaOH)$——氢氧化钠溶液浓度，mol/L；

　　　　　　m——苯二甲酸氢钾的质量，g；

　　　　　　V——滴定苯二甲酸氢钾所用氢氧化钠溶液体积，mL；

　　　　　　V_0——滴定空白溶液所用氢氧化钠溶液体积，mL；

　　　　0.204 2——与 1.00 mL，氢氧化钠标准溶液[$c(NaOH)=$ 1 000 mol/L]所相当的苯二甲酸氢钾的质量。

　　根据氢氧化钠原液的浓度，接下式计算配制 0.100 0 mol/L 的氢氧化钠溶液所需原液体积，并用纯水定容至所需体积。

$$V_1=\frac{V_2\times0.100\ 0}{c_1(NaOH)}$$

式中　　　　　　V_1——原液体积，mL；

V_2——稀释后体积,mL;

$c_1(NaOH)$——原液浓度。

5)氯酚红指示剂:称取 100 mg 氯酚红($C_{19}H_{12}C_{12}O_5S$),置于玛瑙乳钵中,加入 23.6 mL 氢氧化钠溶液,研磨至完全溶解后,用纯水定容至 250 mL。此指示剂适用的 pH 值范围为 4.8~6.4。

6)溴百里酚蓝指示剂:称取 100 mg 溴百里酚蓝($C_{27}H_{28}Br_2O_5S$,又称麝香草酚蓝),置于玛瑙乳钵中,加入 16.0 mL 氢氧化钠溶液。以下操作同 5)。此指示剂适用的 pH 值范围为 6.2~7.6。

7)酚红指示剂:称取 100 mg 酚红($C_{19}H_{14}O_5S$),置于玛瑙乳钵中,加入 28.2 mL 氢氧化钠溶液。以下操作同 5)。此指示剂适用的 pH 值范围为 6.8~8.4。

8)百里酚蓝指示剂:称取 100 mg 百里酚蓝($C_{27}H_{30}O_5S$,又称麝香草酚蓝),置于玛瑙乳钵中,加入 21.5 mL 氢氧化钠溶液。以下操作同 5)。此指示剂适用的 pH 值范围为 8.0~9.6。

9)酚酞指示剂:称取 50 mg 酚酞($C_{20}H_{14}O_4$),溶于 50 mL 乙醇[$\varphi(C_2H_5OH)=95\%$]中,再加入 50 mL 纯水,滴加氢氧化钠溶液至溶液刚呈现微红色。

(4)仪器。

1)安瓿,内径 15 mm,高约60 mm,无色中性硬质玻璃制成。

2)pH 比色架,如图 9-1 所示。

3)玛瑙乳钵或瓷乳钵。

图 9-1　pH 比色架

4)比色管:内径 15 mm,高约60 mm 的无色中性硬质玻璃管,玻璃质量及壁厚均与安瓿一致。

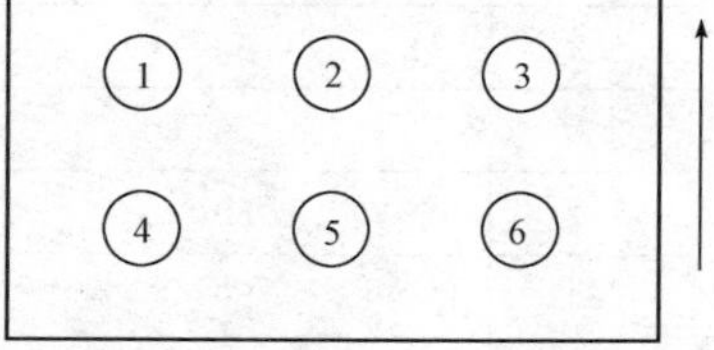

(5)分析步骤。

1)标准色列的制备。

①按表 9-21、表 9-22、表 9-23 所列用量,将苯二甲酸氢钾溶液或磷酸二氢钾溶液或硼酸—氯化钾混合溶液,与氢氧化钠溶液混合,配成各种 pH 的标准缓冲溶液。

表 9-21　pH4.8～5.8 标准缓冲溶液的配置

pH 值	苯二甲酸氢钾溶液 (5.2.3.1)体积(mL)	氢氧化钠溶液 (5.2.3.4)体积(mL)	用纯水定容 至总体积(mL)
4.8	50	16.5	100
5.0	50	22.6	100
5.2	50	28.8	100
5.4	50	34.1	100
5.6	50	38.8	100
5.8	50	42.3	100

表 9-22　pH6.0～8.0 标准缓冲溶液的配置

pH 值	磷酸二氢钾溶液 (5.2.3.2)体积(mL)	氢氧化钠溶液 (5.2.3.4)体积(mL)	用纯水定容 至总体积(mL)
6.0	50	5.6	100
6.2	50	8.1	100
6.4	50	11.6	100
6.6	50	16.4	100
6.8	50	22.4	100
7.0	50	29.1	100
7.2	50	34.7	100
7.4	50	39.1	100
7.6	50	42.4	100
7.8	50	44.5	100
8.0	50	46.1	100

表 9-23　pH8.0～9.6 标准缓冲溶液的配置

pH 值	硼酸—氯化钾混合溶液 (5.2.3.3)体积(mL)	氢氧化钠溶液 (5.2.3.4)体积(mL)	用纯水定容 至总体积(mL)
8.0	50	3.9	100
8.2	50	6.0	100

续表

pH 值	硼酸—氯化钾混合溶液 (5.2.3.3)体积(mL)	氢氧化钠溶液 (5.2.3.4)体积(mL)	用纯水定容 至总体积(mL)
8.4	50	8.6	100
8.6	50	11.8	100
8.8	50	15.8	100
9.0	50	2.8	100
9.2	50	26.4	100
9.4	50	32.1	100
9.6	50	36.9	100

②取 10.0 mL 配成的各种标准缓冲溶液,分别置于内径一致的安瓿中,向 pH4.8～6.4 的标准缓冲溶液中各加 0.5 mL。氯酚红指示剂;向 pH6.0～7.6 标准缓冲液中各加 0.5 mL 溴百里酚蓝指示剂;向 pH7.0～8.4 标准缓冲液中各加 0.5 mL 酚红指示剂;向 pH8.0～9.6 标准缓冲液中各加 0.5 mL 百里酚蓝指示剂。用喷灯迅速封口,然后放入铁丝筐中,将铁丝筐放在沸水浴内消毒 30 min,每隔 24 h 一次,共消毒三次,置于暗处保存。

2)水样测定。吸取 10.0 mL 澄清水样,置于与标准系列同型的试管中,加入 0.5 mL 指示剂(指示剂种类与标准色列相同),混匀后放入比色架中的 5 号孔内。另取 2 支试管,各加入 10 mL 水样,插入 1 号与 3 号孔内。再取标准管 2 支,插入 4 号及 6 号孔内。在 2 号孔内放入 1 支纯水管。从比色架前面迎光观察,记录与水样相近似的标准管的 pH 值。

七、给水厂水质在线监测

(1)城镇供水厂应设置一定数量的浑浊度、余氯、pH 等水质在线监测仪表,并根据经济发展水平选择配置其他水质在线仪表。

(2)在线监测仪器设备应达到所需的灵敏度和准确度,并符合相应检验方法标准或技术规范的要求。

（3）水质在线监测数据应及时传递到控制中心进行监控和处理。

（4）在线仪表数据不能传递到控制中心的水厂，其运行管理人员应定期查看、记录并反馈在线仪表数据。

（5）在线仪器设备要有专人定期进行校准及维护。当仪表读数波动较大时，应增加校对次数。

八、生活饮用水出厂水水质要求

生活饮用水出厂水水质必须达到使管网水质符合现行国家标准《生活饮用水卫生标准》（GB 5749—2006）规定的要求，以确保用户饮用安全。

（1）生活饮用水中不得含有病原微生物。

（2）生活饮用水中化学物质不得危害人体健康。

（3）生活饮用水中放射性物质不得危害人体健康。

（4）生活饮用水的感官性状良好。

（5）生活饮用水应经消毒处理。

（6）生活饮用水水质应符合表 9-24 和表 9-26 卫生要求。集中式供水出厂水中消毒剂限值、出厂水和管网末梢水中消毒剂余量均应符合表 9-25 要求。

（7）农村小型集中式供水和分散式供水的水质因条件限制，部分指标可暂按照表 9-27 执行，其余指标仍按表 9-24、表 9-25 和表 9-26 执行。

表 9-24　水质常规指标及限值

指　　标	限值
1、微生物指标[①]	
总大肠菌群（MPN/100 mL 或 CFU/100 mL）	不得检出
耐热大肠菌群（MPN/100 mL 或 CFU/100 mL）	不得检出
大肠埃希氏菌（MPN/100 mL 或 CFU/100 mL）	不得检出
菌落总数（CFU/mL）	100
2、毒理指标	
砷（mg/L）	0.01

续一

指标	限值
镉(mg/L)	0.005
铬(六价,mg/L)	0.05
铅(mg/L)	0.01
汞(mg/L)	0.001
硒(mg/L)	0.01
氰化物(mg/L)	0.05
氟化物(mg/L)	1.0
硝酸盐(以 N 计,mg/L)	10 地下水源限制时为 20
三氯甲烷(mg/L)	0.06
四氯化碳(mg/L)	0.002
溴酸盐(使用臭氧时,mg/L)	0.01
甲醛(使用臭氧时,mg/L)	0.9
亚氯酸盐(使用二氧化氯消毒时,mg/L)	0.7
氯酸盐(使用复合二氧化氯消毒时,mg/L)	0.7
3、感官性状和一般化学指标	
色度(铂钴色度单位)	15
浑浊度(NTU-散射浊度单位)	1 水源与净水技术条件限制时为 3
臭和味	无异臭、异味
肉眼可见物	无
pH 值(pH 单位)	不小于 6.5 且不大于 8.5
铝(mg/L)	0.2
铁(mg/L)	0.3
锰(mg/L)	0.1
铜(mg/L)	1.0
锌(mg/L)	1.0

续二

指标	限值
氯化物(mg/L)	250
硫酸盐(mg/L)	250
溶解性总固体(mg/L)	1000
总硬度(以 CaCO₃ 计,mg/L)	450
耗氧量(COD$_{Mn}$法,以 O₂ 计,mg/L)	3 水源限制,原水耗氧量 ＞6 mg/L 时为 5
挥发酚类(以苯酚计,mg/L)	0.002
阴离子合成洗涤剂(mg/L)	0.3
4、放射性指标②	指导值
总 α 放射性(Bq/L)	0.5
总 β 放射性(Bq/L)	1

①MPN 表示最可能数;CFU 表示菌落形成单位。当水样检出总大肠菌群时,应进一步检验大肠埃希氏菌或耐热大肠菌群;水样未检出总大肠菌群,不必检验大肠埃希氏菌或耐热大肠菌群。

②放射性指标超过指导值,应进行核素分析和评价,判定能否饮用。

表 9-25　饮用水中消毒剂常规指标及要求

消毒剂名称	与水接触时间	出厂水中限值	出厂水中余量	管网末梢水中余量
氯气及游离氯制剂(游离氯, mg/L)	至少 30 min	4	≥0.3	≥0.05
一氯胺(总氯,mg/L)	至少 120 min	3	≥0.5	≥0.05
臭氧(O₃,mg/L)	至少 12 min	0.3		0.02 如加氯, 总氯≥0.05
二氧化氯(ClO₂,mg/L)	至少 30 min	0.8	≥0.1	≥0.02

表 9-26　水质非常规指标及限值

指　　标	限　　值
1. 微生物指标	
贾第鞭毛虫(个/10L)	<1
隐孢子虫(个/10L)	<1
2. 毒理指标	
锑(mg/L)	0.005
钡(mg/L)	0.7
铍(mg/L)	0.002
硼(mg/L)	0.5
钼(mg/L)	0.07
镍(mg/L)	0.02
银(mg/L)	0.05
铊(mg/L)	0.0001
氯化氰(以 CN⁻ 计,mg/L)	0.07
一氯二溴甲烷(mg/L)	0.1
二氯一溴甲烷(mg/L)	0.06
二氯乙酸(mg/L)	0.05
1,2-二氯乙烷(mg/L)	0.03
二氯甲烷(mg/L)	0.02
三卤甲烷(三氯甲烷、一氯二溴甲烷、二氯一溴甲烷、三溴甲烷的总和)	该类化合物中各种化合物的实测浓度与其各自限值的比值之和不超过 1
1,1,1-三氯乙烷(mg/L)	2
三氯乙酸(mg/L)	0.1
三氯乙醛(mg/L)	0.01
2,4,6-三氯酚(mg/L)	0.2
三溴甲烷(mg/L)	0.1
七氯(mg/L)	0.0004
马拉硫磷(mg/L)	0.25

续一

指　标	限　值
五氯酚(mg/L)	0.009
六六六(总量,mg/L)	0.005
六氯苯(mg/L)	0.001
乐果(mg/L)	0.08
对硫磷(mg/L)	0.003
灭草松(mg/L)	0.3
甲基对硫磷(mg/L)	0.02
百菌清(mg/L)	0.01
呋喃丹(mg/L)	0.007
林丹(mg/L)	0.002
毒死蜱(mg/L)	0.03
草甘膦(mg/L)	0.7
敌敌畏(mg/L)	0.001
莠去津(mg/L)	0.002
溴氰菊酯(mg/L)	0.02
2,4-滴(mg/L)	0.03
滴滴涕(mg/L)	0.001
乙苯(mg/L)	0.3
二甲苯(mg/L)	0.5
1,1-二氯乙烯(mg/L)	0.03
1,2-二氯乙烯(mg/L)	0.05
1,2-二氯苯(mg/L)	1
1,4-二氯苯(mg/L)	0.3
三氯乙烯(mg/L)	0.07
三氯苯(总量,mg/L)	0.02
六氯丁二烯(mg/L)	0.000 6
丙烯酰胺(mg/L)	0.000 5

续二

指　　　标	限　　　值
四氯乙烯(mg/L)	0.04
甲苯(mg/L)	0.7
邻苯二甲酸二(2-乙基己基)酯(mg/L)	0.008
环氧氯丙烷(mg/L)	0.000 4
苯(mg/L)	0.01
苯乙烯(mg/L)	0.02
苯并(a)芘(mg/L)	0.000 01
氯乙烯(mg/L)	0.005
氯苯(mg/L)	0.3
微囊藻毒素-LR(mg/L)	0.001
3、感官性状和一般化学指标	
氨氮(以 N 计,mg/L)	0.5
硫化物(mg/L)	0.02
钠(mg/L)	200

表 9-27　农村小型集中式供水和分散式供水部分水质指标及限值

指　　　标	限　　　值
1、微生物指标	
菌落总数(CFU/mL)	500
2、毒理指标	
砷(mg/L)	0.05
氟化物(mg/L)	1.2
硝酸盐(以 N 计,mg/L)	20
3、感官性状和一般化学指标	
色度(铂钴色度单位)	20
浑浊度(NTU-散射浊度单位)	3 水源与净水技术条件限制时为 5

续表

指　标	限　值
pH 值(pH 单位)	不小于 6.5 且不大于 9.5
溶解性总固体(mg/L)	1500
总硬度（以 $CaCO_3$ 计,mg/L）	550
耗氧量(COD_{Mn}法,以 O_2 计,mg/L)	5
铁(mg/L)	0.5
锰(mg/L)	0.3
氯化物(mg/L)	300
硫酸盐(mg/L)	300

（8）当发生影响水质的突发性公共事件时,经市级以上人民政府批准,感官性状和一般化学指标可适当放宽。

（9）当饮用水中含有表 9-28 所列指标时,可参考此表限值评价。

表 9-28 　生活饮用水水质参考指标及限值

指　标	限　值
肠球菌(CFU/100 mL)	0
产气荚膜梭状芽孢杆菌(CFU/100 mL)	0
二(2-乙基己基)己二酸酯(mg/L)	0.4
二溴乙烯(mg/L)	0.000 05
二恶英(2,3,7,8-TCDD,mg/L)	0.000 000 03
土臭素(二甲基萘烷醇,mg /L)	0.000 01
五氯丙烷(mg/L)	0.03
双酚 A(mg/L)	0.01
丙烯腈(mg/L)	0.1
丙烯酸(mg/L)	0.5
丙烯醛(mg/L)	0.1
四乙基铅(mg /L)	0.000 1
戊二醛(mg/L)	0.07

续表

指　　标	限　　值
甲基异莰醇-2(mg/L)	0.000 01
石油类(总量,mg/L)	0.3
石棉(>10 μm,万/L)	700
亚硝酸盐(mg/L)	1
多环芳烃(总量,mg/L)	0.002
多氯联苯(总量,mg/L)	0.000 5
邻苯二甲酸二乙酯(mg/L)	0.3
邻苯二甲酸二丁酯(mg/L)	0.003
环烷酸(mg/L)	1.0
苯甲醚(mg/L)	0.05
总有机碳(TOC,mg/L)	5
萘酚-β(mg/L)	0.4
黄原酸丁酯(mg/L)	0.001
氯化乙基汞(mg/L)	0.000 1
硝基苯(mg/L)	0.017
镭 226 和镭 228(pCi/L)	5
氡(pCi/L)	300

第十章 小城镇给水厂经济分析与管理

第一节 给水厂财务管理

一、给水厂运行造价构成分析

给水厂运行造价受地区条件、工程规模和设计标准的影响很大，造价指标的变化幅度可能相差 2~3 倍之多，其变化规律也不易掌握。但构成给水厂运行造价的各单项构筑物造价与给水厂的总造价存在一定的比例关系。一般来说，此比例受工程规模的影响较小，在工艺标准和结构类型大致相近的情况下，各部分占总造价的比重比较接近。

给水厂各单项构筑物在给水厂总造价中所占比例与净化方法、工艺流程、结构布量以及建筑材料的选用、地区材料价格和施工方法等有关。根据近年来给水厂的造价分析资料，其造价构成列于表 10-1。

表 10-1　给水厂造价构成

构筑物名称	各构筑物占水厂总造价的比例（%）		构筑物名称	各构筑物占水厂总造价的比例（%）	
	幅度范围	一般平均		幅度范围	一般平均
沉淀池（或澄清池）	14~21	15	加药间	5	4
快滤池及冲洗设备	16~22	19	辅助建筑物	6~10	7
清水池	12~16	14	平面布置	14~19	16
二级泵房及变配电间	14~19	16	家属宿舍及其他	5~13	9

由表 10-1 可以看出，沉淀池、快滤池、清水池、二级泵房和平面布置五项的工程造价构成占整个给水厂造价的 80% 左右，因此，价值分

析和优化设计的着眼点首先应是这些主要构成部分。

二、给水厂基本建设投资估算

基本建设投资是指一个建设项目从筹建、设计、施工、试生产到正式投入运行所需的全部资金,它包括可以转入固定资产价值的各项支出以及"应核销的投资支出"。

1. 基本建设投资构成

基本建设投资的构成如图 10-1 所示。

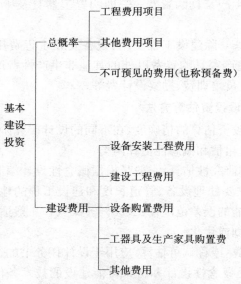

图 10-1　基本建设投资构成

图 10-1 中,各项目释义如下。

工程费用项目——包括主要工程项目、辅助工程项目、宿舍和生活福利等项目的工程费用。

其他费用项目——包括土地征用及迁移补偿费、建设单位管理费、生产人员培训费、勘察设计费、研究试验费、施工机械迁移费、场地清理费、供电贴费、联合试车费、技术咨询和考察费、监理费、引进技术和进口设备项目的其他费用等。

不可预见的费用(预备费)——包括工程预备费和考虑建设期间价格上涨因素的价格预备费等项费用。

建设工程费用——包括各种房屋和构筑物的建筑工程、各种管道铺设工程、采暖通风及照明工程和其他特殊工程等费用。

设备安装工程费用——包括动力、电气、自控仪表的安装、管道、配件及闸门安装等。

设备购置费用——包括各种水处理机械、水泵和电机、自控仪表、电气、机修、运输、化验等设备的购置费用。

工器具及生产家具购置费——即购置工器具及生产家具产生的费用。

其他费用——除建设工程费用、设备安装工程费用、设备购置费用、工器具及生产家具购置费以外的其他非生产性费用,如建设单位管理费、生产人员培训费、勘察设计费等。

2. 基本建设投资估算方法

基本建设投资估算的精确度,在不同的设计研究阶段有不同的要求,大致可分为粗估和概念性估算两类。

粗估,或称研究性估算,一般是根据概念性设计编制,在已确定初步的流程图、主要处理设备、管道长度和建设工程的地理位置的基础上进行。其可能的误差范围在 ±(20%～30%),一般适用于城市或区域性规划的筹划或优化。

概念性估算,或称认可估算,应用于设计任务书的编制、可行性研究,估算依据是概念性设计和将来可能建设的技术条件,其可能的误差为 ±(10%～20%)。

常用的估算方法可有以下几种。

(1)指标估算法。其是较为详细的估算投资的方法,采用国家或部门制定的技术经济指标为估算依据,或以已经建筑的同类工程的造价指标为基础,结合工程的具体条件,考虑时间、地点、材料价差等可变因素做必要的调整。

指标估算法简便易行,节约时间和费用。但由于项目相关数据的确定性较差,投资估算的精度较低。

（2）造价公式估算法。造价公式是通过数学关系式来描述工程费用特征及其内在联系，给水厂造价计算公式如下：

$$C_W = A_区 \times R_价 (350 \sim 450) Q_W^{0.87}$$

式中　C_W——给水厂工程投资，万元，不含场地准备和征地拆迁费用；

　　　$A_区$——地区地质差别系数，取 0.9～1.3（华北地区取 1.0，珠江三角洲地区取 1.3）；

　　　$R_价$——价格系数，按基准期 1990 年工、料、机价格，其系数为 1.00；

　　　Q_W——给水厂设计水量，$10^4 \ m^3/d$。

上式中，$R_价$ 的计算公式如下：

$$R_价 = A + B \times B_n/B_o + C \times C_n/C_o + D \times D_n/D_o +$$
$$E \times E_n/E_o + F \times F_n/F_o$$

式中　A——基准日固定系数，取 0.40；

　　　B——人工系数，取 0.08～0.12，B_n 为估算时人工单价，B_o 为基准期人工单价；

　　　C——钢材（钢筋）系数，取 0.10～0.15，C_n 为计价时钢材单价，C_o 为基准期钢材单价；

　　　D——混凝土系数，取 0.11～0.08，D_n 为计价时混凝土单价，D_o 为基准期混凝土单价；

　　　E——设备系数，取 0.2～0.25，E_n 为计价时设备单价，E_o 为基准期设备单价（设备单价综合考虑，取有代表性的设备，如水泵）；

　　　F——钢管系数，取 0.05～0.15，F_n 为计价时钢管单价，F_o 为基准期钢管单价。

（3）主要造价构成估算。估算时着重于造价构成的主要方面，次要方面则按主、次两者的比例关系进行估算。

在进行单项构筑物造价估算时，同样可以利用造价构成分析的比例关系，重点估算比例较大的方面。如在估算多斗式沉淀池的投资时，应首先认真估算土建工程费用，因为土建费用占沉淀池总造价的 80% 左右。

（4）参照同类工程的造价或根据概算定额进行估算。利用过去已建成同类工程或同一类型构筑物的造价资料作为估算基础,分析两个工程项目的不同特征对造价可能产生的影响,就工程环境条件、主体工程量、施工方法等因素的差异,对造价做出必要的调整。

如按各单项构筑物造价分析估算,就能使造价的比较和调整工作更为细致,估算精确性也随之提高。

在缺乏同类工程造价可资利用的情况下,就必须按概算指标或概算定额的分项要求,计算出主要工程数量,然后按概算单价进行估算。

三、给水厂制水成本管理

1. 成本的主要项目

不同的水厂,由于水源、水质、输配水等情况的不同,水厂制水成本所包括的项目也有差异。一般村镇水厂的制水成本包括以下几项:

（1）水厂直接生产费用包括制水和送水全过程所耗用的原材料,如凝聚剂、消毒药剂、辅助材料及动力等费用;

（2）生产工人、管理人员的工资及工资附加费,包括按规定支付的劳动安全保护费;

（3）按规定提取的固定资产折旧（可按每年 2.5%～3.0% 提取）及检修费用;

（4）进行生产性试验,技术开发所开支的非固定资产的费用;

（5）水厂经营和管理的费用。

2. 成本计算

成本计算公式见表 10-2。

表 10-2　成本计算公式

序号	项目	计算公式
1	制水成本	制水成本是指核算期内（年、季、月）,将各个部门的生产与管理耗费进行汇总后计算的单位供水量所耗用的资金,单位为元/m³ $$制水成本=\dfrac{制水总成本}{水厂供水量}$$

序号	项目	计算公式
2	营业成本	营业成本(元/m³)的计算公式如下： $$制水成本 = \dfrac{营业总成本}{售水量}$$

注：计算成本时，不应包括水厂自用水量和漏失水量。制水量＝供水量＋水厂自用水量；售水量＝供水量－漏耗量。

3. 销售核算

(1)自来水销售特点。自来水的销售与其他商品不同，其特点如下。

1)用户固定；

2)以输水管供水、用水表计量；

3)定期(按月或季)抄表结算收费，用户先用水后付钱。

(2)销售核算内容。销售核算亦称水费核算。根据销售特点将核算的内容划分为应收水费、实收水费、未收水费三个环节，以"抄表册(本)"作为核算基础，设置总账、明细账、分户账(可用"抄表册"代替)三级账簿，进行核算。以上划分有利于水费收缴进度、销售收入管理质量和经济效益的计算与分析。

四、资金管理

1. 固定资金管理

(1)固定资金与固定资产。固定资金是指社会主义企业占用在劳动资料上的资金，是企业生产资金的主要组成部分，主要由下列要素构成：工作机器、动力设备、传导运输设备、控制检测手段等。

固定资金相应的物质形态为固定资产，给水厂的固定资产包括建筑物、构筑物、水厂运行、设备及操作用具等。它必须同时具备两个条件：其一是使用年限在一年以上；其二是单位价值在规定的限额以上(小企业为 200 元)。

(2)固定资金的特点。固定资金作为固定资产的货币表现，具有以下特点：

1)循环周期较长,它不是取决于产品的生产周期,而是取决于固定资产的使用年限;

2)固定资金的价值补偿和实物更新是分别进行的,前者是随着固定资产的折旧逐步完成的,后者是在固定资产不能使用或不宜使用时,用平均积累的折旧基金来实现的;

3)在购置和建造固定资产时,需要支付相当数量的货币资金,这种投资是一次性的,但投资的回收是通过固定资产折旧分期进行的。

(3)固定资金管理要点。

1)正确核定固定资产需要的数量;

2)用好、管好固定资产,充分发挥固定资产的效能,提高其利用效果;

3)正确地计算固定资产的折旧,并用好、管好折旧资金。

2. 流动资金管理

流动资金是指水厂生产过程和销售过程中所占用的周转资金,包括购买原材料及检修备件、支付工资和其他费用的资金。

(1)流动资金的特点。

1)流动资金所代表的物质,在生产过程中不断地变换其实物形态;

2)流动资金经过一个生产周期就能周转一次。

(2)流动资金的范围与分类。

1)储备资金,包括储备的材料、设备和备件等;

2)生产资金,包括购买原材料、工资及其他费用等;

3)产品资金;

4)其他资金,如库存现金、银行存款、发出商品、应收款等。

(3)流动资金的管理要点。

1)应制定合理的流动资金定额,组织流动资金的供应,保证生产经营所需要的流动资金;

2)严格按照国家规定,正确地使用流动资金,不挪用、不浪费;

3)加速流动资金的周转,减少流动资金的占用,以促进生产的发展。

3. 专用基金管理

专用基金是企业为了适应发展需要,根据国家规定提取的具有特定用途的资金。它包括更新改造基金、生产发展基金、职工福利基金、职工奖励基金、职工教育基金等。

专用基金的管理要点如下。

(1)必须按照国家的规定,提存各项专用基金。

(2)根据专款专用的原则先取后用。

(3)对某些专用基金,如固定资产更新改造资金、大修理基金和利润留成中的生产发展基金,可以合并使用,用于企业的技术改造。

4. 利润管理

村镇水厂的利润一般是指销售收入扣除销售成本的余额。各种利润的计算方法如下。

(1)利润总额＝水销售利润＋其他销售利润＋营业外收入－
营业外支出

(2)利润/百元产值＝$\dfrac{利润总额(元)}{总产值(百元)}×100\%$

水厂的经营状况也可以用相对额表示。

(3)产值利润率＝$\dfrac{利润总额}{总产值}×100\%$

(4)销售利润率＝$\dfrac{销售利润}{销售收入}×100\%$

(5)成本利润率＝$\dfrac{利润总额}{总成本}×100\%$

(6)资金利润率＝$\dfrac{利润总额}{固定资金＋流动资金}×100\%$

供水企业增加利润途径有:增加售水量;降低制水成本;减少固定资产和流动资金的占用量,节约其占用费;严格控制营业外支出,增加营业外收入等。

五、统计工作

统计工作是指对社会经济现象数量方面进行搜集、整理和分析工作的总称,它是一种社会调查研究活动。

统计作为提供国民经济运行情况信息的重要工具,受到了国内与国外、政府与公众、学者与官员越来越广泛的关注,统计工作是对社会、经济以及自然现象总体数量方面进行搜集、整理、分析过程的总称。

1. 原则和任务

统计工作的基本原则是坚持客观性、科学性、统一性和群众性,从而保证统计数据具有真实性、准确性、可比性。统计并不限于反映和研究过去,还要能预测未来。

统计工作的主要任务如下。

(1)为企业编制计划,检查控制计划的执行和为组织生产经营活动提供依据。

(2)及时向上级主管部门报送可靠的统计资料,为制定政策和指导工作提供背景材料。

(3)为开展劳动竞赛、总结经验教训、加强企业管理提供手段。

(4)通过研究和分析统计数字,找出事物发展变化的原因,解决好问题。

2. 统计工作的方法

就一次统计活动来讲,一个完整的认识过程一般可分为统计调查、统计整理和统计分析三个阶段,各个阶段都有一些专门的方法。

(1)统计调查阶段主要工作方法。统计报表制度、重点调查、典型调查、抽样调查、普查等方法。

(2)统计整理阶段主要工作方法。统计分布、统计分组、分配数列、统计表、统计图的制作技术等。

(3)在统计分析阶段主要工作方法。综合指标法、动态数列法、指数法、抽样法、相关分析法等。

3. 统计工作程序

(1)统计设计。根据所要研究问题的性质,在有关学科理论的指导下,制定统计指标、指标体系和统计分类,给出统一的定义、标准。

同时提出收集、整理和分析数据的方案和工作进度等。

（2）收集数据。统计数据的收集有两种基本方法，实验法和调查法。

（3）整理与分析。描述统计是指对采集的数据进行登记、审核、整理、归类，在此基础上进一步计算出各种能反映总体数量特征的综合指标，并用图表的形式表示经过归纳分析而得到的各种有用的统计信息。

推断统计是在对样本数据进行描述的基础上，利用一定的方法根据样本数据去估计或检验总体的数量特征。

（4）统计资料的积累、开发与应用。对于已经公布的统计资料需要加以积累，同时还可以进行进一步的加工，结合相关的实质性学科的理论知识去进行分析和利用。

4. 供水企业统计指标

供水企业的统计指标内容主要有两个方面。

（1）生产方面。

1）运行统计，包括水量、运行消耗、水位、水压等；

2）水质统计，包括原水水质、沉淀、过滤水水质、出厂水水质、管网水水质等；

3）设备情况统计，包括水泵、电机、净水构筑物或净水器的情况，主要是指上述设备的运行参数与检修情况、综合生产能力、设备完好率、利用率等；

4）管网情况统计，包括管道口径、管材、长度、闸阀、消火栓、查漏检漏率等；

5）其他专业生产的统计，如水表、凝聚剂、仪器及加工、安装等作业的统计。

（2）营业方面。

1）售水量统计；

2）管网服务压力统计；

3）接水、换表、修表统计；

4）村镇供水普及率、人均耗水量等统计；

5)装表率、进户率统计；

6)乡镇企业用水统计，如各行各业用水单耗，工业用水重复利用率等；

7)抄表准确率、水费回收率统计。

第二节　给水厂营业管理

一、抄表与收费管理

(一)给水厂常用水表简介

水表是指采用活动壁容积测量室的直接机械运动过程或水流流速对翼轮的作用以计算流经自来水管道的水流体积的流量计。

1. 水表类型

水表的类型见表10-3。

表 10-3　水表类型

序号	划分标准	类别	释义
1	按测量原理划分	速度式水表	安装在封闭管道中，由一个运动元件组成，并由水流运动速度直接使其获得动力速度的水表。典型的速度式水表有旋翼式水表、螺翼式水表。旋翼式水表中又有单流束水表和多流束水表
		容积式水表	安装在管道中，由一些被逐次充满和排放流体的已知容积的容室和凭借流体驱动的机构组成的水表，或简称定量排放式水表。容积式水表一般采用活塞式结构
2	按计量等级分		计量等级反映了水表的工作流量范围，尤其是小流量下的计量性能。按照从低到高的次序，一般分为 A 级表、B 级表、C 级表、D 级表，其计量性能分别达到国家标准中规定的计量等级 A、B、C、D 的相应要求

序号	划分标准	类别	释义
3	按公称口径分	大口径水表	公称口径 50 mm 以上的水表,采用法兰连接
		小口径水表	公称口径 50 mm 及以下的水表,采用螺纹连接
4	按用途分	分为民用水表和工业用水表	
5	按安装方向分	按安装方向通常分为水平安装水表和立式安装水表(又称立式表),是指安装时其流向平行或垂直于水平面的水表,在水表的标度盘上用"H"代表水平安装、用"V"代表垂直安装。 速度式水表可分为水平安装水表和立式安装水表。 容积式水表可于任何位置安装,不影响精度	
6	按温度分	冷水水表	介质下限温度为 0 ℃、上限温度为 30 ℃ 的水表
		热水水表	介质下限温度为 30 ℃、上限为 90 ℃ 或 130 ℃ 或 180 ℃ 的水表
7	按压力分	普通水表	普通水表的公称压力一般均为 1 MPa
		高压水表	高压水表是最大使用压力超过 1 MPa 的各类水表,主要用于流经管道的油田地下注水及其他工业用水的测量
8	按浸水状况分	湿式水表	计数器浸入水中的水表,其表玻璃承受水压,传感器与计数器的传动为齿轮联动,使用一段时间后水质的好坏会影响水表读数的清晰程度
		干式水表	计数器不浸入水中的水表,结构上传感器与计数器的室腔相隔离,水表表玻璃不受水压,传感器与计数器的传动一般用磁钢传动
		液封水表	用于抄表的计数字轮或整个计数器全部用一定浓度的甘油等配制液体密封的水表,密封隔离的计数器内的清晰度不受外部水质的影响,其余结构性能与湿式水表相同
9	按形式分类	分为模拟式、数字式、模拟数字组合式	

2. 水表符号含义

水表产品型号的组成一般如下：

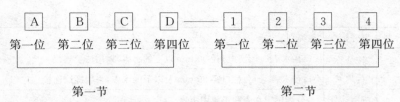

第一节用大写汉语拼音字母表示,其中第一位是产品所属的大类,即水表归属的流量仪表类别,用"L"表示,第二位是产品所属的小类,即水表,用"X"表示,第三、四位表示该产品的工作原理、结构、功能、特点等。水表符号含义见表10-4。

表10-4　水表符号含义

代号	名称	备注
LX	水表	第1位L代表流量计,第2位代表水表
LXS □	旋翼式水表	第3位S代表旋翼式
LXL □	水平螺翼式水表	第3位L代表水平螺翼式
LXR □	垂直螺翼式水表	第3位R代表垂直螺翼式
LXF □	复式水表(组合式)水表	第3位F代表复式
LXD □	定量水表	第3位D代表定量
R	热水水表	第4位R代表热水
L	立式水表	第4位L代表立式
N	正逆流水表	第4位N代表正逆流
G	干式水表	第4位G代表干式
Y	液封水表	第4位Y代表液封
C	可拆卸式水表	第4位C代表可拆卸式

第二节用阿拉伯数字和字母表示,反映水表的公称口径、指示装置型式和产品的设计顺序号(旋翼式水表)等。设计顺序号中:

A 代表基型、7 位指针、组合叶轮、标度 1L;

B 代表组合叶轮、8 位指针、最小检定分度 1L;

C 代表整体叶轮、8 位指针、最小检定分度 0.1L;

E 代表整体叶轮、4 位指针 4 位字轮组合式计数器、最小检定分度 0.1L。其中 A 型表是原统一设计水表第一次改进设计型,现已列入淘汰产品,不再生产。

说明：基型水表在行业中又俗称"七位指针水表"。

型号举例如下。

（1）LXS-15C 表示公称口径为 15 mm、第三次改进设计（整体叶轮、8 位指针）的旋翼式水表。

（2）LXL-80 表示公称口径 80 mm 的水平螺翼式水表。

（3）LXSL-20E 表示公称口径 20 mm 的旋翼式立式水表。

3. 水表的特性参数

（1）最小流量（Q_1）：要求水表的示值符合最大允许误差的最低流量。

（2）分界流量（Q_2）：出现在常用流量 Q_3 和最小流量 Q_1 之间、将流量范围划分成各有特定最大允许误差的"高区"和"低区"两个区的流量。

（3）常用流量（Q_3）：额定工作条件下的最大流量。在此流量下，水表应正常工作并符合最大允许误差要求。

（4）过载流量（Q_4）：要求水表在短时间内能符合最大允许误差要求，随后在额定工作条件下仍能保持计量特性的最大流量。

（5）压力损失（Δ_p）：在给定的流量下，管道中存在水表所造成的水头损失。

（6）灵敏度：指小口径水表的三角针或大口径水表的长指针，开始连续、均匀指示时的最小流量值。

（7）流通能力：是指水通过水表产生 1 m 水头损失的流量值，此值大体相当于使螺翼式水表的机件强度达到极限时的通过流量。

4. 水表选择的要点

（1）以管道设计秒流量（不包括消防流量）推算的最高时流量，应基本接近水表的额定流量。

（2）以最高时流量、时变化系数求出管道平均时流量，以平均时流量的 6%～8% 校核水表的灵敏度。

（3）根据规范，参照用水量定额，确定最高日用水量，且最高日用水量必须小于水表的特征流量值。

（4）如果被装水表管道的最低小时用水量有确切资料时，应该考核最低小时用水量要大于或等于水表的最小流量值。

（5）一般情况下，公称直径小于或等于 50 mm 时，应采用旋翼式水表,否则宜采用螺翼式水表。

(6)在干式和湿式水表中,应优先采用湿式水表。

5. 给水厂常用水表举例

(1)饮用净水水表。饮用净水水表指的是用来测量流经管道中的饮用净水的体积总量的流量仪表,适用于常用流量范围为 $0.6 \sim 10 \ \mathrm{m^3/h}$,最大允许工作压力(MAP)大于或大于等于 1 MPa 和最大允许工作温度(MAT)为 30 ℃的不同计量等级的饮用水水表。

饮用净水水表的代号、公称口径和尺寸见表 10-5。

表 10-5　饮用净水水表的代号、公称口径和尺寸　　　　(单位:mm)

水表代号 N	公称口径 DN	水表尺寸							
		L_1(优选)公差$^{0}_{-2}$	L_1(任选)公差$^{0}_{-2}$	L_2 和 L_3	H_1	H_2	螺纹	a_{min}	b_{min}
N0.6	8.15	110	80、100、115、165	50	50	180	G3/4B	10	12
N1	15	130	100、110、165	50	50	180	G3/4B	10	12
N1.5	15	165	110、115	50	50	180	G3/4B	10	12
N2.5	20	195	130、165、190	65	60	240	G1B	12	14
N3.5	25	225	200、260	85	65	260	G1 1/4B	12	16
N6	32	230	200、260	85	70	280	G1 1/2B	13	18
N10	40	245	200、300	105	75	300	G2B	13	20

(2)电子直读式水表。电子直读式水表指的是基表加装电子直读装置组成的,由电子直读装置直接读取基表的机械指示数据或信息,并保持一致性,能传输基表计量水的实际体积流量数据或待处理信息的智能水表,适用于城镇居民安装使用的,基于基表加装电子直读装置,用于计量饮用冷、热水的实际体积流量。

直读水表的构成可为整体式与分体式。其分类如下。

1)按读取方式。直读装置直接从基表机械指示装置中读取水的实际体积流量指示数据或信息的读取方式,可分为电阻直读、光电直读、摄像直读、色码直读、计数直读、厚膜直读等。

2)按基表形式。

①干式:直读式水表的机械计数器不应浸在被测水中;

②湿式:直读式水表的机械计数器应浸在被测水中。

3)按安装环境。

①B 类:安装在室内的固定式直读水表;

②C 类:安装在室外的固定式直读水表。

(3)IC 卡冷水表。IC 卡冷水表指的是以带有发讯装置的冷水水表为流量计量基表,以 IC 卡为信息载体,加装控制器和电控阀所组成的一种具有结算功能的水量计量仪表,适用于温度等级 T30、压力等级 MAP10、标称口径小于或等于 50 mm 且常用流量 Q_3 不超过 16 m^3/h 的 IC 卡水表。

1)IC 卡冷水表的分类如下:

①按结构特点分类。

a. 整体式:构成 IC 卡水表的所有部件装在同一壳体内;

b. 分体式:构成 IC 卡水表的所有部件不装在同一壳体内。

②按气候和机械环境条件分等级。

a. B 级:安装在户内的固定式 IC 卡水表;

b. C 级:安装在户外的固定式 IC 卡水表。

③按适应电磁环境分等级。

a. E1 级:住宅、商业和轻工业;

b. E2 级:工业。

④按指示装置、工作特征分类。

a. 带电子装置的机械式:仍保留有机械计数器形式的检定装置和指示装置,该类水表的流量信号通常由电子检测元件从机械计数器中二次检出,其电子显示不具有足够的检定分格;

b. 电子式:检定装置和指示装置均为电子数字指示器,该类水表的流量信号通常由电子检测元件从流量测量传感器中一次检出,并具有较高的信号分辨率。

2)IC 卡冷水表的尺寸应符合表 10-6 的规定。

(4)电子远传水表。电子远传水表指的是具有水流量信号采集和数据处理、存储、远程传输等功能,输出信号为数字信号的水表。

1)电子远传水表的结构为整体式,其分类如下。

①按指示装置分类。

　　a. 机械式:该类电子远传水表指示装置采用机械式指示;

　　b. 电子式:该类电子远传水表指示装置采用电子式指示。

　　②按机电转换方式分类。

　　a. 实时式:该类电子远传水表机电转换单元根据流过基表的水实时产生机电转换信号,由电子装置实时累计并记录水量;

　　b. 直读式:该类电子远传水表的机电转换单元直接从基表的指示装置中读取累积流量信号。

　　③按采用的基表形式分类。

　　a. 干式水表:电子远传水表的计数器不浸在被测水中;

　　b. 湿式水表:电子远传水表的计数器浸在被测水中。

　　④按适用安装环境分类。

　　a. B 级:安装在建筑物内的固定式电子远传水表;

　　b. C 级:安装在户外的固定式电子远传水表。

　　⑤按适应电磁环境分类。

　　a. E1 级:住宅、商业和轻工业;

　　b. E2 级:工业。

　　2)电子远传水表的尺寸见表 10-6。

表 10-6　　电子远传水表的尺寸　　　　　　（单位:mm）

口径 DN^a	a_{min}	b_{min}	L^b（优选）	L^b（可选）	$W_1;W_2$	H_1	H_2
15	10	12	165	80,85,100,105,110,114,115,130,134,135, 145, 170, 175, 180, 190, 200,220	65	60	220
20	12	14	190	105, 110, 115, 130, 134, 135, 165, 175,195,200,220,229	65	60	240
25	12	16	260	110,150,175,200,210,225,273	100	65	260
32	13	18	260	110,150,175,200,230,270,300,321	110	70	280
40	13	20	300	200,220,245,260,270,387	120	75	300
50			200	170, 245, 250, 254, 270, 275, 300, 345,350	135	216	390
65			200	170,270,300,450	150	130	390

口径 DN^a	a_{min}	b_{min}	L^b (优选)	L^b (可选)	$W_1;W_2$	H_1	H_2
80			200	190,225,300,305,350,425,500	180	343	410
100			250	210,280,350,356,360,375,450,650	225	356	440
125			250	220,275,300,350,375,450	135	140	440
150			300	230,325,350,450,457,500,560	267	394	500
200			350	260,400,500,508,550,600,620	349	406	500
250			450	330,400,600,660,800	368	521	500
300			500	380,400,800	394	533	533
350				420,800	270	300	500
400			600	500,550,800	290	320	500
500			600	500,625,680,770,800,900,1 000	365	380	520
600			800	500,750,820,920,1 000,1 200	390	450	600
800			1 200	600	510	550	700
>800			$1.25 \times DN$	DN	$0.65 \times DN$	$0.65 \times DN$	$0.75 \times DN$

a. DN：法兰连接端和螺纹连接端的公称通径。

b. 长度公差：DN 15～DN 40：$_{-2}^{0}$mm；

　　　　　DN 50～DN 300：$_{-3}^{0}$mm；

　　　　　DN 350～DN 400：$_{-5}^{0}$mm。

　　　　　DN 400 以上水表的长度公差应由用户与制造厂协商确定。

6. 给水厂水表安装布置

（1）水表安装位置要求。

1）水表的安装应选择在有利于抄表、读表的位置，并应考虑便于拆装、搬运或换表等。

2）室外水表的安装应靠近主管道，使进水管长度缩短。寒冷地区应考虑防冻措施。

3）水表节点处应有相应的保护设施，如表井、表箱、表房等，不允许安装在厕所、受污染的渗坑附近。

4）水表前（束水方向）应设置阀门。螺翼式水表在水表前和阀门间应保证有 8～10 倍于口径的直线管段；其他类型水表的前后，则应有不小于 300 mm 的直线管段。

　　5)旋翼式水表必须水平装置。水平螺翼式水表可以根据产品安装要求进行水平、倾斜和垂直装置。倾斜或垂直时,水流方向需自下而上。

　　(2)水表安装布置形式。

　　1)口径小于等于 50 mm 水表的几种组合安装形式如图 10-2 所示。其中(a)图适用于住宅室内水表安装;(b)图适用于室外安装的小用户水表;(c)图适用于室内安装,多家小用户。

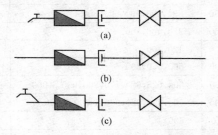

图 10-2　口径小于 50 mm 水表组合安装形式

　　2)口径大于 50 mm 水表的几种组合安装形式如图 10-3 所示。其中(a)图适用于室内或室外安装的一般大用户的水表;当用户内部管网复杂,有多个进水管时,采用(b)图的组合安装形式可防止用户管内的水流向城镇管网;采用(c)图的组合安装形式,更换水表时,可使用旁通管进水。

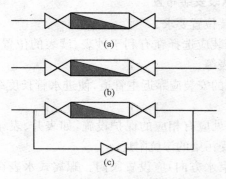

图 10-3　口径大于 50 mm 水表组合安装形式

（二）抄表管理

1. 抄表系统简介

抄表系统分无线方式和有线抄表方式两种。

（1）无线抄表系统功能简单明确，通过无线通讯技术实现不进门抄表；附加设备尽量少，不加控制阀门，不加中继器和集中采集器（多表的联抄通过智能表自身实现）；后台管理不对现有管理模式进行改动。

无线抄表系统优点是能够实现使用和管理方双向数据的实时传输，实时掌握用户的用气情况，各产分通讯采用无线传输，不存在施工难度的问题。其缺点是无线传输存在屏蔽和死点问题（通过部分设备或手段可以解决）。

（2）有线方式有 485 传输方式和 M-BUS 传输方式两种。485 传输方式的主要特点是四根线（两个电源线，两根信号线），需要区分线的极性；M-BUS 传输方式的主要特点是两根线，既做电源又加载有信号，且两根线不分极性。

有线抄表按照技术实现的方式不同，可分为脉冲式（有源）、摄像头式（无源）、电阻式（无源）、光电式（无源）。从技术的可靠性、发展方向以及市场的占有率来讲，光电式是主流方式。

2. 抄表步骤与要求

一般情况下，抄表收费每 1～2 月进行 1 次。基本程序是抄表、复核、开发账单、收费等。抄表最好有专门的抄表卡与抄表本。具体要求有：

（1）抄得准，估表少，定期校表；

（2）抄见率高，即要求水表被堆埋、水淹以及闭门漏户少；

（3）定日抄表，必要时可预约回抄；

（4）定期换表，发现水表故障时及时更换。

村镇给水不宜采用按人头收费的包费制，都应争取做到每户装水表。楼房每单元装水表，按单元水表收费。对绿化、环卫等市政用水也应按实际情况核定每月的用水量。

3. 抄表计量管理

（1）抄查表时，如用户对其用水量产生疑问，可进行复核检验水表,并交纳校表费;校表后其误差在±2%以上者,次月调整水费并免交校表费。

(2)水表失灵或因其他故障造成不能正确计量时,可按下列规定计量。

1)水表失灵可按前三个月平均用水量计费。

2)用户造成表井被压、埋、淹等,应责成用户尽快消除,并采取当月水量按最高月计费,消除后次月仍按计量收费原则多退少补;对长期不清除者,水费逐月加倍,按多不退、少要补的原则处理。

(3)新用水户则按后一个月实际用水量计算。

(4)复线用水,水表达不到管道闲置费标准时,可根据管道口径计量收费。备用管线不用水亦按管道闲置费标准计量收费。

(5)因火灾启用消火栓所用的水量,要由消防部门提供火灾单位用水量的依据,水厂根据单位性质收取水费。

(6)新装管道工程冲洗和接点所损失的水量,均由施工单位按口径流量和延续时间计量收费。

(7)用户停止用水时,应及时办理停水手续。

4. 水表远程抄表系统

远传系统的通信协议符合《户用计量仪表数据传输技术条件》(CJ/T 188—2004)的要求。远传水表系统包括:无线远传水表(锂电池供电)、楼与主机(交流供电)、集中器(交流供电)及管理中心的智能抄表控制系统软件。

远传系统的应用方式如下:

(1)单抄方式。无线远传水表的数据由无线方式自动上传给楼宇主机,楼宇主机通过无线方式把数据传给集中器,集中器通过手机的GPRS/GSM网络把数据传给管理中心的计算机,由此实现在管理中心自动抄录所有的水表数据。

(2)单抄+远程控制方式。除上述单抄方式的功能外,无线远传水表内部带有阀门,管理中心可对无线远传水表下达开/关阀命令,实现对水表的远程控制。

(3)单抄+IC卡控制方式。此方式除具备单抄方式的功能外,无线远传水表还带有非接触 IC 卡电路和阀门，可实现 IC 卡预付费功能。管理部门可通过 IC 卡对水表进行收费管理。

（三）收费管理

不同地区有不同的收费办法。收费应做到及时、准确无误。

（1）水费的计量单位为立方米（m³）。分户水表是用户内部计费的依据，用户自行抄表收费。水厂计费水表与分户水表之间的计量差额应由用户均摊。

（2）用户要求停用水时，在办理停用水手续前要结清水费。

（3）凡单位申请用水的家属住宅区，水费的交付一般由单位负责办理。

（4）用户表内管线及其他附属设施等的跑水、漏水量照收水费，不予减免。

（5）集中供水点或公共水站的水费，可由用水居民均摊。水费由用户居民轮流收取或水厂管理人员收取。

（6）住宅楼群的水费可由各单元用户分别收取，单元表与各户分表的差额一般由住户分摊。

（7）单元水表自然失灵，由水厂负责更换。用户表失灵一般应由用户负责修换。修复前仍按前三个月平均水量收取水费。

（8）下列情况之一的，均属违章用水。

1）未经办理用水手续，擅自在水厂供水管道上接管用水者；

2）在已经办理停用水手续，但又在给水管上私自接通水管用水者；

3）非因火警擅自开启公共消火栓者；

4）私自拆卸水厂安装的计费水表、无表用水者；

5）采取非法手段，致使水厂给水计费水表计量不准者；

6）无表用水户，擅自扩大用水范围或供给其他单位或个人用水者。

（9）对违章用水单位或个人，需追缴应付水费，并按情节轻重作适当处理。追缴水费的计算公式为：

追缴水费金额＝管道口径流量×违章用水时间×水费单价

二、接水管理

(一)接水申请

要求新接装、扩建和改装自来水设施的单位或个人,均应到主管部门申请办理手续。新建、扩建用水的单位或个人,必须遵照当地供水章程缴纳一定的费用。新建、扩建单位需向主管部门提供用水设施和用水要求、用水人数、生产规模等有关资料。

1. 私房住户接水手续办理

私房民用包费制接水的用户须书面报告申请接水,并加盖申请接水地点所属居委会公章和所需接水地点的市房管部门签发的私房房产证,郊区居民应提供乡级以上的建房土地使用证或私房建房证,到指定地点填写《自来水总公司接水申请书》,查勘人员将在一周内与申请户联系,现场查勘。符合包费制接水条件的申请户,再按标准交纳费用安排接水。

2. 公房接水手续 办理

办理公房(厂矿、学校、医院、企事业单位)接水的用户,须书面申请接水,并注明用水性质、地点、单位名称、主要用水设备、用水量/小时等情况,到指定地点填写《自来水总公司接水申请书》,在办理新建职工宿舍和新建住宅区接水申请手续时,应提供质量技术监督局水表检定站出具的到户分表的鉴定合格证。

3. 接水申请需提交资料

用户办理接水申请须提供以下资料。

(1)用户申请单;

(2)用水资料;

(3)规划红线图;

(4)建筑平面图 ;

(5)建筑给水立面图;

(6)供水点给水管线图。

(二)接水程序管理

接水程序如图 10-4 所示。

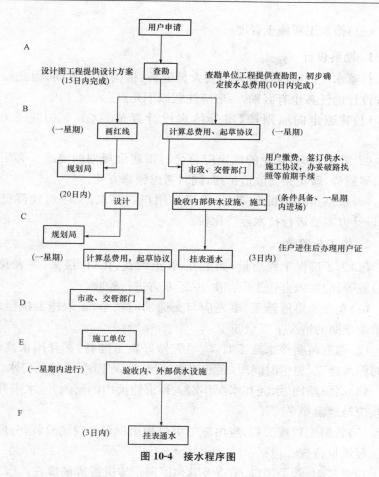

图 10-4　接水程序图

说明：

A：提交申请表、建筑执照、项目批文、建筑总平面图（含软盘）、给水系统图、各层给排水系统图

B：用户提供有关地形图、地下管线图，委托设计

C：用户到规划局领建照

D：用户缴费、签订供水、监理协议

E：委托施工单位完成外部供水设施施工

F：住户进住后办理用户证

(三)接水工程施工管理

1. 勘察设计

村镇水厂的给水能力大小及人员配备、机构设置不同,因此接水工程设计的任务也有区别,一般应注意以下几点。

(1)管道走向原则按《室外给水设计规范》(GB 50013—2006)设计。

(2)管道走向、管径的确定应符合村镇建设规划的要求。必须考虑发展趋势,避免频繁改造扩建,同时考虑维修方便。

(3)根据实际情况和需要,既满足用户的要求,又尽可能降低造价,设计方案要进行技术经济比较。

2. 施工与验收

(1)为了确保工程质量,如土方、管道铺设、接口、接头、装表及附属设施等,应加强自检工作。由甲、乙双方进行验收。

(2)在交通要道施工,事先应与交通部门联系,领取施工执照,在不影响交通的情况下安全施工。

(3)遇有需要停水施工时,应事先做好施工准备,避开用水高峰,按时停水施工,力争时间短,提前通水,严禁拖误工时,无计划停水。

(4)高级路面、水泥和水泥预制人行道路面内的闸阀井、水表井标高均应与地面相平。

(5)管道工程竣工后,应由施工单位和用户双方现场验收,分段进行工程质量检查。包括:

1)对基础、管子接口、节点及其他附属设施进行现场检查;

2)接口严密性检查;

3)应进行耐压试验,如出现渗水、喷水的接口部位应予以技术处理,否则不予验收。

(6)对管道进行冲洗及消毒。

1)试验合格后,先进行管道冲洗,使污水排净;

2)新建或改建后的管道消毒,应按有关规定执行,可投放漂白粉药剂,浸泡一定时间,通水检验合格后,方可送水。

第三节　给水厂技术经济分析与评价

　　建设项目经济评价是可行性研究的有机部分和重要内容,是项目和方案决策科学化的重要手段,经济评价的目的是根据国民经济发展规划的要求,在做好需求预测及厂址选择、工艺技术选择等工程技术研究的基础上,计算项目的投入费用和产出效益,通过多方案比较,对拟建项目的经济可行性和合理性进行论证分析,做出全面的经济评价,经比较后推荐最佳方案,为项目决策提供科学依据。

　　建设项目经济评价包括财务评价和国民经济评价两个部分。项目方案的取舍一般应取决于国民经济评价的结果。

一、给水工程技术经济指标

1. 技术经济指标分类

技术经济指标分类见表10-7。

表 10-7　技术经济指标分类

序号	划分标准	类　　别
1	按表示的范围划分	可分为:表示整个工程设计经济性的总指标和直接表示设计方案某个局部问题经济性的局部指标
2	按应用的时限划分	可分为:建设阶段的指标和投产后阶段的指标。在建设项目概预算中主要应计算建设阶段的技术经济指标。在建设项目经济评价中应同时反映建设阶段和投产后的技术经济指标并做出分析评价

2. 给水工程建设阶段技术经济指标内容

(1)建设项目总投资。

(2)单位生产能力经济指标,包括:

1)供水工程综合经济指标,按设计供水量为计量单位,即元/(m³·d);

2）取水工程经济指标，按设计取水量为计量单位，即元/（m³·d）；

3）输水工程经济指标，管道按单位长度或按单位长度设计流量为计量单位，即元/m 或元/[（m³/d）·km]；渠道按单位长度或单位长度过水流量为计量单位，即元/100 m 或元/[（m³/s）·km]；

4）净水厂工程经济指标，按设计水量为计量单位，即元/（m³·d）。

（3）单位工程造价指标。

1）供水单项构筑物，按设计水量或有效容积为计量单位，即元/（m³·d）或元/m³；

2）配水厂工程，按设计水量为计量单位，即元/（m³·d）；

3）配水管网，按不同口径管道单位长度为计量单位，即元/100m 或元/km；

4）辅助性建筑工程，按单位面积或单位体积为计量单位，即元/m²或元/m³；

5）变电所，按电容量为计量单位，即元/（kV·A）；

6）输电线路，按单位长度为计量单位，即元/km；

7）其他特殊构筑物等。

（4）建设工期指标（年、月）。

（5）劳动耗用量指标，包括：

1）基建劳动工日；

2）建设项目投产后的设计定员。

（6）主要材料消耗指标，包括：

1）金属管道，不同口径、材质、接口的总长度（m），总质量（t）；

2）非金属管道，不同口径、材质、接口的总长度（m），总质量（t）；

3）钢材，不同规格钢材的质量（t）；

4）水泥，不同强度等级水泥的总质量（t）；

5）木材（m³）；

6）其他。

（7）主要机电设备的功率和质量（kW，t）。

（8）占用土地面积（m²）。

二、财务评价

财务评价是根据现行的财税制度,从财税角度来分析计算项目的费用、效益、盈利状况及借款偿还能力。财务评价只计算项目本身的直接费用和直接效益,即项目的内部效果,以考察对项目本身的财务可行性。

1. 财务评价原则

(1)费用和效益计算范围的一致性原则。

(2)费用和效益识别的有无对比原则。

(3)动态分析与静态分析相结合,以动态分析为主的原则。

(4)基础数据确定中的稳妥原则。

2. 财务评价计算表

财务评价一般是通过财务现金流量计算表[全部投资现金流量表(表 10-8)和自有资金现金流量表(表 10-9)]、财务平衡表(表 10-10)和借款偿还平衡表(表 10-11)进行计算。

表 10-8　全部投资现金流量表

序号	项　　　　　目	合　计	建设期		投产期		达到设计能力生产期			
			1	2	3	4	5	6	⋯	n
	生产负荷(%)									
1	现金流入									
1.1	产品销售收入									
1.2	回收固定资产									
1.3	回收流动资金									
1.4	其他收入									
2	现金流出									
2.1	固定资产投资									
2.2	流动资金									
2.3	经营成本									
2.4	销售税金及附加									
2.5	所得税									

序号	项　　　　目	合　计	建设期		投产期		达到设计能力生产期			
			1	2	3	4	5	6	…	n
3	净现金流量									
4	累计净现金流量									
5	所得税前净现金流量									
6	所得税前累计净现金流量									

计算指标：所得税前　　　　　　　　　　　所得税后

　　　　　财务内部收益率($FIRR$)＝　　　　财务内部收益率($FIRR$)＝

　　　　　财务净现值($FNPV$)＝　　　　　财务净现值($FNPV$)＝

　　　　　投资回收期(P_t)＝　　　　　　投资回收期(P_t)＝

表 10-9　自有资金现金流量表

序号	项　　　　目	合　计	建设期		投产期		达到设计能力生产期			
			1	2	3	4	5	6	…	n
	生产负荷/%									
1	现金流入									
1.1	产品销售收入									
1.2	回收固定资产									
1.3	回收流动资金									
1.4	其他收入									
2	现金流出									
2.1	自有资金									
2.2	借款本金偿还									
2.3	借款利息支出									
2.4	经营成本									
2.5	销售税金及附加									
2.6	所得税									
3	净现金流量(1－2)									

计算指标：财务内部收益率($FIRR$)＝

　　　　　财务净现值($FNPV$)＝

表 10-10 财务平衡表

项目、年份	建设期		投产期				合计
	1	2	3	4	5	6	
资金来源：							
固定资产投资借款							
无形资产投资借款							
流动资金投资借款							
企业自有资金							
1. 用于固定资产投资							
2. 用于无形资产投资							
3. 用于流动资金投资							
净利润							
提取折旧							
摊销无形资产							
回收自有流动资金投资							
回收借入流动资金投资							
回收固定资产余值							
资金来源合计							
资金运用：							
固定资产投资支出							
无形资产投资支出							
流动资金投资支出							
偿还固定资产投资借款本金							
偿还无形资产投资借款本金							
偿还流动资金投资借款本金							
留存自有流动资金							
留存固定资产变价收入							
可供分配利润							
资金运用合计							

表 10-11　借款偿还平衡表

项　目	0	1	2	...
1　借款及还本付息				
1.1　年初借款本息累计				
1.2　本年借款				
1.3　本年应计利息				
1.4　本年还本付息				
其中:本年还本				
本年付息				
2　偿还借款本金的资金来源				
2.1　折旧				
2.2　摊销				
2.3　未分配利润				
2.4　其他资金				
小计				

3. 计算财务评价指标

工程项目经济效果可采用不同的指标来表达,任何一种评价指标都是从一定的角度、某一个侧面反映项目的经济效果的,总会带有一定的局限性。因此,需建立一整套指标体系来全面、真实、客观地反映项目的经济效果。

工程项目财务评价指标体系根据不同的标准可作不同的分类。根据计算项目财务评价指标时是否考虑资金的时间价值,可将常用的财务评价指标分为静态评价指标和动态评价指标两类(图 10-5)。

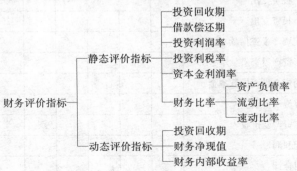

图 10-5　财务评价指标体系(一)

　　静态评价指标主要用于技术经济数据不完备和不精确的方案初选阶段，或对寿命期比较短的方案进行评价；动态评价指标则用于方案最后决策前的详细可行性研究阶段，或对寿命期较长的方案进行评价。

　　项目财务评价按评价内容的不同还可分为盈利能力分析指标、偿债能力分析指标和不确定性分析指标（图 10-6）。

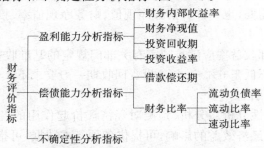

图 10-6　财务评价指标体系（二）

　　项目财务评价根据评价指标的性质可分为时间性评价指标、价值性评价指标、比率性评价指标（图 10-7）。

图 10-7　财务效益分析指标体系（三）

4. 给水厂运营财务评价内容

（1）投资成本及资金来源。

（2）投资分年度用款计划。

（3）给水制水成本的计算。

（4）单位水量自来水销售价格的测算（实际售价由地区主管部门根据当地经济水平和有关政策确定）。

（5）编制基本财务报表，包括财务现金流量表、财务平衡表和借款偿还平衡表等。

（6）计算财务评价的主要评价指标。一般以财务内部收益率、投资回收期和固定资产投资借款偿还期作为主要评价指标，根据项目的特点及实际需要，也可计算财务净现值、财务净现值率、投资利润率等辅助指标。

财务内部收益率应满足国家有关部门规定的基准收益，给水处理厂一般要求不低于 6％～8％。投资回收期一般要求不大于 15～20 年（不包括建设期）。

（7）敏感性分析。分析、预测对经济评价起作用的各因素发生变化时，对项目经济效益的影响，可提供各项基本数据，可指明各项基本数据的相对重要性。相对重要性的"指针"，将有助于对主要敏感因素的掌握、控制和权衡。

在敏感性分析中通常设定的变化因素是总投资、售水价格和生产能力，可根据项目特点和实际需要确定。

三、国民经济评价

国民经济评价是从国民经济整体利益出发，遵循费用与效益统一划分的原则，用影子价格、影子工资、影子汇率和社会折现率，计算分析项目给国民经济带来的净增量效益，以此来评价项目的经济合理性和宏观可行性，实现资源的最优利用和合理配置。国民经济评价是工程项目经济评价的重要组成部分。

国民经济评价除了计算项目本身的直接费用和直接效益外，还应计算间接费用和间接效益，及项目的全部效果，据此判别项目的经济合理性。

1. 国民经济评价的范围和内容

（1）基础设施项目和公益性项目。财务评价通过市场价格度量项目的收支情况，考察项目的盈利能力和偿债能力。在市场经济条件下,企业财务评价可以反映出项目给企业带来的直接效果。但由于外部经济性的存在,企业财务评价不可能将项目产生的效果全部反映出来,必须采用国民经济评价将外部效果内部化。

（2）市场价格不能真实反映价值的项目。由于某些资源的市场不存在或不完善,这些资源的价格为零或很低,因而往往被过度使用。另外,由于国内统一市场尚未形成,或国内市场未与国际市场接轨,失真的价格会使项目的收支状况变得过于乐观或过于悲观,因而有必要通过影子价格对失真的价格进行修正。

（3）资源开发项目。自然资源、生态环境的保护和经济的可持续发展,意味着为了长远整体利益,有时必须牺牲眼前的局部利益。那些涉及自然资源保护、生态环境保护的项目必须通过国民经济评价客观选择社会对资源使用的时机。如国家控制的战略性资源开发项目、动用社会资源和自然资源较大的中外合资项目等。

2. 影子价格

影子价格是指依据一定原则确定的,能反映投入物和产出物真实经济价值,反映市场供求状况,反映资源稀缺程度,使资源得到合理配置的价格。影子价格是一种虚拟价格,是为了实现一定的社会经济发展目标而人为确定的、更为合理的价格。进行国民经济评价时,项目的主要投入物和产出物价格,原则上都应采用影子价格。为了简化计算,在不影响评价结论的前提下,可只对其价格在效益或费用中比重较大,或者国内价格明显不合格的产出物或投入物使用影子价格。

3. 给水厂运营国名经济评价方法

给水处理厂为城市基础设施项目,它所产生的效益,除部分经济效益可以定量计算外,大部分效益表现为难以用货币量化的社会效益和环境效益;有些以外在形式表现的效益,如为旅游事业创造收益等,究竟有多少比例可归属于该项目,也很难确定。另外,售水价格往往采取政府补贴政策,并不能反映其真实价值,而只能用假设的计算价格（或影子价格）来估算其收益。因此,给水处理厂的国民经济评价比一般工业项目难度更大。目前通常仅进行工程的效益分析,未进行各项国民经济报表的编制和评价指标的计算。

城镇供水项目效益的计算主要采用以下几种方法：

(1)按举办最优等效替代工程(扩建或开发新水厂、采取节水措施等)所需的年折算费用计算。

(2)根据水在工业生产中的地位,以工业净产值乘分摊系数计算。在缺水地区也可用因缺水使工业生产遭受的损失计算。

(3)按供水投资和工业投资具有相同的投资效益率计算。

(4)按满足工业用水后,相应减少农业用水或其他用水,而使农业生产或其他部门遭受的损失计算,这一方法主要用于水资源缺乏又无合理替代措施的地区。

附 录

附录一 城市给水工程项目建设标准

第一章 总 则

第一条 为提高城市给水工程项目决策和建设的科学管理水平，保障供水安全，推进技术进步，充分发挥投资效益和社会效益，制定本建设标准。

第二条 本建设标准是为项目决策服务和控制建设水平的全国统一标准，是审核城市给水工程项目的重要依据；也是监督、检查城市给水工程整个建设过程建设标准的尺度。

第三条 本建设标准适用于新建的城市给水工程项目。改建、扩建工程和工业给水工程项目可参照执行。

第四条 城市给水工程项目的建设，必须遵守国家有关经济建设的法律、法规，执行国家节约用水、节约能源、节约土地、保护环境等政策和供水行业的有关规定。

第五条 城市给水工程项目的建设水平，应以我国经济、技术水平为基础，考虑城市经济建设与科学技术发展的实际状况，按水源、供水水质、建设规模等条件合理确定，做到技术先进、经济合理、保证供水水质与供水安全，同时达到节约能源和资源，降低工程投资与运行成本。

第六条 城市给水工程项目建设，应在城市总体规划和给水专业规划的指导下，近、远期结合，以近期为主，考虑远期发展。水资源要统一规划、合理开发和利用。

有条件的地区，可采用城乡统一的供水系统，扩大城市供水系统的服务范围。

第七条　城市给水工程项目建设,应在不断总结生产实践经验和科学试验的基础上,首先采用成熟可靠的技术,鼓励采用行之有效的新技术、新工艺、新材料和新设备。

引进国外的工艺技术与设备时,应有利于提高城市给水工程技术发展和现代化生产管理水平,有利于提高供水水质及供水安全。

第八条　城市给水工程项目建设,必须建立在水源可靠的基础上,应对水资源的水质、水量进行充分论证,其供水量应满足城市综合生活与工业等用水的发展需要。地下水开采量不应超过允许开采量;地表水枯水流量的保证率应达到 $90\% \sim 97\%$,当保证率无法达到时,应采取必要措施以保证供水。

沿海缺水城市的工业用水宜考虑海水的利用,缺水城市应充分重视城市污水及雨水的再生利用,工业用水应提高水的重复使用率,促进水资源的开发和合理利用。

第九条　城市给水工程抗震设防应考虑在城市发生震害时,给水设施能最大限度地保证城市必要的供水需要;20 万人口以上城市、抗震设防烈度为 7 度及以上的县及县级市的主要取水设施和输水管线、水质净化处理厂的主要水处理建(构)筑物、配水井、送水泵房、中控室、化验室等,应按高于本地区抗震设防烈度一度的要求加强其抗震措施,但抗震设防烈度为 9 度时应按比 9 度更高的要求采取抗震措施。其他非主要构筑物及建筑物应按基本烈度设防。

第十条　净水厂、江河取水构筑物的防洪标准,不应低于城市防洪标准;江河取水构筑物的设计洪水重现期不得低于 100 年。水库取水构筑物的防洪标准应与水库大坝等主要建筑物相同,并应采用设计和校核两级标准。

第十一条　城市给水工程的建筑物及构筑物的合理使用年限宜为 50 年,管道及专用设备的合理设计使用年限宜按材质和产品更新周期经技术经济比较确定。

第十二条　城市给水工程建设应有应对水源水质恶化等突发事件的措施。有条件的城市应采取两个及以上的水源供水,不能满足要求时可采取水质恶化的应急强化处理措施或水量调节设施,确保在城市发生水质等突发事件并影响供水水质期间,提供城市居民基本的生活饮用水。

第十三条 城市给水工程的取水、净水厂、输配水管道应配套建设,保证项目的整体效益。工程建设前应落实工程建设的资金、土地以及供电、排水、交通、通信等配套设施的条件,保证工程的顺利实施。

第十四条 城市给水工程项目建设除应符合本建设标准外,尚应符合国家现行有关经济、参数标准和指标及定额的规定。

第二章 建设规模与项目构成

第十五条 城市给水工程项目建设标准,应根据城市类别、建设规模、水源水和供水的水质标准合理确定。城市分类及建设规模划分如下:

一、城市类别:

一类:直辖市、特大城市、经济特区以及重点旅游城市;

二类:省会城市、大城市、重要中等城市;

三类:一般中等城市、小城市。

二、建设规模(以水量计):

Ⅰ类:30 万～50 万 m^3/d;

Ⅱ类:10 万～30 万 m^3/d;

Ⅲ类:5 万～10 万 m^3/d。

注:1. 规模分类含下限值,不含上限值;Ⅰ类规模含上限值。

2. 规模大于 50 万 m^3/d 参照Ⅰ类规模适当降低单位水量的指标,小于 5 万 m^3/d 规模的参照Ⅲ类规模执行。

3. 建设规模指城市给水工程中的水厂及泵站的规模。

第十六条 城市给水工程项目应根据城市分类、城市发展规划,按规划期限进行城市供水量预测,结合水资源条件合理确定建设规模。

城市供水量应包括综合生活用水(包括居民日常生活用水以及公共建筑和设施用水)、工业企业用水、浇洒道路和绿地用水、消防用水、管网漏失水、未预见用水。

　　第十七条　居民生活用水量和综合生活用水量应根据当地国民经济和社会发展、水资源条件、用水习惯,在现有用水量指标基础上,结合城市总体规划和给水专项规划,充分考虑节约用水和水价等的影响,综合分析确定。

　　第十八条　工业用水量应按照工业发展要求、工业结构和类型,并参考近五年实际万元产值取水量以及提高节约用水率和工艺技术进步等因素进行分析预测;也可按产业分类,根据产品产量及综合耗水指标测定;或者按单位工业用地用水量指标等方法进行综合预测,并应考虑再生水利用对实际用水量减少的影响。

　　第十九条　城市给水工程由取水、净水、输配水工程的生产构(建)筑物,相应的辅助生产和行政管理与生活服务设施构成。

　　第二十条　取水工程主要有地下水取水或地表水取水。地下水取水由取水构筑物、配套的输水管道和送水泵房等构成;地表水取水主要由取水头部、引水设施、取水泵房等构成;取水工程的生产配套设施包括供电、变配电、通信、控制、交通运输、水源保护与水源水质监测,以及行政管理与生活服务设施等。

　　第二十一条　城市给水工程的净(配)水厂的生产设施宜包括以下内容:

　　一、常规处理水厂:

　　生产设施包括水处理和污泥处理两部分。水处理的生产设施主要由混合、絮凝、沉淀(或澄清)、过滤、消毒、清水池以及送水泵房等构成。污泥处理的生产设施主要由调节、浓缩、脱水等构成。水资源紧缺以及技术经济可行的地区可包括废水回收设施。

　　二、预处理＋常规处理水厂:

　　在常规处理生产设施基础上,增加预处理以及配套设施,对高浊度水还包括沉砂或预沉设施等。

　　三、常规处理＋深度处理水厂:

　　在常规处理生产设施基础上,增加水质深度处理以及配套设施。深度处理工艺有活性炭吸附、臭氧生物活性炭以及膜处理工艺等。

四、预处理＋常规处理＋深度处理水厂：

在常规处理的前后分别增加预处理和深度处理工艺的净水厂。

五、配水厂：

直接供原水的地下水配水厂，应有消毒设施；当地下水含铁、锰、氟超过标准时应有相应的处理设施。

第二十二条 净(配)水厂辅助生产配套设施宜包括：加药系统、变配电、生产控制系统、计量、厂区给排水、维修、交通运输(含汽车库)、化验、仓库、照明、管配件堆棚、大门、围墙、消防和通信等设施。

净(配)水厂行政管理与生活服务设施宜包括办公室、食堂、值班宿舍、安全保卫等设施。寒冷地区还应包括锅炉房等供热设施。

第二十三条 输水工程主要包括输水管(渠)、穿越工程、中途加压站、调蓄设施等，以及管道(渠)的附属设施、供变电设施、管(渠)维修养护道路和必要的事故抢修设施、水质监测设施等。

第二十四条 配水工程主要包括配水管道及其附属设备、消防设施、加压站、中途补充消毒系统、调节水池、供变电设施、管网调度和配水管网特征点的水质、流量、压力的监测以及必要的事故抢修设施等。

第二十五条 城市给水工程项目的建设内容，应坚持专业化协作和社会化服务的原则，根据生产需要和依托条件合理确定，应尽量减少项目建设内容，控制建设标准。改建、扩建工程项目应充分利用原有设施。

第三章 工艺与装备

第一节 取水工程

第二十六条 供水水源选择前必须进行水资源的勘察。水源应不易受污染、水量充沛可靠、水质符合现行标准。当有地下水与地表水两种水源可供选择时，应通过技术经济比较，合理确定。一般宜首先选择地表水，对地下水已经严重超采的城市，严禁新建取用地下水的设施。

宜在取水口和水源保护边界设置水质在线实时监测设施。水质监测项目可包括:水温、pH 值、浑浊度、有机物等。

第二十七条　地下水水源应选在水质好、不易受污染的富水地段。取水构筑物形式应根据水文地质条件,通过技术经济比较确定。地下水取水量必须小于允许开采水量,采用管井取水时,应有 10%～20%取水量的备用井,但不得少于 1 口井。在非稳定流条件下,地下水取水构筑物应在经济上合理,有较长的使用年限。

第二十八条　地表水取水工程应根据河床条件、河道水深及主流流向,在适当位置选择合适的河心或岸边取水。当需要采用拦蓄闸坝抬高水位时,其冲砂、防淤设施应同时建设,河心引水管道不应少于 2 条,严寒地区应有防冰冻措施。

在沿海地区易受咸潮影响的内河水系取水时,可在咸潮影响范围以外的上游河段取水,或采用避咸蓄淡水库取水。

取水复杂的工程建设,土建宜按远期规模一次建设,设备分期安装,岸边取水构筑物应修建护岸及护底工程以保持良好进水条件。

第二十九条　水库、湖泊取水工程应根据岸坡地形、地质、水深,结合不同水深、不同平面位置的水质变化和生物分布、输水线路的走向、原有水库输水设施的利用以及施工条件等因素,通过技术经济比较,选择合适的取水位置和取水形式。在水质随水深变化较大的区域取水时,宜考虑分层取水。

第三十条　在水库或水位变化幅度较大的江河内设置的取水构筑物,应充分考虑水能的利用或采用电机调速运行等其他措施。

第二节　净水工程

第三十一条　水厂厂址选择应符合城市总体规划和相关专项规划,并根据下列要求综合确定:

一、给水系统布局合理。

二、不受洪水威胁。

三、有较好的废水排除条件。

四、有较好的工程地质条件。

五、有便于远期发展控制用地的条件。

六、有良好的卫生环境,并便于设立防护地带。

七、少拆迁,不占或少占农田。

八、施工、运行和维护方便。

第三十二条 水厂的净水工艺应根据水源水质和供水水质要求等具体情况,经技术经济比较确定。当常规处理工艺不能满足供水水质要求时,应增加预处理和(或)深度处理工艺。

城市水源单一的水厂宜设置水源水质恶化的应急处理措施,可采用投加粉末活性炭或化学药剂等其他方式处理。供水水质必须符合国家现行标准的规定。

第三十三条 地下水除氟宜采用活性氧化铝吸附法、电渗析法、反渗透法等。地下水除铁一般采用曝气—接触氧化单级过滤工艺。对于含有铁和锰的原水,铁低于 6 mg/L、锰低于 1.5 mg/L 时,可采用曝气—单级过滤工艺;铁或锰高于上述浓度时,应通过试验确定,一般可采用曝气—双级过滤工艺;除铁受硅酸盐影响时,可根据实际运行经验或通过试验确定工艺。

第三十四条 地表水原水为一般水质时,宜采用常规处理工艺,包括:投加混凝剂、混合、絮凝、沉淀(澄清)、过滤、消毒。

第三十五条 当地表水原水的含砂量、色度、有机物、致突变前体物等含量较高,臭味明显或为改善絮凝效果,可在常规处理前增加预处理。高含砂量的预沉方式宜采用沉砂、自然沉淀或混凝沉淀。原水的氨氮、臭味、藻的浓度较高,可生物降解性较好时,可采用生物预处理。微污染水可采用臭氧、液氯和高锰酸钾等预氧化,出厂水的副产物浓度应符合国家现行水质标准。原水在短时间内含较高浓度溶解性有机物、具有异臭异味时,宜采用粉末活性炭吸附。

第三十六条 常规处理或预处理+常规处理后,水质仍不符合供水水质标准时,应进行深度处理。深度处理一般采用粒状活性炭或臭氧—生物活性炭处理。

第三十七条 地表水原水未受污染,浊度常年低于 20 NTU、色度常年低于 25 度、含藻量低时,可采用直接过滤、消毒工艺,必要时宜通过试验确定。直接过滤滤池一般采用深床均粒滤料或多层滤料。考虑远期原水水质可能变化,可预留沉淀池或混凝沉淀池的建设条件。

第三十八条　原水与供水的饱和指数 I_L 小于 -1.0 和稳定指数 I_R 大于 9 时,宜加碱处理,碱剂一般采用石灰、氢氧化钠或碳酸钠。I_L 大于 0.4 和 I_R 小于 6 时,应通过试验和技术经济比较,确定酸化处理工艺。

第三十九条　生活饮用水必须消毒。可采用氯消毒、氯胺消毒、二氧化氯消毒、臭氧消毒和紫外线消毒,也可以采用上述方法的组合。加氯(氨)间及氯(氨)库内应设置通风、氯(氨)泄漏检测和报警以及抢险设施。氯库应设漏氯跑氯的处理设施,贮氯量大于 1 t 时,应设氯吸收装置。

第四十条　水资源紧缺地区或滤池反冲洗水量大、回收利用经济时,应设置滤池反冲洗水回收利用设施。

第四十一条　澄清池或沉淀池排泥设备应能及时排泥,保证水质。规模较大水厂或原水泥沙量高、排泥次数多时,宜采用机械排泥、自动排泥装置。

第四十二条　净水构筑物应考虑在维护、检修时能保证正常的城市供水。在保证供水水质前提下,宜采用暂时加大运行参数、加强维护、非高峰供水时检修等措施。

第四十三条　水厂机械设备应以性能稳定、节能、方便操作、维护简便、保证安全生产为原则。水厂机械、泵站闸阀启闭设施应与水厂自控程度相适应;管线上大型阀门可设置移动式机械启闭装置。

第四十四条　寒冷地区净水构筑物应根据水面结冰情况及当地运行经验确定是否建在室内。水源水中藻含量较高时,为避免阳光照射下滋生藻类,絮凝、沉淀(或澄清)及滤池等净水构筑物,也可考虑池顶加盖等措施。

第三节　输配水工程

第四十五条　输配水管道线路走向应根据城市规划要求、线路长短、工程地质条件、穿越障碍难易、管道工作压力、加压泵站设置以及施工维护条件等因素,从技术经济、能耗以及管材等方面进行综合比较,合理确定。

第四十六条　原水输水管道应尽量利用地形与水的势能,考虑重力输水可能。输水方式以采用暗管或暗渠为主;必须采用明渠或河道输水时,应采取防止水质污染与水量流失的措施。

第四十七条　原水输水干管不宜少于 2 条,当 1 条管道发生故障时,干管连通管的设置应保证 70% 的总供水量。有安全贮水池或其他安全供水措施时,原水输水干管也可设置 1 条。

第四十八条　原水输水管道规模应按远期规划设置,考虑分期建设的可能;当需要设置输水隧洞与过河管时,其通水能力应考虑将来发展的可能。

第四十九条　配水管网布置应根据城市总体规划、地形变化、水厂、水源及分布情况,水压要求等因素,通过技术经济、能耗比较,合理确定。配水管网宜按远期规划分期建设,尽可能呈环状布置,并应考虑在事故、消防等情况下,城市主要区域有足够的供水水压与水量。

第五十条　配水系统布局在城市供水范围大、供水区域地形高差较大、水质要求不同时,应在技术经济比较的基础上考虑分区、分压、分质供水。其管径选择、加压站设置,应经方案比较论证确定。

第五十一条　城市配水管网的供水水压宜满足用户接管点处服务水头 28 m 的要求,其中局部服务水头要求较高的区域可采取自行加压措施解决。不同建筑层数的最小服务水头,一层为 10 m,二层为 12 m,二层以上每增高一层增加 4 m。

第五十二条　输配水管道材质的选择,应在满足饮用水水质安全的基础上,根据管径、管道工作压力、外部荷载和管道敷设区的地形、地质、管材的供应,按照运行安全、耐久、减少漏损、施工和维护方便、经济合理以及清水管道防止二次污染的原则,进行技术、经济、安全等综合分析确定。

第五十三条　输配水管道的敷设位置及与其他管道、建(构)筑物等的间距应符合国家现行标准的有关规定,并应便于维护检修与事故抢修。

第五十四条　输配水管道应备有检漏仪等检测设施及工程抢修车、机械化抢修设备,尽量减小管道漏损率。

供水管网漏损率满足:到 2010 年,不应大于 12%;到 2020 年,大中城市应控制在 10% 以下。

第四节　检测与控制

第五十五条　城市给水工程的生产管理与控制的自动化水平,应根据建设规模、工艺流程特点、城市性质、经济条件以及人员素质等因素合理确定。控制系统应在满足供水水质、节能、经济、安全和适用的前提下,有利于改善工作条件,提高科学管理水平,运行可靠,便于维护和管理。

第五十六条 城市给水工程的取水、净水、泵站、输配水管网的监(检)测项目和控制内容应根据工艺特点、管理需要等要求,经技术经济比较确定。

第五十七条 新建的Ⅱ类及以上规模的城市给水系统,宜设置较完善的自动控制系统。控制系统应在保证出厂水水质、节能降耗、保障安全生产的前提下实现包括取水、净化、输配水全过程的自动控制。一般宜采用集中管理和监视、分散控制的计算机控制系统。计算机控制系统应能够监视主要设备、管网的运行工况与工艺参数,提供实时数据传输、图形显示、控制设定调节、趋势显示、超限报警及制作报表等功能,并可配置模拟屏或投影显示设备。

第五十八条 新建的Ⅲ类规模的城市给水系统,其检测与控制系统宜采用数据采集与仪表检测系统,在重要的工艺环节和重要区域的配水管网应设置检测仪表,可对重要环节采用自动控制。有条件时,可逐步实现生产全过程的自动控制。

第五十九条 所有自动控制的设备与工艺单元应具备就地手动控制的条件。

第六十条 新建的小于Ⅲ类规模的城市给水系统的检测与控制应以满足生产管理需要为原则,合理确定。也可分阶段逐步提高控制管理的水平。

第六十一条 地下水水源井群宜采用遥测、遥信、遥控系统采集各种参数,控制机组运行,及时了解水源井的工作情况。

第六十二条 一座城市有几个水厂时,应建立中心调度室,应在城市配水管网的主要特征控制点设置自动测压、测流装置以及水质监测设施,及时了解管网运行情况,进行平衡调度,保证安全供水。水质分析项目可视具体情况在线监测余氯、浑浊度等。有条件的城市可每10 km² 设置 1 个水质在线实时监测点。

第四章　配套工程

第六十三条　一、二类城市的主要取水工程、净(配)水厂、泵站的供电应采用一级供电负荷。一、二类城市非主要净(配)水厂、泵站以及三类城市的净(配)水厂可采用二级供电负荷。当不能满足要求时，应设置备用动力设施。

第六十四条　给水系统通信设施宜考虑有线或有线与无线相结合的方式，保证净水厂与水源泵站、加压泵站以及厂内各生产岗位之间的通信联系，并能及时与上级主管部门及供电等部门联系。

第六十五条　净(配)水厂、泵站的维修、运输等设施的装备水平应以满足正常生产需要为原则，合理配置。非经常性维修、运输设备应考虑专业化协作，不应全套设置。装备标准应参照国家现行标准《城镇给水厂附属建筑和附属设备设计标准》(CJJ 41——1991)的规定，结合当地条件，合理配置。

第六十六条　净(配)水厂化验设备的配置，应以保证正常生产需要、能够分析规定的常规水质项目为原则。一、二类城市有多座水厂时，可设一个中心化验室，除规定项目的常规化验设备外，宜配置满足现行供水水质标准检测项目的设备，部分检测项目可委托检测。其他水厂应满足常规水质分析的需要，不必全套设置。

第六十七条　净(配)水厂、泵站必须设置消防设施。消防设施的设置应满足国家现行有关标准、规范的规定。

第六十八条　城市给水工程应对易腐蚀的管渠及其附属设施、材料、设备等采取相应的防腐蚀措施，应根据腐蚀的性质，结合当地情况，因地制宜地选用经济合理、技术可靠的防腐蚀方法，并应达到国家现行的有关标准的规定。防腐蚀措施不得影响供水水质。

第六十九条　寒冷地区净水厂构筑物建在室内时，其供暖设施应根据构筑物条件采用，室内采暖温度宜符合下列规定：

一、室内有大量开敞水面(混合絮凝池、沉淀池、滤池等)以及药剂仓库不低于 5 ℃。

二、加氯间不低于 16 ℃。

三、有固定管理人员的房间 16～18 ℃。

第五章　建筑与建设用地

第七十条　净(配)水厂、泵站建筑标准应根据建设规模、城市性质、功能等区别对待,符合经济实用、有利生产的原则,建筑物造型应简洁,并应使建筑物和构筑物的建筑效果及周围环境相协调。

第七十一条　净(配)水厂、泵站的附属建筑的建筑标准,应根据城市性质、周围环境及建设规模等条件,按照国家现行标准的有关规定执行。生产建筑物应与附属建筑物的建筑标准相协调,生产构筑物不宜进行特殊的装修。

第七十二条　净(配)水厂辅助生产、行政管理、生活服务设施建筑,在满足使用功能和安全生产的条件下,宜集中布置。建筑面积可参照附表1选用。

附表1　净(配)水厂附属设施建筑面积指标　　　　(单位:m²)

建设规模		Ⅰ类 (30万～50万 m³/d)	Ⅱ类 (10万～30万 m³/d)	Ⅲ类 (5万～10万 m³/d)
常规处理水厂	辅助生产用房	1 100～1 725	920～1 100	665～920
	管理用房	770～1 090	645～770	470～645
	生活设施用房	425～630	345～425	250～345
	合计	2 295～3 445	1 910～2 295	1 385～1 910
配水厂	辅助生产用房	900～1 200	640～900	520～640
	管理用房	320～400	245～320	215～245
	生活设施用房	280～300	215～280	185～215
	合计	1 500～1 900	1 100～1 500	920～1 100

注:1. 建设规模大的取上限,建设规模小的取下限,中间规模可采用内插法确定。

2. 建设规模大于50万 m³/d 的项目,参照Ⅰ类规模上限并宜适当降低单位水量附属设施建筑面积指标确定。

3. 辅助生产用房主要包括:维修、仓库、车库、化验、控制室等。

4. 管理用房主要包括生产管理、行政管理、传达室等。

5. 生活设施用房主要包括食堂、锅炉房、值班宿舍等。

6. 其他类型的水厂,原则上不再增加附属设施的建筑面积,特殊条件时,可适当增加,但增加的建筑面积不得超过表中面积的5%～10%。

第七十三条 城市给水工程项目建设,必须坚持科学合理、节约用地、集约用地的原则,严格执行国家土地管理的有关规定,提高土地利用率。土地征用应以近期为主,对远期的发展用地规划预留,不得先征后用。

第七十四条 净(配)水厂的总平面布置应以节约用地为原则,根据水厂各建筑物、构筑物的功能和工艺要求,结合厂址地形、气象和地质条件等因素,使平面布置合理、经济、节约能源,并应便于施工、维护和管理。

管理和生活服务设施宜集中布置,其位置和朝向应合理,并应与生产建筑物、构筑物保持合理距离。生产设施应根据工艺特点集中布置,并保证水力流程顺畅,节约能源。

第六章 环境保护与安全卫生

第七十五条 水源建设对环境的影响应统筹兼顾,既要考虑取水建设对江河、湖泊及地下水的生态影响,又要防止水源受污染。地表水水源地应按规定设置卫生防护地带;地下水水源地应根据水文地质条件、取水构筑物形式和附近地区卫生状况确定卫生防护措施。严禁过量开采地下水。

第七十六条 净(配)水厂、泵站的建设应符合国家环境保护的有关规定。工程建设前应对厂(站)址、水厂废水排放口位置以及其他影响环境的主要方面进行充分论证,工程建设不得影响周围环境的环境质量。

第七十七条 净水厂的沉淀池排泥、气浮池排渣、滤池反冲洗水,除铁、除锰、除氟的废水废渣,应按照环保要求进行妥善处理与处置。当生产废水排入水体时其排出口位置应在取水口卫生防护带以外。

第七十八条 城市给水工程的机电设备所产生的噪声的控制应符合国家及地方现行标准、规范的规定。不能满足要求时,应采取减振、隔音、防噪等措施。

第七十九条 净(配)水厂的加药、锅炉房等其他设施的建设与安全防护应符合国家现行有关标准的规定。

附录二　水厂供水卫生管理制度

为加强水厂管理,严防发生水污染事故,确保出厂水质安全,结合水厂工作实际制定本卫生管理制度。

一、水源地管理

(1)根据水厂所在地人民政府发布保护应用水源的通告划定的水源保护范围作为该水厂水源保护区,水厂应每月定期巡查水源保护区并做好水源保护区巡查记录,必要时可增加巡查次数。

(2)水厂应加强对当地群众宣传有关饮用水源保护的相关规定。在单井或井群的影响半径范围内发现使用工业废水或生活污水灌溉和施用难降解或剧毒危害水质安全的活动时,必须及时制止并上报,确保水源地水质安全。

(3)加强对水源保护区有关标识的管理和维护。

二、取水构筑物及输水管道的管理

(1)每周定期对取水构筑物及饮水管道进行巡查记录。

(2)及时清理维护取水构筑物,保持取水点干净、卫生,确保正常取水。

(3)加强对输水管道的维护管理,及时排除危及配水管道运行的情况。

三、水厂卫生管理

(1)水厂厂区(地面、墙壁、排水沟等)每天必须进行清扫,保持清洁,无杂草污物,每月需对环境进行消毒处理。

(2)水厂绿化的花草、树木等绿化美化植物,应定期修剪维护管理。

(3)集中式供水单位从业人员应当保持良好的个人卫生习惯和行为。不得在生产场所吸烟,不得进行有碍生活饮用水卫生的活动。

(4)直接从事供、管水的人员必须每年进行一次健康检查。取得预防性健康体检合格证后方可上岗工作。凡患有痢疾、伤寒、病毒性肝炎、活动性肺结核、化脓性或渗出性皮肤病及其他有碍生活饮用水卫生的疾病或病原携带者,不得直接从事供、管水工作。

（5）水厂应对取水、输水、净水、蓄水和配水等设施加强质量管理,建立放水、清洗、消毒和检修制度及操作规程,保证供水水质。

（6）各类贮水设备要定期清洗和消毒;管网末梢应定期放水清洗,防止水质污染。

（7）新建水处理设备、设施、管网投产前,及设备、设施、管网修复后,必须严格冲洗、消毒,经水质检验合格后方可正式通水。

（8）水处理剂和消毒剂的投加和贮存间应通风良好,防腐蚀、防潮,备有安全防范和事故的应急处理设施,并有防止二次污染的措施。

参 考 文 献

[1] 张朝升,张立秋. 小城镇饮用水处理技术[M]. 北京:中国建筑工业出版社,2009.
[2] 张朝升. 小城镇给水厂设计与运行管理[M]. 北京:中国建筑工业出版社,2009.
[3] 尹士君,李亚峰. 水处理构筑物设计与计算[M]. 2版. 北京:化学工业出版社,2008.
[4] 李仰斌. 村镇供水工程设计100例[M]. 郑州:黄河水利出版社,2008.
[5] 孙士权. 村镇供水工程[M]. 郑州:黄河水利出版社,2008.
[6] 北京土木建筑学会. 新农村建设给排水工程及节水[M]. 北京:中国电力出版社,2008.
[7] 李亚峰,尹士君,蒋白懿. 水泵及泵站设计计算[M]. 北京:化学工业出版社,2007.
[8] 张启海. 城市与村镇给水工程[M]. 北京:中国水利水电出版社,2003.
[9] 严敏,谭章荣,李忆. 自来水厂技术管理[M]. 北京:化学工业出版社,2005.
[10] 全鑫. 给水厂改造与运行管理技术问答[M]. 北京:化学工业出版社,2006.